KB017612

퐁당퐁당 단계별 놀이 육아

퐁당퐁당 단계별 놀이 육아

2023년 12월 01일 초판 01쇄 인쇄
2023년 12월 12일 초판 01쇄 발행

지은이 장민정

발행인 이규상 편집인 임현숙
편집팀장 김은영 책임편집 문지연 책임마케팅 김희진
기획편집팀 문지연 강정민 정윤정
마케팅팀 이순복 강소희 이채영 김희진
디자인팀 최희민 두형주 회계팀 김하나

펴낸곳 (주)백도씨
출판등록 제2012-000170호(2007년 6월 22일)
주소 03044 서울시 종로구 효자로7길 23, 3층(통의동 7-33)
전화 02 3443 0311(편집) 02 3012 0117(마케팅) 팩스 02 3012 3010
이메일 book@100doci.com(편집·원고 투고) valva@100doci.com(유통·사업 제휴)
포스트 post.naver.com/100doci 블로그 blog.naver.com/100doci 인스타그램 @growingi_book
ISBN 978-89-6833-456-6 13590

0~3세 발달에 맞춘
놀이 전문가 또예맘의
엄마표 놀이 150

퐁당퐁당 단계별 놀이 육아

장민정 지음

물주는아이

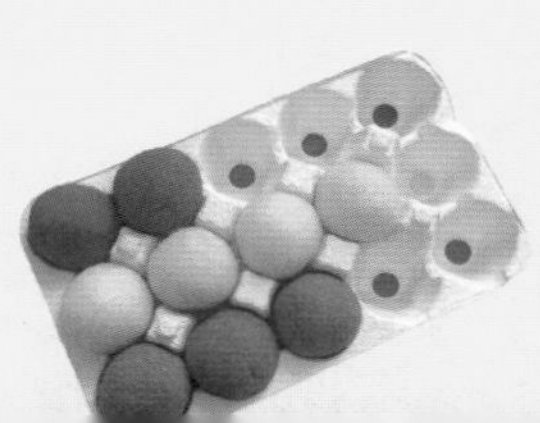

차례

1장 | 0~12개월

오감 만족 놀이

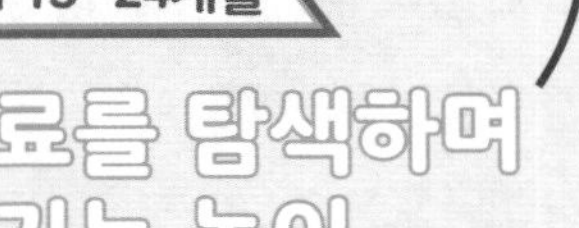

재료를 탐색하며 즐기는 놀이

더 크게 성장하는 신나는 놀이

4장 | 0~36개월

특별한 순간, 특별한 놀이

프롤로그

파릇파릇 연둣빛 작은 새싹이 돋아나는 초봄에 첫 원고를 작성하기 시작했는데 찬 바람이 쌩쌩 부는 겨울이 되어서야 이 책이 세상 밖으로 나오게 되었네요. 약 10년 동안 어린이집, 문화센터, 육아종합지원센터 등 온오프라인으로 만난 수많은 학부모님들과 아이들이 떠오릅니다.

저는 아동복지학과를 졸업하고 보육교사, 아동가족학 대학원 석사, 육아종합지원센터 근무를 통해 이론과 현장을 넘나들며 전문적인 역량을 키워 왔습니다. 그러다 결혼을 하며 서울살이를 접고 타지로 내려오게 되어 앞으로만 달려오던 제 인생에 잠시 쉼표가 생겼지요. 지방으로 내려온 뒤에도 육아종합지원센터와 문화센터 강사로 틈틈이 부모님들과 아이들을 만나고 있었지만, 여유가 생긴 김에 무언가 재미있고 새로운 일을 시작하고 싶었습니다. 무엇을 하면 좋을지 하루하루 고민하며 지내던 저는 남편의 권유로 SNS에 영유아를 위한 간단한 놀이를 공유하기 시작했습니다. 혼자 사부작사부작 만들어 올리는 재미가 있었지만 놀이 모습을 직접 보여 드릴 수 없어 아쉬운 마음도 있었어요. 그러던 어느 날 세상에 하나밖에 없는 소중한 딸인 또예가 제 품에 찾아오게 되었습니다. 또예가 태어난 후부터는 신생아기부터 또예와 함께한 놀이를 SNS에 올리기 시작했는데요. 어느덧 약 5만 명의 팔로워분들과 소통하며 지내게 되었네요.

제가 SNS에 공유하는 놀이는 보는 이의 눈길을 확 사로잡는 화려한 놀이는 아니지만 아기의 발달에 적합한 놀이, 아기의 발달을 자극하는 놀이, 집에서 부담 없이 쉽게 시도해 볼 수 있는 놀이입니다. 또 놀이를 통해 아기가 하는 주된 경험이 무엇인지, 이 경험이 어떤 발달적·교육적 효과가 있는지도 함께 담아내고 있는데요. 제 피드를 보고 놀이에 대해 많이 알게 되었다는 부모님들, 또 현장에서도 많은 도움을 받고 있다는 선생님들의 메시지를 받을 때면 제가 가장 잘할 수 있는 일로 많은 분들께 도움을 드리고 있는 것 같아 보람을 느낍니다.

'놀이가 밥이다.'라는 말을 들어 보셨나요? 아이들에게 놀이가 그만큼 필수 불가결하다는 것을 강조한 말인데요. 하루 종일 놀이하느라 바쁜 아기를 보면 이 말에 끄덕끄덕 공감이 될 겁니다. 주변을 살펴보면 아기가 조금 자라고 나서는 놀이의 중요성에 대해 인지하고 어떻게 놀아 주면 좋을지 고민을 하기 시작하는데 영아기, 특히 돌 이전 아기의 놀이에 대해서는 간과하는 경우가 많은 것 같아요. 아마 아직 걷지도 말하지도 못하는 아기를 어떻게 놀아 줘야 하는지 막막하게 느끼는 거라고 생각해요.

《퐁당퐁당 단계별 놀이 육아》는 출생 후부터 36개월까지의 놀이법을 담은 책입니다. 일상에서 집에 있는 재료들을 가지고 하나씩 놀이해 나가다 보면 어느새 아기와 놀이하는 것을 어려워하지 않고 자신감 넘치는 자신의 모습을 발견할 수 있을 거예요. '오늘은 우리 아이와 무슨 놀이를 할까?', '어떤 놀이가 우리 아이의 발달에 도움을 줄 수 있을까?' 고민하고 계실 많은 엄마, 아빠에게 이 책이 도움이 되길 바랍니다.

또예맘 장 민 정

0~12개월

오감 만족 놀이

놀이 전에 꼭 알아야 할

0~12개월 아이의 발달 정보

✖ 신체 발달

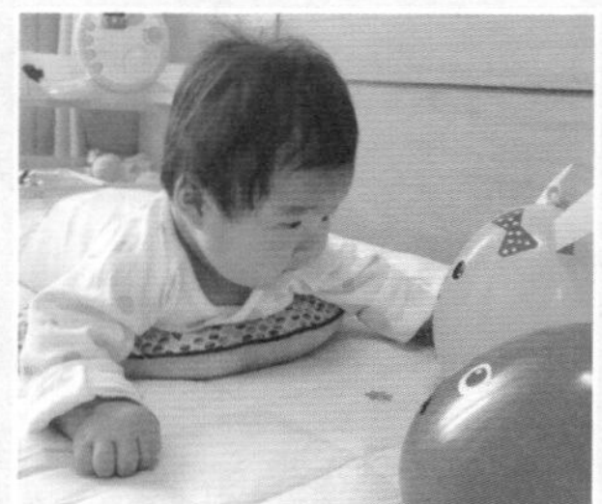

[대근육] 출생 후 1년까지의 아기는 급격한 신체 발달의 변화를 보입니다. 2개월경의 아기는 엎드려 놓으면 고개를 들어 올리려고 시도하고, 3개월경이 되면 머리를 수직으로 들어 올려 좌우를 살필 수 있을 정도로 목에 힘이 생기지요. 이후 목과 허리 등 전신의 근육이 발달하며 3~4개월경에는 뒤집기를 합니다. 그전까지 누워서 천장만 바라보던 아기는 이제야 비로소 새로운 시야로 세상을 바라보는 것이지요.

6개월경에는 배를 바닥에 대고 손과 무릎을 밀며 움직이는 배밀이를 시작해요. 또한 어른의 도움을 받아 앉을 수도 있어요. 7개월경에는 네발 기기를 시작하고, 두 손으로 바닥을 짚고 앉기도 합니다. 8~9개월경이면 벽에 기대거나 손을 바닥에 짚지 않고 혼자 앉을 수 있을 정도로 허리에 힘이 생겨요. 9~10개월경이 되면 기어가다가 방향을 바꾸거나 자리에 앉는 등 움직임이 자연스럽게 연결되어 신체 조절 능력이 향상된 모습을 보입니다. 10~11개월경에는 혼자 설 수 있고, 12개월 이후에는 어른의 손을 잡고 한 걸음씩 걷기도 해요.

[소근육] 출생 후 꽉 쥐고 있던 손이 펴지며 2개월경 물체를 잠시 동안 손에 쥘 수 있고 4개월경에는 눈과 손의 협응력이 발달하여 눈앞에 있는 물체를 잡기 위해 손을 뻗을 수 있어요. 5개월경에는 손의 사용이 더욱 활발해져 양손으로 물체를 쥐거나 한 손에서 다른 손으로 옮겨 잡을 수 있어요. 이때는 손가락을 사용하기보다는 물체를 손바닥에 대고 움켜쥐는 형태였다가 8개월경에 손가락이 분화되고 소근육이 발달하면서 엄지와 검지로 작은 물체를 잡을 수 있게 됩니다.

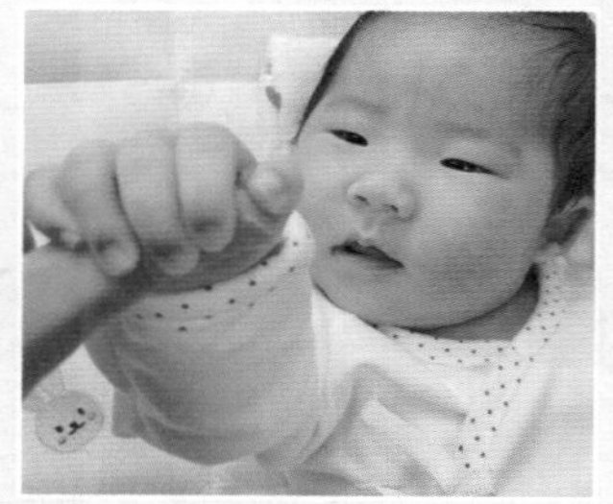

이후 9~10개월경부터 양손을 독립적으로 사용할 수 있게 되어 양손에 물체를 따로 쥐거나 두 손을 협응하여 새로운 물체를 탐색할 수 있어요. 12개월경에는 색연필, 크레파스 등의 도구를 손에 쥐고 끼적이기를 할 수 있답니다.

✖ 언어 발달

출생 직후 아기의 유일한 의사소통 수단은 울음이에요. 아기는 배고픔, 졸림, 불편함 등 자신의 욕구를 울음으로 표현하지요. 생후 1개월이 지나면 아기의 울음소리가 분화되기 시작하여 울음소리의 높이, 강도 등의 차이에 따라 아기의 요구 사항을 파악할 수 있어요. 2~3개월경에는 "아", "우"와 같은 목 울림소리를 내는데, 아기는 자신이 우연히 만들어 낸 소리에 흥미를 느끼고 반복하기도 해요. 4~6개월경이면 발성 기관의 성숙으로 본격적인 옹알이를 시작합니다. 처음에는 모음 중심의 한 음절 소리인 "다다", "바바"와 같이 동일 음절을 반복하는 소리를 내다가 이후에는 다양한 자음이 섞인 여러 음절이 이어지는 옹알이를 합니다.

7~8개월경의 아기는 조금씩 말을 알아듣기 시작하여 자신의 이름을 부르면 쳐다보고 간단한 지시를 알아차릴 수 있으며 자주 듣는 익숙한 단어에 대한 의미를 어느 정도 이해하게 됩니다. 9개월경에는 원하는 것을 얻기 위해 손가락으로 가리키거나 소리를 내는 등의 의사소통을 시도하고 어른의 표정과 억양을 통해 말의 의미를 파악할 수 있어요.

이후 10~12개월경에는 "엄마", "아빠", "맘마"와 같은 의미 있는 첫 단어를 말하기 시작하고 12개월경이면 2~8개의 단어를 말할 수 있습니다. 이 시기는 말로 표현할 수 있는 단어는 적지만 정확하게 이해하는 단어는 점차 증가하는 시기로, 아기의 수용 언어(말로 표현할 수는 없지만 알아들을 수 있는 언어)가 적절하게 발달하고 있는지 살펴보는 것이 더 중요해요.

✖ 사회·정서 발달

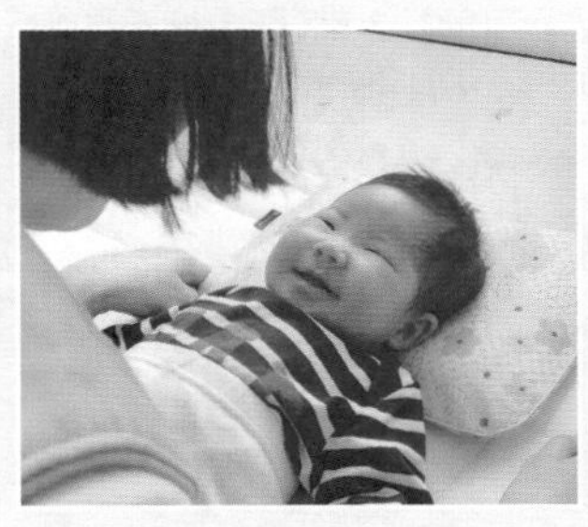

출생 직후 아기가 보여 주는 웃음은 배냇짓으로, 신경 반사로 인해 얼굴 근육이 자동으로 움직이는 모습이에요. 배냇짓은 2개월까지 지속되며 아기가 의도한 웃음은 아니에요. 하지만 주 양육자와 아기의 초기 애착 형성에 중요한 역할을 합니다. 2~3개월경의 아기는 다른 사람과 눈을 맞추며 의미 있는 웃음을 짓는 '사회적 미소'를 보이기 시작하고 3~4개월경에는 기분이 좋으면 소리를 지르거나 큰 소리로 웃는 등 좋고 싫음을 확실하게 표현할 수 있어요. 4~6개월에는 친숙한 사람과 낯선 사람을 구별하면서 낯가림을 시작하고, 8개월경 아기의 낯가림은 절정에 이릅니다. 아기는 애착 대상인 엄마가 사라지면 분리 불안을 느껴 울거나 보채기도 하는데, 이는 두 돌 무렵까지 지속되기도 해요.

6~7개월경의 아기는 다른 사람의 정서를 인식하고 표정을 구분하여 반응할 수 있으며 8~9개월경에는 애매모호한 상황에서 주 양육자의 표정, 목소리 톤 등을 참조하여 상황을 판단해 자기 행동을 조절할 수 있습니다. 10~12개월경의 아기는 다른 사람의 행동을 모방하게 되면서 '곤지곤지', '짝짜꿍' 등의 사회적 놀이에 적극적으로 참여해요. 또한 다른 사람에게 손을 흔들어 인사하는 등의 사회적 행동에 관심을 보이고 이를 모방하며 사회적 기술을 익히기 시작합니다. 이 시기는 주변에 또래가 있으면 쳐다보거나 다가가는 등 관심은 보이지만, 상호작용은 거의 이루어지지 않으며 각자 놀이하는 모습을 보여요.

✖ 인지 발달

3개월 이전의 아기는 25~30cm 거리 내의 흑백의 대조가 뚜렷한 물체를 보는 데 집중할 수 있으며, 가만히 있는 것보다는 움직이는 사물에 호기심을 보여요. 3~4개월경에는 다양한 색깔을 인지하기 시작하고, 딸랑이 소리를 들려주면 소리가 나는 쪽으로 고개를 돌릴 수 있으며, 시각적 추적이 가능해져 천천히 움직이는 물체를 따라 쳐다볼 수 있어요. 손이나 발을 빠는 등 자신의 신체를 탐색하며 노는 것을 즐기던 아기는 4~5개월경부터 놀잇감을 흔들고 두드리는 등 사물을 다양한 방법으로 탐색하기 시작합니다. 6개월 이후에는 사물의 인과 관계를 초보적으로 인지하게 되어 우연히 발견한 흥미로운 행동을 반복하는 모습을 보여요.

8~9개월경의 아기는 '손수건을 들춰내고 놀잇감 집어 들기'와 같이 목표를 가지고 두 가지 행동을 수행할 수 있어요. 또한 단순한 원인과 결과를 이해하고 의도적, 목적 지향적인 행동을 할 수 있습니다. 10~12개월경에는 호기심이 많아지며 적극적인 탐색 행동을 통한 인지적 자극을 즐기고 안과 밖의 공간 개념이 생기기 시작하며 며칠 전에 만났던 사람의 얼굴을 기억할 정도로 기억력이 발달하지요.

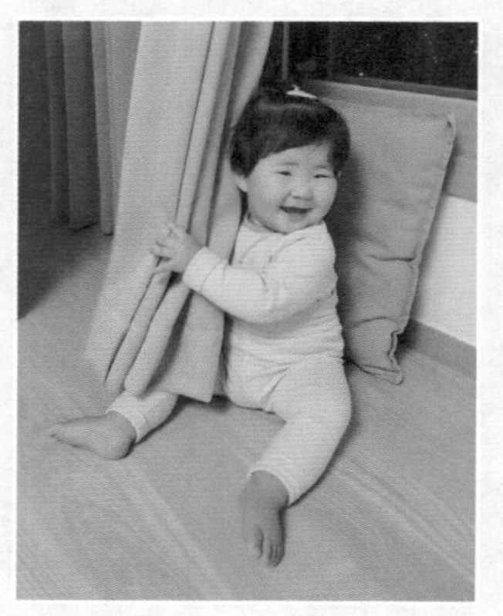

대상 영속성의 획득은 이 시기의 중요한 인지 발달 과업 중 하나예요. 대상 영속성이란 사물이 눈에 보이지 않아도 아예 사라진 것이 아니라 어딘가에 계속 존재하고 있음을 인식하는 것이에요. 이 개념은 4~6개월경에 형성되기 시작하므로, 이 시기에는 눈앞에서 사물이 사라지면 관심을 가지고 바라봐요.

8개월 이후에는 사라진 사물을 능동적으로 찾는 모습을 보입니다. 대상 영속성은 애착 형성과도 밀접한 관련이 있는데, 대상 영속성을 획득한 아기는 주 양육자와 잠시 분리되더라도 여전히 어딘가에 존재하고 있으며 다시 돌아오리라는 믿음을 갖게 되어 정서적 안정감을 느끼고 애착 대상과 안정된 관계를 유지할 수 있어요.

✖ 0~12개월 아이의 발달, 이렇게 도와요!

신체

이동 능력을 획득한 아기가 주변 환경을 활발히 탐색할 수 있도록 충분한 공간을 마련해요. 호기심이 왕성한 아기는 무엇이든 손을 뻗어 만지려고 할 거예요. 집 안 구석구석 아기의 손이 닿을 만한 위치에 위험한 물건이 있지는 않은지 자주 점검해요.

언어

주 양육자의 상호작용 방식은 아기의 언어 발달에 중요한 역할을 해요. 아기와 눈을 맞추며 말을 많이 걸고 아기의 목소리, 몸짓, 표정에 민감하고 즉각적으로 반응해요. 아기와 이야기할 때는 짧고 간단한 문장을 사용하여 정확한 발음으로 천천히 말하고, 일상생활에서 다양한 언어를 자연스럽게 들려줘요.

사회·정서

애착이란 아기와 주 양육자 간의 친밀한 정서적 유대감을 의미해요. 이 시기는 애착 형성에 있어 중요한 시기로 이때 형성된 애착의 질은 아기의 정서 발달과 사회성에 결정적인 역할을 하지요. 아기와 안정적인 애착을 형성하기 위해 아기의 신호에 민감하고 일관적으로 반응하기, 따뜻한 눈 맞춤 하기, 애정을 듬뿍 담은 스킨십 하기를 꼭 기억하고 실천해요.

인지

감각 및 운동 능력을 통해 인지 발달을 이루는 시기로, 아기는 오감을 이용한 다양한 감각적 경험과 운동 기능을 통해 주변 세계를 탐색하고 세상에 대해 알아 가요. 다양한 촉감, 모양, 색, 소리 등을 경험할 수 있는 여러 사물과 놀잇감을 자유롭게 만지고 탐색하고 체험할 기회를 제공해요. 미역, 국수, 두부 등 식재료를 활용한 촉감 놀이, 콩이나 쌀을 이용한 곡물 마라카스 만들기, 미끌미끌 로션 놀이, 여러 감각을 자극하는 촉감책 보기 등을 추천해요.

흑백 비닐봉지 놀이

우리 아기 첫 놀잇감! 투명 비닐봉지에 검은색 도화지를 오려 붙여 간단하게 만들어 봐요.

시각은 아기의 감각 중 가장 늦게 발달해요. 생후 1개월 이전의 아기들은 밝기와 명암만 구별할 수 있기 때문에 채도의 구분이 명확한 흑백 초점책과 흑백 모빌을 가지고 놀지요. 따라서 맨 처음 소개할 놀이는 흑백 대비로 아기의 시각을 자극하는 흑백 비닐봉지 놀이예요. 비닐봉지를 이용하기 때문에 청각과 촉각도 동시에 자극할 수 있는 감각 놀잇감이랍니다.

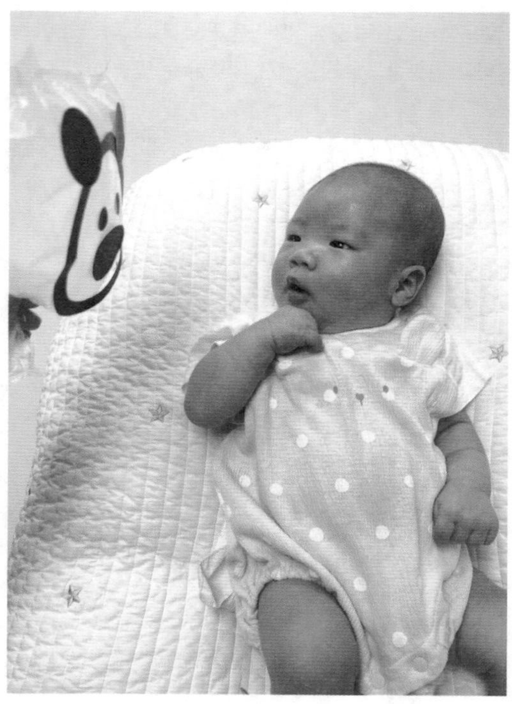

대상

0~1개월

준비물

투명 비닐봉지, 검은색 도화지, 양면테이프, 빵 끈, 가위

주요 경험 및 발달 효과

- 흑백 비닐봉지로 놀이하며 시각, 청각, 촉각적 경험을 해요.
- 눈의 초점을 맞추도록 돕고 시각 발달을 자극해요.
- 엄마와 교감하며 긍정적인 애착 관계를 형성해요.

이렇게 만들어요!

1. 검은색 도화지에 단순한 모양의 그림을 그린 뒤 오려요.
2. 양면테이프를 사용하여 비닐봉지에 그림을 붙여요.
3. 비닐봉지에 바람을 넣은 후 빵 끈으로 묶어요.

이렇게 놀아요!

1. 편안한 공간에 아기를 눕힌 뒤 눈을 맞추며 이름을 불러요.

   "OO아, 까꿍! 엄마 여기 있네~!"

2. 아기에게 흑백 비닐봉지 놀잇감을 보여 주며 부드러운 목소리로 이야기를 나누어요.

   "이게 뭘까?", "동글동글한 얼굴이 있네."

   "(놀잇감을 천천히 왔다 갔다 움직이며) **흔들흔들~ 움직이네.**"

3. 바스락거리는 비닐봉지 소리를 들려주며 아기의 청각을 자극해요. 청각은 아기의 감각 중 가장 먼저 발달해요.

   "바스락바스락! 이게 무슨 소리지?"

4. 아기의 손발에 놀잇감을 갖다 대며 아기의 촉감을 자극해요.

   "(놀잇감을 아기 손에 갖다 대며) **우리 아기 손이랑 만났네.**"

   "(놀잇감을 아기 발에 갖다 대며) **발로 툭! 차 볼까?**"

놀이팁

- 출생 직후의 신생아는 물체에 초점을 맞추지 못하고 형태만 어렴풋이 볼 수 있지만, 생후 1개월이 되면 20~25cm 정도 떨어져 있는 물체에 초점을 맞출 수 있어요. 하지만 3~4개월까지는 이보다 멀리 있는 물체를 선명히 볼 수 없으므로, 아기와 흑백 놀잇감을 사용하여 놀이할 때는 거리를 적당히 조절해야 해요.

베이비 마사지

아기와 눈을 맞추고 부드러운 목소리로 대화하며 마사지를 해 봐요.

'베이비 마사지가 놀이인가?' 하고 생각할 수 있지만 0~3개월 아기들에게는 엄마, 아빠가 안아 주고, 대화해 주고, 노래를 불러 주는 것 등이 모두 놀이예요. 전문적인 방법의 마사지가 아니어도 좋아요. 아기가 자고 일어났을 때, 기저귀를 갈 때, 목욕한 후에 마사지를 해 주며 아기와 교감하는 시간을 가져 봐요!

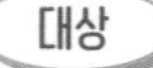

대상

0~3개월

준비물

아기 로션 혹은 오일

주요 경험 및 발달 효과

- 아기와 엄마, 아빠가 서로 교감하며 애착을 형성해요.
- 아기의 몸을 조물조물 마사지하여 신체 발달을 도와요.
- 부드러운 스킨십을 통해 아기의 뇌 발달을 자극해요.
- 혈액 순환을 돕고, 소화 기능을 강화해요.

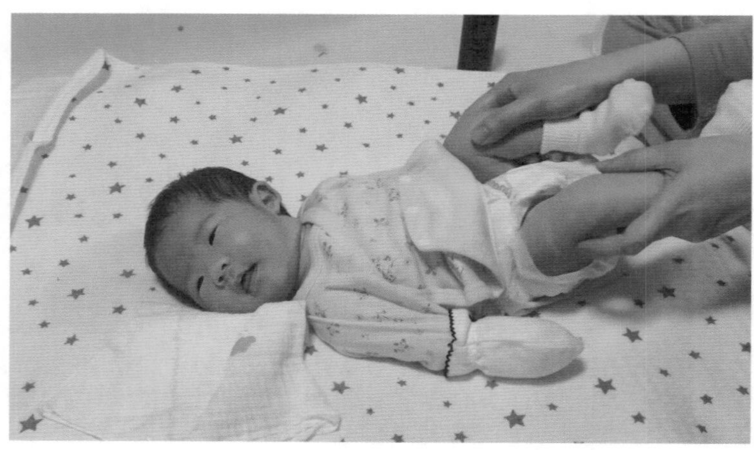

이렇게 놀아요!

1. 아기의 팔다리를 펴서 살살 누른 뒤, 부드럽게 접었다 폈다 해요. 이 과정은 혈액 순환을 돕고 소화 기능을 강화해요. 또한 정서적인 안정감을 느끼게 하여 숙면에도 도움이 돼요.

   "우리 아기 팔을 쭉쭉! 다리도 쭉쭉! 펴 볼까?"

   "아이, 시원해!"

2. 누워 있는 시간이 많은 아기의 등을 가볍게 토닥토닥 두드려요. 종아리와 허벅지도 조물조물 주물러요. 아기를 자주 안아 주고 만져 주면 아기의 뇌 발달을 촉진하고 애착 형성에도 좋답니다.

   "조물조물! OO이 다리가 시원하겠네."

   "아이, 기분 좋아!"

3. 아기의 팔, 다리, 몸을 부드럽게 쓸어내리듯이 만져 주고 손바닥, 발바닥을 꾹꾹 눌러요. 이러한 자극은 아기의 오감을 발달시키고, 근육 발달에도 도움이 되므로 신체 운동 능력을 키우는 데 좋아요.

   "OO이 작은 손을 꾹꾹!"

   "발바닥도 꾹꾹!"

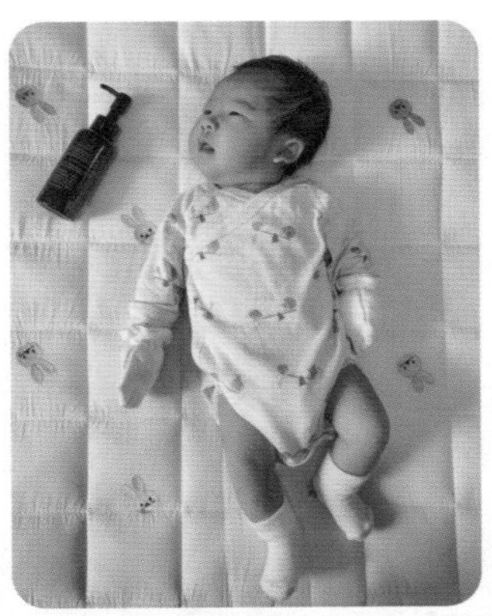

4. 아기의 손, 발, 배 등 몸 곳곳에 "후~" 하고 부드러운 바람을 불어 주세요. 부드러운 스킨십을 통해 아기와 긍정적인 유대감을 형성해요.

   "발바닥에 바람이 후우~!"

   "간질간질~ 바람이 부드럽지."

5. 하늘 자전거와 아기의 무릎을 굽혀 허벅지가 복부에 닿도록 꾹꾹 누르는 마사지는 배변 활동 촉진과 가스 배출에 효과적이에요. 간단한 리듬의 짧은 노래를 부르며 마사지하면 더욱 좋아요.

   "하나둘, 하나둘~ 우리 OO이 자전거 잘 타네~!"

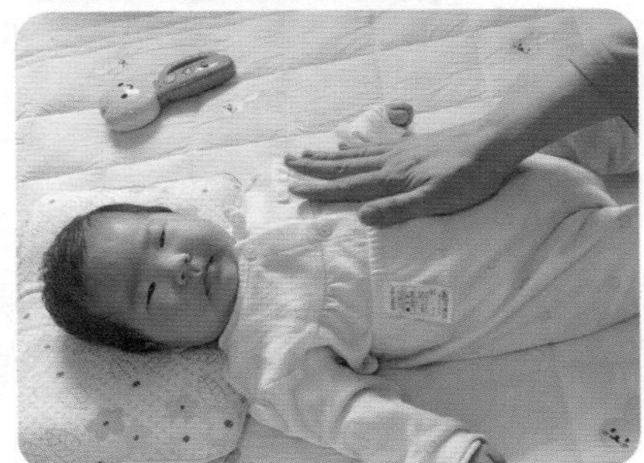

놀이팁

- 엄마, 아빠 손이 너무 차면 아기가 놀랄 수 있어요. 로션을 바른 후 양손을 충분히 비벼 따뜻하게 한 뒤 마사지를 시작해요.

아기와 대화하기

아기와의 대화가 어색하다고요?
따뜻한 눈빛, 부드러운 목소리면 충분해요.

'아기가 내 말을 알아듣지도 못할 텐데, 이렇게 나 혼자 말을 하는 게 의미가 있을까?' 하고 생각해 본 적 있나요? 특히 신생아 때는 눈만 깜빡일 뿐, 별 반응이 없다 보니 혼자 말하기가 더욱 어색하고 낯간지럽기도 하지요. 하지만 아기에게 말을 거는 것은 아기의 언어 발달을 자극하는 것은 물론 안정적인 정서 발달에도 도움을 주기 때문에 매우 중요하답니다.

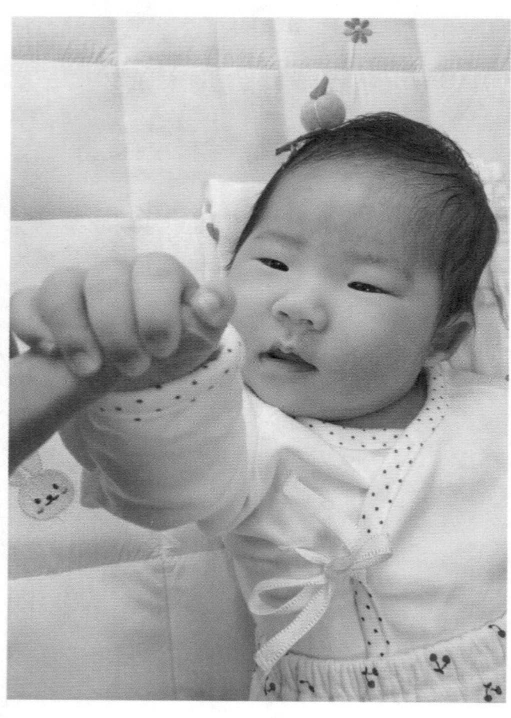

대상

0~3개월

준비물

부드러운 목소리, 따뜻한 마음

주요 경험 및 발달 효과

- 엄마, 아빠와의 대화는 아기의 수용 언어 발달에 도움이 돼요. 수용 언어는 말을 듣거나 글을 읽을 때 단어의 의미를 이해할 수 있는 능력이에요.
- 뇌 부위 중 언어를 담당하는 측두엽을 자극해요.
- 아기와 대화하며 정서적인 교감을 나누고 안정적인 애착 관계를 형성해요.

이렇게 놀아요!

1. 아기와 대화할 때는 조용한 환경에서 아기와 눈을 맞추고 부드러운 목소리로 천천히 말해요.
2. 두세 마디의 간단하고 단순한 문장을 말해요.
3. 눈 마주치기, 스킨십, 표정, 고개 끄덕이기 등 다양한 비언어적 의사소통을 함께 사용해요.

   아기에게 무슨 말을 해야 할지 모르겠다면 아래 예시를 참고해요.

• 아기의 표정이나 몸짓을 말로 표현해요.

"우리 OO이 졸리구나? 코~ 자러 가자."

"배가 고프니? 맘마 먹을까?"

• 현재 상황을 설명해요.

"엄마가 기저귀 갈아 줄게."

"우리 OO이가 맘마를 잘 먹네."

"아빠는 지금 OO이의 손톱을 다듬어 주고 있어."

• 아기가 내는 소리를 흉내 내요.

"방금 '으으~' 했어?"

• 아기의 이름을 부르며 애정 표현을 해요.

"우리 OO이, 아빠가 많이 사랑해."

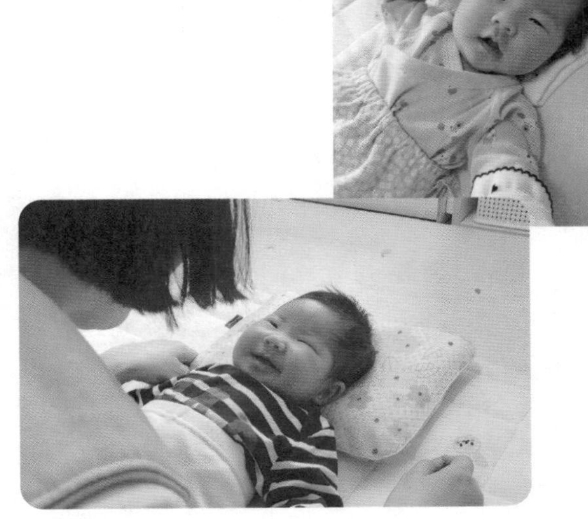

놀이팁

- 아기의 옹알이에 적극적으로 반응해요. 주 양육자의 민감하고 즉각적인 반응은 아기의 말하기를 격려하여 언어 발달을 촉진해요.
- 아기에게 말할 때는 장황한 설명보다 짧고 정확한 문장을 사용해요.
- 옹알이에 반응할 때는 아기의 옹알이가 끝난 뒤에 반응해요. 아기가 의사소통의 기본인 차례 지키기를 배울 수 있어요.

놀이 영역

감각, 인지

딸랑이 놀이

조리원에서 사용했던 작은 아기 젖병으로 딸랑이를 만들어 놀이해요.

'아기 놀잇감' 하면 가장 먼저 떠오르는 것이 바로 딸랑이예요. 아기는 여러 감각 중에 청각이 가장 빨리 발달하므로, 딸랑이는 아기에게 매우 흥미롭고 효과적인 놀잇감이지요. 딸랑이를 가지고 놀아 주면 아기의 시청각을 자극할 수 있고, 대·소근육 발달도 도울 수 있어요. 딸랑이를 활용한 다양한 놀이법을 소개할게요.

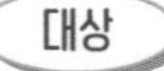

대상

0~3개월

준비물

딸랑이 장난감, 사용하지 않는 아기 젖병, 곡류(쌀, 콩 등), 빨대·솜공 등 다양한 재료

주요 경험 및 발달 효과

- 새로운 소리에 관심을 가지고 움직이는 딸랑이를 쳐다봐요.
- 딸랑이 소리를 따라 몸을 움직이며 전신 근육 발달을 도와요.
- 딸랑이를 손에 쥐어 보며 손의 힘을 길러요.

이렇게 만들어요!

- 딸랑이 장난감이 없다면, 조리원에서 사용한 아기 젖병 속에 여러 재료를 넣어 딸랑이를 만들어요. 콩이나 쌀 같은 곡식도 좋고 빨대나 솜공 같은 색감이 있는 재료도 좋아요.

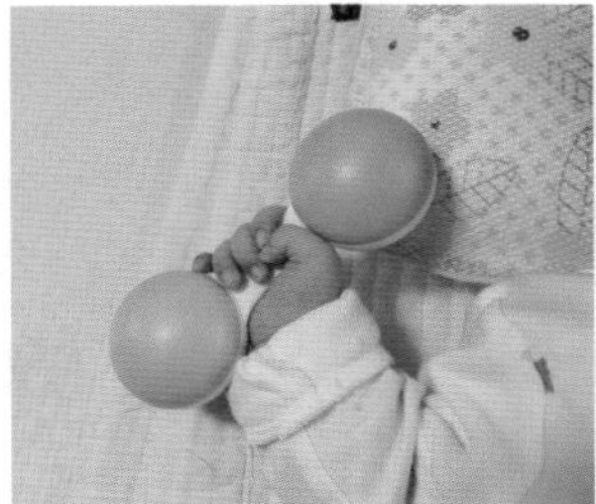
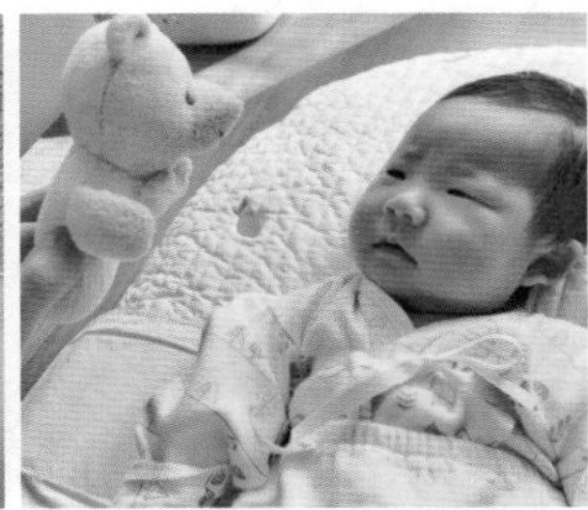

이렇게 놀아요!

1. 딸랑이를 다양한 방법으로 흔들어요. 천천히 혹은 빠르게, 크게 혹은 작게, 길게 혹은 짧게 흔들어요.

   "이게 무슨 소리지?", "찰찰찰! 재미있는 소리가 들리네."

2. 딸랑이를 따라 아기의 시선이 움직이도록 천천히 움직여요. 소리가 나는 쪽으로 아기가 시선을 움직이는지 살펴보며 딸랑이를 천천히 흔들어요.

   "딸랑딸랑~ 딸랑이가 어디로 움직이지?"

3. 오른쪽, 왼쪽, 위쪽, 아래쪽 등 딸랑이를 다양한 방향에서 흔들어 소리를 들려줘요.

   "소리가 어디에서 들리지?", "딸랑땅랑~ 딸랑이 소리가 위에서 들리네."

4. 딸랑이를 손에 쥐어 볼 수 있게 도와줘요. 아기가 아직 딸랑이를 손에 쥐지 못하면 손목 딸랑이를 활용해요.

   "(아기의 손을 살짝 움직이며) OO가 손을 움직이니까 소리가 나네."

5. 딸랑이를 흔들며 간단한 노래를 불러 줘요.

놀이팁

- 곱창 머리끈에 방울을 달면 간단하게 손목 딸랑이를 만들 수 있어요. 아기의 손목, 발목에 끼워 주면 딸랑이 소리를 들으려고 팔다리를 움직일 거예요.
- 아기에게 다양한 소리와 음악을 들려주면 청각 발달에 도움이 돼요. 딸랑이 소리뿐만 아니라 빗소리, 새소리 같은 자연의 소리와 동요, 클래식, 국악 같은 여러 종류의 음악을 들려주면 좋아요.

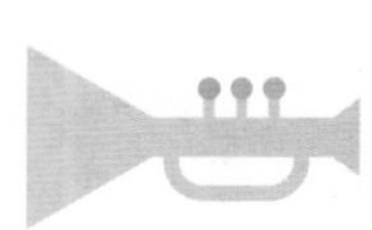

풍선 오뚝이

풍선과 구슬로 풍선 오뚝이를 만들어 터미 타임에 활용해요.

터미 타임은 배를 뜻하는 터미(tummy)와 시간을 뜻하는 타임(time)의 합성어로, 아기가 배로 엎드려 있는 시간을 의미해요. 터미 타임은 아기의 상체 힘을 길러 주는 것은 물론 배앓이 방지, 사두증 예방, 시각 운동 발달 및 다리 근육 발달 등을 도와요. 이 활동은 생후 약 50일부터 3개월 사이에 할 수 있는데요. 이때 사용할 수 있는 엄마표 터미 타임 놀잇감을 소개할게요.

대상

2~3개월

준비물

풍선, 구슬, 고무줄, 얼굴 스티커 또는 매직펜

주요 경험 및 발달 효과

- 터미 타임을 통해 상체의 힘을 키우고 성장에 필요한 근육 발달을 자극해요.
- 흔들흔들 움직이는 풍선 오뚝이를 보며 시각 추적 능력을 발달시켜요.

이렇게 만들어요!

1. 풍선 속에 구슬을 넣고 방울이 들어 있는 부분만 고무줄로 묶어요.
2. 풍선을 뒤집어요.
3. 뒤집은 채로 풍선을 불어요.
4. 풍선에 얼굴 스티커를 붙이거나 매직펜으로 그림을 그려요.

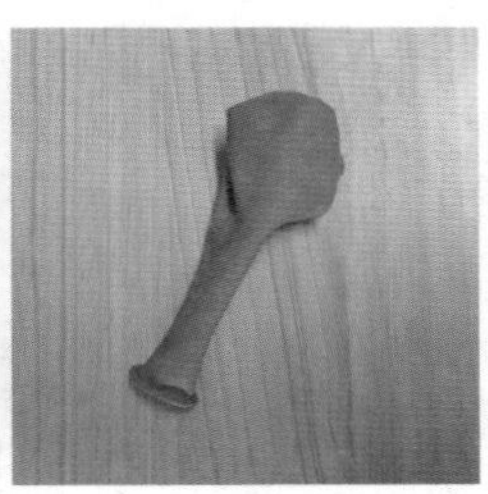

이렇게 놀아요!

1. 처음에는 엄마, 아빠 배 위에서 터미 타임을 연습하다가 점차 바닥으로 옮겨 진행해요.

2. 엎드려 있는 아이의 머리 앞에 거울이나 놀잇감 등을 두어 동기를 부여하는 것이 좋아요. 이때 풍선 오뚝이를 활용해요. 왔다 갔다 움직이는 오뚝이는 아기의 흥미를 자극하고 시각 발달에도 도움을 주어요.

   "OO이가 오뚝이를 보고 있구나."

   "(오뚝이를 살짝 밀며) 흔들흔들~ 오뚝이가 움직이네."

3. 처음에는 1~2분 정도의 짧은 시간부터 시도하여 점차 시간과 횟수를 늘려요.

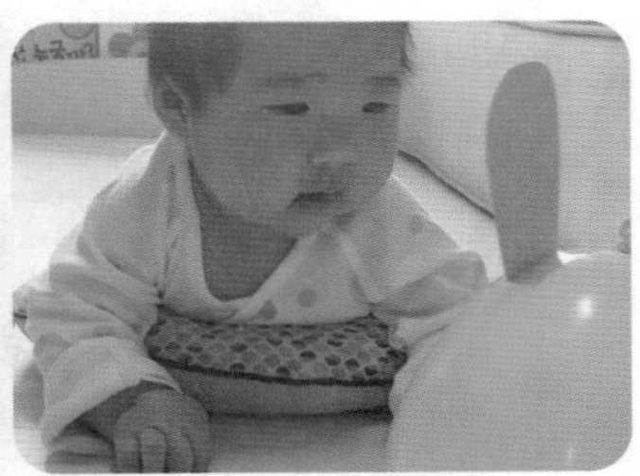

놀이팁

- 아기가 토할 수도 있으므로 수유 직후는 피하고 아기의 컨디션이 좋을 때 시도해요.
- 푹신한 곳은 질식의 위험이 있으니 단단한 바닥, 매트 위에서 시도해요.
- 아기가 터미 타임을 어려워하면 가슴 밑에 낮은 쿠션을 받치거나 수건을 말아서 놓아요.

센서리 백

흔들흔들~ 센서리 백 속 재료의 움직임을 살펴봐요!

센서리 백(sensory bag)은 아기의 시각, 청각, 촉각 등 다양한 감각을 자극하는 놀잇감이에요. 주로 지퍼 백 안에 여러 재료를 넣어 만들어요. 센서리 백을 활용하면 다양한 재료를 안전하게 탐색할 수 있기 때문에 무엇이든 입으로 탐색하려는 구강기 아기에게 알맞은 놀잇감이지요. 터미 타임 시기부터 돌 무렵까지 꾸준히 즐길 수 있는 놀이랍니다.

대상

2~12개월

준비물

지퍼 백, 솜공·단추·수정토·스팽글 등 여러 속 재료, 물·오일·알로에 젤 등의 액체

주요 경험 및 발달 효과

- 시각, 청각, 촉각 등 다양한 감각을 자극해요.
- 호기심을 가지고 물체의 움직임을 탐색해요.
- 터미 타임을 통해 팔, 어깨, 목, 허리 등의 힘을 길러요.

이렇게 만들어요!

1. 지퍼 백 안에 솜공, 단추, 수정토, 스팽글 등 여러 재료를 넣어요.
2. 1번 지퍼 백에 물이나 오일 혹은 알로에 젤 등의 액체를 넣어 밀봉해요. 지퍼 백을 닫을 때는 공기를 최대한 빼요.
3. 재료가 밖으로 흘러나오는 것을 막기 위해 테이프로 한 번 더 밀봉하거나 지퍼 백을 두 개 겹쳐 만들어요.

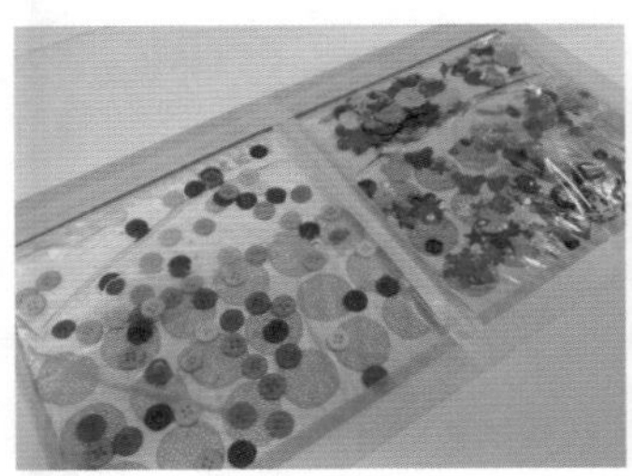

이렇게 놀아요!

1. 여러 재료를 넣어 만든 센서리 백을 아기의 시선이 닿을 수 있게 바닥에 붙여 두고 터미 타임을 시작해요.

2. 센서리 백을 살살 만져 재료가 흔들흔들 움직이게 해요.

   "이게 뭘까? 흔들흔들 움직이네~!"

   "알록달록한 솜공이 들어 있어."

3. 처음에는 눈으로만 센서리 백 속 물체를 탐색하던 우리 아기! 개월 수가 높아질수록 점차 손으로 조물조물 움직이며 물체를 만져 보려고 시도할 거예요. 아기와 함께 센서리 백을 자유롭게 만지며 탐색해요.

   "OO이가 솜공을 손가락으로 꾸~욱 눌렀네."

   "OO이가 손바닥으로 팡팡 치니 단추가 출렁출렁 움직인다!"

놀이팁

- 속 재료는 어떤 것이든 좋아요. 센서리 백을 위해 새로운 재료를 구매할 필요 없이 집에 있는 쌀, 콩 등을 활용해도 충분해요. 봄에는 꽃잎, 가을에는 단풍잎 등 자연물을 활용한 센서리 백도 좋습니다.
- 여름에는 시원한 물, 겨울에는 따뜻한 물을 넣어 만들면 아기가 온도 차를 느낄 수 있어 감각 발달에 도움을 줘요.

헬륨 풍선 놀이

헬륨 풍선을 손목이나 발목에 매달아 아기의 신체 움직임을 유도하는 놀이예요.

요즘에는 아기 백일상을 집에서 간소하게 차리는 가정이 많은데요. 이때 장식용으로 헬륨 풍선을 구입하기도 하지요. 비싸게 구입한 헬륨 풍선! 백일 사진에 예쁘게 사용한 뒤 버리지 말고 아기 놀이에 활용하면 더욱 좋아요. 생각보다 풍선이 꽤 오래가서 또예는 한 달 정도 재미있게 잘 가지고 놀았답니다.

3~6개월

헬륨 풍선, 끈

주요 경험 및 발달 효과

- 다리의 힘을 기르고 대근육 운동 기술을 발달시켜요.
- 풍선의 움직임을 눈으로 따라가며 시각 추적 능력을 길러요.
- 요리조리 움직이는 풍선을 보며 즐거움을 느껴요.
- 다리를 움직이면 풍선이 움직인다는 인과 관계를 경험해요.

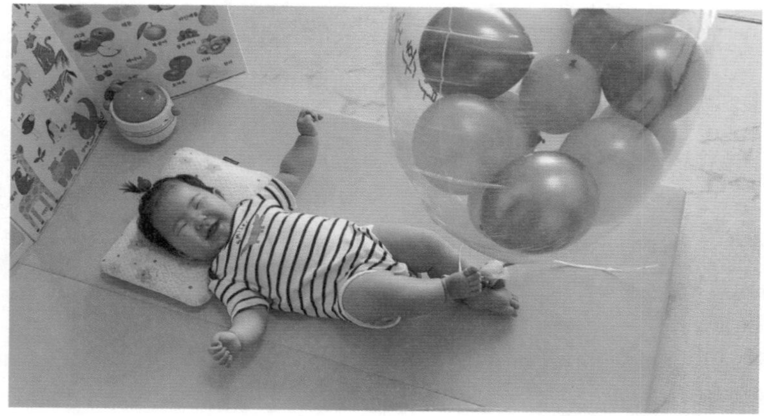

이렇게 놀아요!

1. 아기 발에 헬륨 풍선을 연결해요. 이때 손목 딸랑이, 머리끈, 고리 놀잇감 등에 연결하거나, 리본 끈을 활용하여 아기 옷 위에 헐렁하게 묶어 주면 편해요.

   "(발목에 풍선을 걸며) OO이 발목에 쏘옥!"

   "이게 뭘까? 커다란 풍선이네."

2. 아기가 다리를 움직일 때마다 풍선이 요리조리 움직여요.

   "풍선이 둥둥~ 떠 있네."

   "다리를 움직이니까 풍선이 흔들흔들 움직이네."

3. 손목 딸랑이를 활용하면 아기가 다리를 움직일 때마다 딸랑딸랑 소리가 나서 청각적 자극도 줄 수 있어요. 머리끈이나 고리 놀잇감을 활용하는 경우에도 줄에 방울을 하나 달면 똑같은 효과를 느낄 수 있어요.

   "어머, 이게 무슨 소리지?"

   "딸랑딸랑 소리가 나네!"

4. 아기가 헬륨 풍선 놀이에 익숙해지면 다리를 바닥으로 쿵! 내려치기도 해요. 풍선이 움직이는 리듬을 알고 몸을 움직이는 듯한 느낌도 들지요. 아기의 움직임에 따라 풍선의 움직임도 점차 다채로워져서 아기도 더 재미있어해요.

놀이팁

- 돌잔치 때 사용한 헬륨 풍선도 돌 무렵 아기의 발달에 맞게 가지고 놀 수 있어요.
  - 헬륨 풍선 샌드백 : 바닥에 헬륨 풍선을 고정해 두고 샌드백처럼 손으로 치며 놀이해요.
  - 헬륨 풍선 깜짝 상자 : 헬륨 풍선을 상자 안에 넣고 상자를 열면 풍선이 '까꿍!' 하늘로 둥둥 떠올라요.
  - 헬륨 풍선 팔찌 : 손목에 헬륨 풍선을 매달아요. 손을 흔들흔들 움직이면 풍선도 따라서 움직이지요. 이러한 활동을 통해 자신의 행동과 물체의 움직임 간의 관계를 경험해요.

엄마표 모빌

솜공, 리본 끈, 방울, 풍선 등 다양한 재료로 엄마표 모빌을 만들어요.

신생아 때부터 쭉 사용하는 아기 모빌! 흑백에서 컬러만 바뀌 똑같은 모빌을 계속 보여 주고 있다면 이번 놀이를 주목해 봐요. 멋지고 화려한 모빌도 좋지만 이 시기에는 다양한 것을 많이 접하는 것이 아기의 뇌 발달에 도움이 돼요. 집에 있는 재료를 활용하여 간단하게 엄마표 모빌을 만들어 봐요. 아기의 감각을 자극할 수 있는 어떤 재료라도 좋아요!

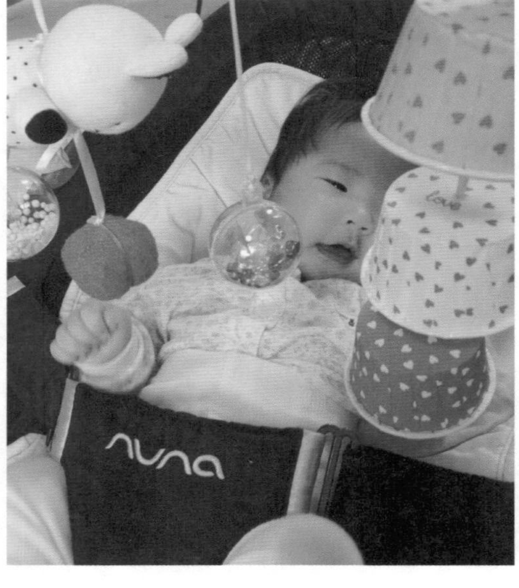

대상

3~6개월

준비물

솜공, 리본 끈, 방울, 풍선 등 아기의 오감을 자극하는 다양한 재료

주요 경험 및 발달 효과

- 여러 재료로 만든 엄마표 모빌을 감각적으로 탐색해요.
- 모빌을 향해 팔을 뻗고 손으로 쥐기를 시도하며 신체 조절 능력을 길러요.

0~12개월

이렇게 만들어요!

- 흑백 혹은 여러 색깔 솜공을 리본 끈에 달기
- 플라스틱 구에 작은 재료를 넣기
- 베이킹 컵에 줄을 달아 만들기
- 원색 풍선에 방울 혹은 쌀, 조 등의 곡물 넣기
- 기존 모빌에 방울을 달아 청각적 자극 더하기
- 색색의 리본 끈을 묶어 만들기

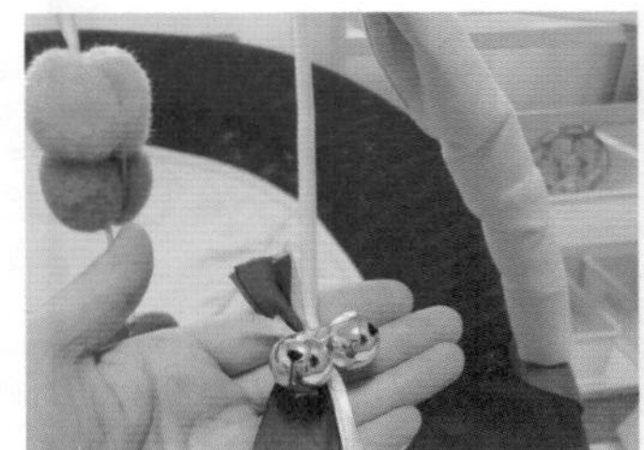
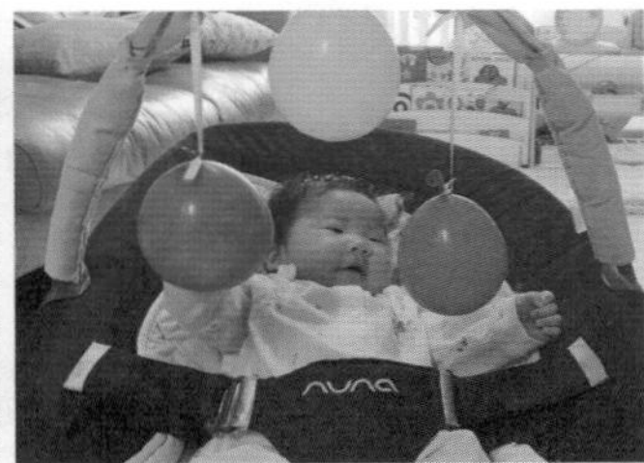

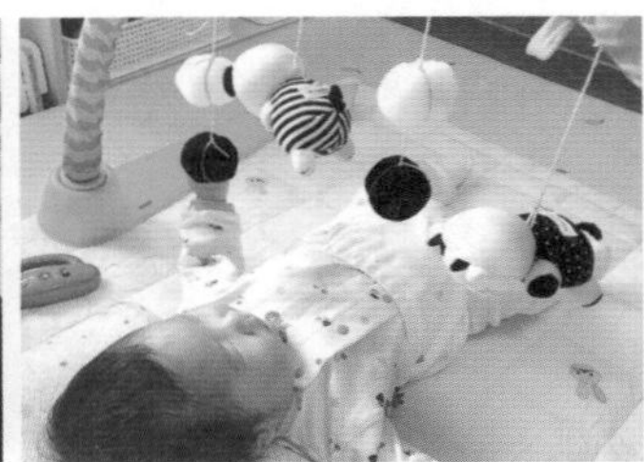

이렇게 놀아요!

1. 모빌을 함께 보며 색, 모양, 움직임 등에 대해 이야기를 나눠요.

   "알록달록 새로운 모빌이지?"

   "동글동글 솜공이 빙글빙글 돌아가네."

   "빨강, 노랑, 파랑 풍선들이야."

2. 아기의 행동 및 반응을 말로 표현해요.

   "OO이가 모빌을 보고 있네.", "OO이가 모빌을 만져 보고 싶구나."

3. 아기의 손을 가볍게 잡아 모빌을 함께 쳐 봐요.

   "OO이가 손으로 톡! 쳤네.", "방울 소리가 딸랑딸랑 들리지?", "흔들흔들~ 모빌이 움직이고 있어."

놀이팁

- 아기가 팔을 뻗어 모빌을 손에 쥐거나 칠 수도 있으니, 아기가 만져도 되는 안전한 재료를 이용해요.
- 아기와 함께 모빌을 바라보며 다양한 대화를 나눠요. 엄마, 아빠와의 상호작용은 안정적인 애착 형성에 도움을 줘요.

비닐봉지 놀이

비닐봉지 풍선을 손발로 치면서 신체를 자유롭게 움직여요.

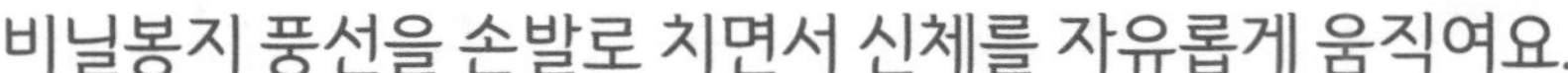

이번 놀이는 쉽게 구할 수 있는 재료인 비닐봉지를 활용한 놀이예요. '비닐봉지 놀이? 과연 아기가 좋아할까?' 싶지만 생각보다 아기들이 정말 좋아한답니다. 비닐봉지의 미끈미끈한 촉감, 바스락거리는 소리는 아기의 오감을 자극하는 매력적인 요소이기 때문이에요.

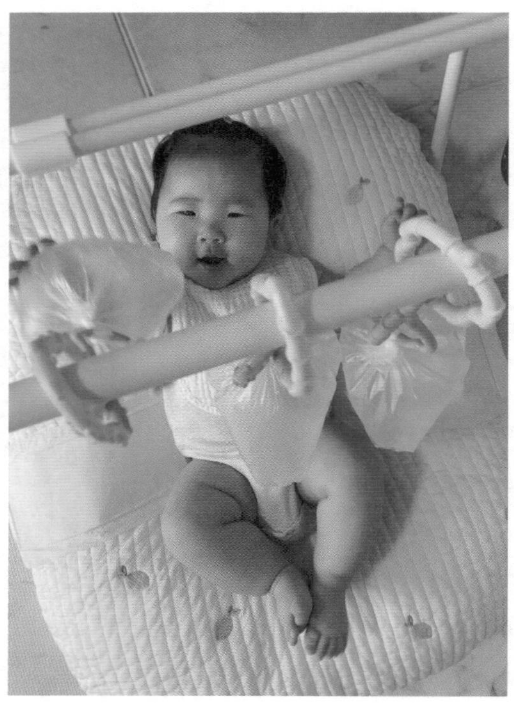

대상

3~6개월

준비물

비닐봉지

주요 경험 및 발달 효과

- 새로운 사물을 여러 가지 감각을 활용하여 탐색해요.
- 비닐봉지 풍선을 손으로 쥐고 흔들며 손가락 힘을 길러요.
- 비닐봉지 풍선을 발로 차며 대근육을 자유롭게 움직여요.

이렇게 만들어요!

- 비닐봉지에 바람을 넣고 끝을 묶어 비닐봉지 풍선을 만들어요. 비닐봉지에 바람을 넣을 때는 비닐봉지 입구를 양손으로 잡고 공중에 휘휘 젓거나 입으로 불어요.

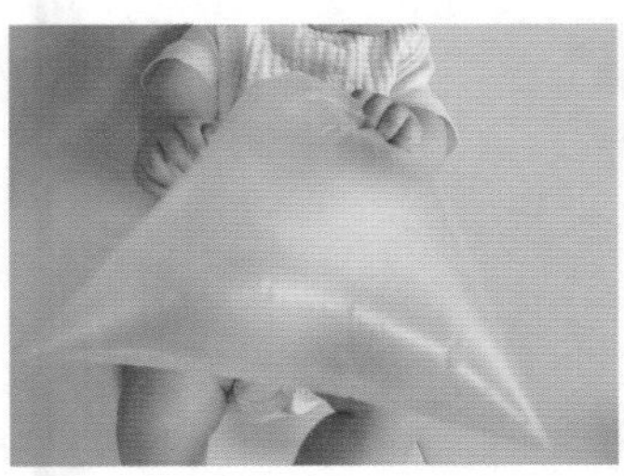

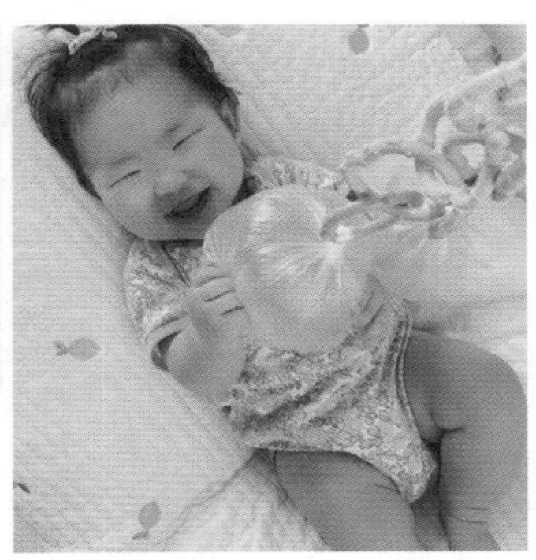

이렇게 놀아요!

1. 아기가 볼 수 있는 위치에 비닐봉지 풍선을 놓고 아기가 관심을 보이면 자유롭게 탐색하게 해요. 비닐봉지의 바스락바스락 소리는 아기의 호기심을 유발하며 청각을 자극해요.

   "바스락바스락 소리가 나네.", "만져 보니 어때? 미끌미끌하지?"

2. 비닐봉지를 손에 잡고 흔들며 놀이해요.

   "OO가 비닐봉지를 잡았구나.", "흔들흔들~ 흔들어 볼까?"

3. 비닐봉지 풍선을 적절한 높이에 매달아요. 비닐봉지는 가볍기 때문에 아기의 작은 힘으로도 이리저리 움직여요. 공중에 매달린 비닐봉지를 손으로 잡기도 하고 발로 차기도 하며 신체를 자유롭게 움직여요.

   "OO가 발로 뻥! 하고 찼네.", "봉지가 왔다 갔다 움직이네."

4. 비닐봉지 안에 색종이, 솜공 등 다양한 재료를 넣어요. 알록달록한 색감이 아기의 시각을 자극하고 비닐봉지를 흔들 때 재미있는 소리도 난답니다.

   "봉지 안에 뭐가 들어 있지?", "알록달록 색종이네.", "봉지를 흔드니까 색종이가 춤을 추네."

놀이팁

- 빨래 건조대 밑에 역류 방지 쿠션을 두고 그 위에 비닐봉지 풍선을 매달면 아기가 가지고 놀기 딱 좋은 높이예요. '빨래 건조대와 역류 방지 쿠션' 세트는 아기의 놀이에 매우 훌륭한 조합이에요. 빨래 건조대는 고리를 걸기도 좋고 아기에게 다양한 놀잇감을 제시해 주기도 좋답니다.

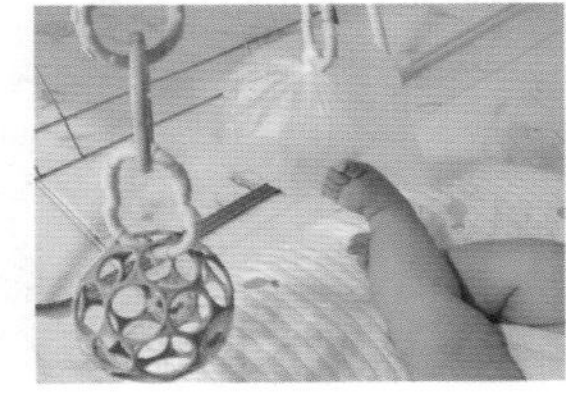

똑똑 문 열기

집 안 곳곳을 돌아다니며 여러 문을 열어 보고 다양한 물건을 감각적으로 탐색해요.

잘 놀다가도 칭얼거리는 아기. 하루에 두세 번씩은 거울도 보여 주고 불도 껐다 켰다 하며 아기와 함께 집 안을 돌아다니게 되지요. 아기와 함께 집 안의 여러 문을 똑똑 두드리고 열어 봐요. 안에 무엇이 있는지 함께 살펴보고 여러 가지 물건을 감각적으로 탐색해요. 문을 열면 새로운 것들이 가득가득! 아기에게는 집 안 곳곳이 재미있는 놀이터랍니다.

대상

6~12개월

준비물

없음

주요 경험 및 발달 효과

- 여러 가지 사물에 관심을 가지고 자유롭게 탐색해요.
- 촉감과 관련된 다양한 표현을 들어 봐요.
- 다양한 감각적 경험을 통해 뇌 발달을 자극해요.
- 집 안을 돌아다니며 공간 지각 능력을 길러요.

이렇게 놀아요!

1. 부엌 싱크대 장을 똑똑! 두드려 보고 문을 열어 봐요. 플라스틱 반찬 통과 유리 반찬 통을 하나씩 꺼내 통통 쳐 보며 소리도 들어요.

   "똑똑! 문을 두드려 볼까?"

   "문이 열렸네! 뭐가 있을까?"

   "(반찬 통을 손으로 치며) 통통 소리가 나네!"

2. 냉장고 문을 똑똑! 두드려 보고 열어 봐요. 냉장고 안에서 시원한 물을 꺼내요. 물병을 만져 보며 시원한 느낌을 느껴요.

   "앗! 차가워!"

3. 옷장 문을 똑똑! 두드려 보고 열어 봐요. 옷장 안에는 여러 가지 색과 다양한 재질의 옷이 걸려 있어요. 미끌미끌한 패딩도 만져 보고, 포근포근한 니트도 만져 보며 서로 다른 촉감을 느껴요.

   "똑똑! 옷장에는 무엇이 있을까?"

   "(패딩을 만져 보며) 미끌미끌하네."

4. 화장실에 왔어요. 수건 장을 똑똑! 두드려 보고 문을 열어 봐요. 부드러운 촉감의 수건을 만져 봐요. 세면대에서 물을 틀어 가볍게 손을 씻고 물줄기를 느껴 봐요.

   "보들보들 수건이 부드럽구나."

   "(아기의 손을 물줄기에 가져다 대며) 느낌이 어때?"

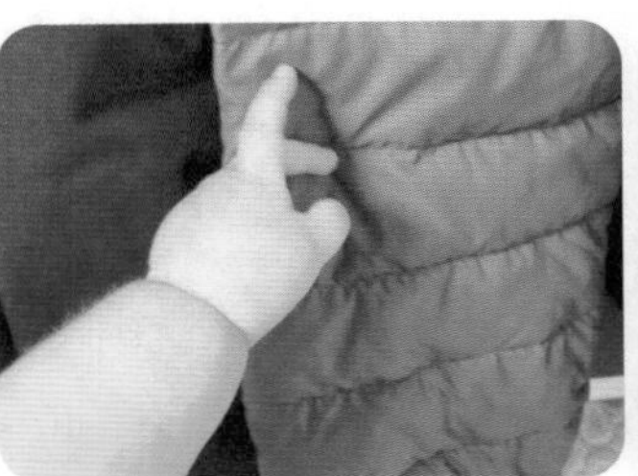
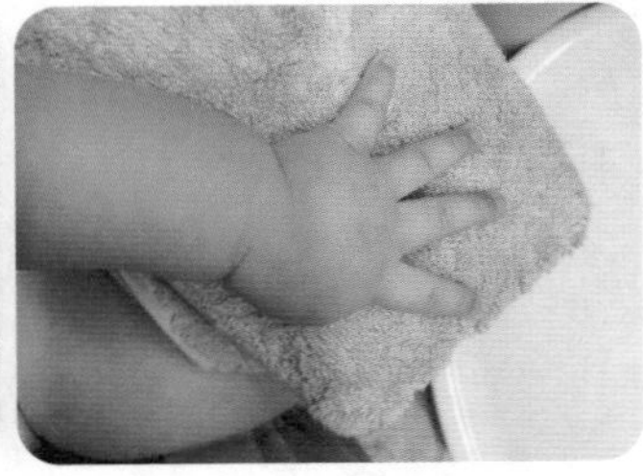

놀이팁

- 문 열기와 관련된 그림책 《두드려 보아요》(사계절), 〈열어요 시리즈〉(한림출판사) 등을 참고해요.
- 아기의 두뇌 발달은 감각 경험과 밀접한 관련이 있어요. 평소에 아기가 시각, 청각, 촉각 등 다양한 감각을 사용할 수 있게 격려해요.

곡물 놀이

여러 가지 곡물을 탐색해 보고 곡물 마라카스를 만들어 신나게 흔들어요.

'아기 오감 놀이' 하면 빠질 수 없는 놀이가 바로 곡물 놀이예요. 곡물을 활용하면 아기의 여러 감각을 자극할 수 있고, 다양한 방법으로 놀이가 가능하기 때문에 좋은 놀이 재료이지요. 따로 재료를 준비해야 하는 번거로움 없이 집에서 재료를 쉽게 구할 수 있어 부담도 없어요. 쌀통에서 쌀만 꺼내 아기에게 주면 곧바로 즐거운 놀이를 시작할 수 있답니다.

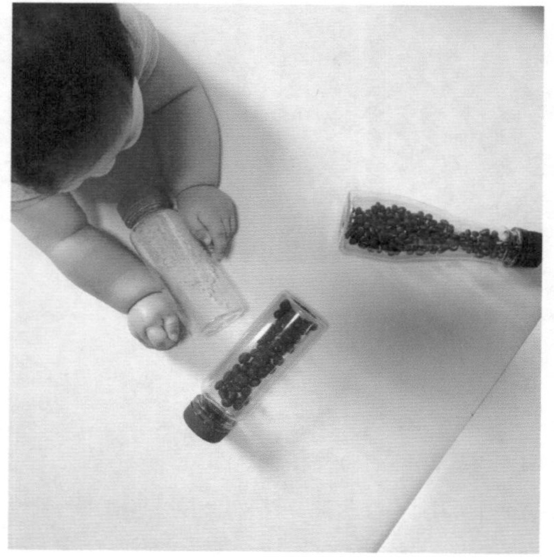

대상

6~12개월

준비물

쌀·콩·팥 등 여러 곡물, 빈 주스병

주요 경험 및 발달 효과

- 시각, 청각, 촉각 등 여러 가지 감각을 사용하며 감각 발달을 도와요.
- 곡물 마라카스 속 재료의 움직임을 살펴보며 관찰력을 길러요.
- 곡물 마라카스로 다양하게 놀이하며 대·소근육 조절 능력을 길러요.

이렇게 놀아요!

1. 여러 곡물을 만질 때 색, 모양, 크기, 느낌 등 여러 특성에 대해 이야기해요.

"동글동글~ 이건 콩이야."

"쌀을 만져 보니 느낌이 어때?"

"쌀알이 차르르~ 손가락 사이를 빠져나가네."

2. 빈 주스병에 곡물을 넣어 곡물 마라카스를 만들어요. 병 하나에 한 가지 종류의 곡물을 넣어야 각각의 색, 모양, 크기, 소리 등을 비교하며 탐색할 수 있어요.

"이건 뭘까? 동글동글 검은콩이 들어 있네."

"쌀이 들어 있는 병을 흔들어 볼까? 어떤 소리가 나지?"

3. 곡물 마라카스를 요리조리 움직이며 병 속 곡물의 움직임을 탐색해요.

"콩이 왔다 갔다 움직이네~!"

4. 곡물 마라카스 병을 세워 놓고 무너뜨리기, 데굴데굴 굴리기, 굴러가는 마라카스를 따라가며 움직이기 등 다양한 방법으로 놀이해요.

"데굴데굴~ 굴러가네."

"우당탕탕! 병이 무너졌네."

5. 곡물 마라카스를 흔들며 소리를 들어 보고 좋아하는 노래에 맞춰 연주도 해 봐요.

"흔들흔들~ 재미있는 소리가 나네."

놀이팁

- 구강기 아기는 뭐든지 입으로 가져가기 때문에 재료 탐색이 어려울 수 있어요. 그럴 땐 잠시 쪽쪽이를 활용해요.
- 곡물 마라카스의 크기가 너무 크면 아기가 잡고 흔들기 어려워요. 아이가 손에 쥘 수 있을 정도의 적당한 크기의 빈 병으로 곡물 마라카스를 만들어요.

12

마스킹 테이프 놀이

끈적끈적 마스킹 테이프를 활용하여 다양한 놀이를 해요.

마스킹 테이프는 아기들이 쉽게 떼어 낼 수 있을 정도로 접착력이 약하고, 냄새도 거의 나지 않아 활용하기 편해요. 요즘은 마스킹 테이프의 색과 모양이 예전보다 다양해져서 놀이에 활용하기 더 좋아졌지요. 마스킹 테이프만 있으면 간단히 할 수 있는 몇 가지 놀이를 소개할게요.

6~12개월

마스킹 테이프, 다양한 놀잇감, 볼풀공

주요 경험 및 발달 효과

- 끈적끈적한 마스킹 테이프의 촉감을 자유롭게 탐색해요.
- 마스킹 테이프를 떼어 내기 위해 손가락을 움직이며 소근육 힘을 길러요.
- 벽면에 붙은 공을 떼어 내며 신체 조절 능력을 키워요.

이렇게 놀아요!

1. 끈적끈적한 마스킹 테이프의 촉감을 느껴 봐요. 새로운 촉감이 낯설 수 있으니 천천히 시도해요.

2. 아기가 좋아하는 놀잇감을 마스킹 테이프를 사용하여 바닥에 붙여요. 처음에는 너무 납작한 놀잇감보다는 아기가 쉽게 잡을 수 있게 적당히 볼륨감 있는 놀잇감을 이용해요. 아기는 바닥에 붙은 놀잇감을 떼어 내며 대·소근육을 조절하고 눈과 손의 협응력을 길러요.

   "OO아 도와줘! 놀잇감이 바닥에 붙어 버렸어!"

   "놀잇감을 당겨서 떼어 냈구나!"

3. 바닥에 알록달록한 마스킹 테이프를 붙여요. 이때 끝부분을 살짝 접어서 붙이면 아기가 쉽게 떼어 낼 수 있어요. 아기의 개월 수나 소근육 발달 정도에 따라 끝부분을 많이 접거나 조금 접어서 난이도를 조절해요.

   "이게 뭘까? 바닥에 알록달록한 테이프가 붙어 있네."

   "우아! 떨어졌어."

4. 벽면에 마스킹 테이프로 여러 색깔의 볼풀공을 붙여요. 배밀이를 하는 아기들은 앞으로 배밀이를 하면서, 앉아서 노는 아기들은 앉은 자세에서 팔을 뻗으며, 일어서기 시작한 아기들은 몸을 일으켜서 볼풀공을 떼어 내며 놀이할 수 있어요. 아기의 발달 수준에 따라 볼풀공의 위치나 높이를 조절해요.

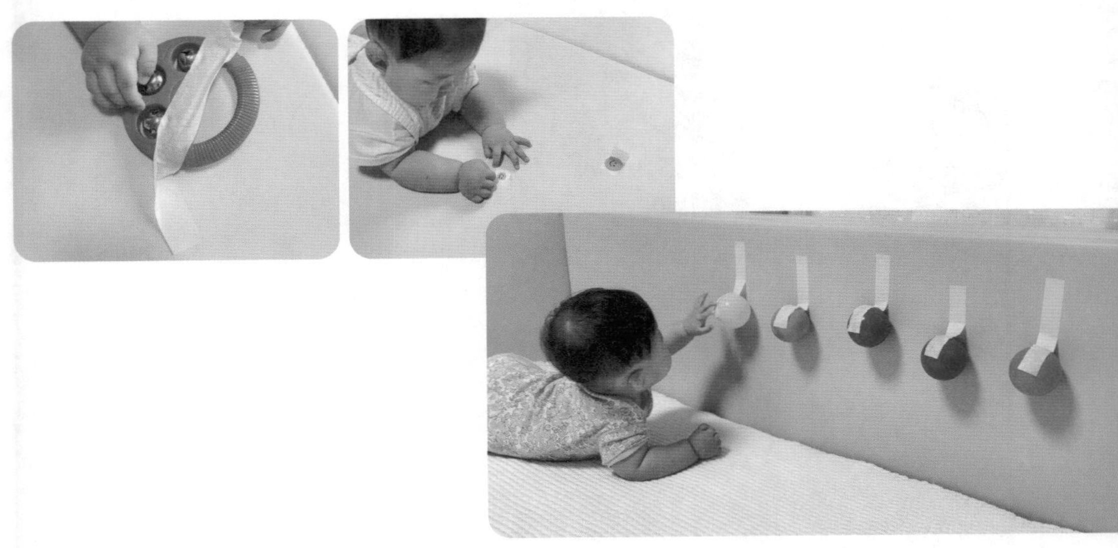

놀이팁

- 떼어 낸 테이프를 입에 넣지 않도록 옆에서 꼭 지켜봐요.

까꿍 놀이

물체가 사라졌다, 나타났다! 아기에겐 마술 같은 놀이예요.

까꿍 놀이는 매우 고전적이지만, 아기들이 정말 좋아하는 놀이예요. 특히 '대상 영속성' 발달과 관련이 깊지요. 대상 영속성이란 사람이나 물체가 잠시 보이지 않아도 아예 사라진 게 아니라 어딘가에 계속 존재하고 있음을 아는 것이에요. 까꿍 놀이는 사람이나 물체가 사라졌다 다시 나타나는 것을 반복적으로 경험하도록 하여 대상 영속성 인지를 돕는답니다.

대상

6~12개월

준비물

손수건, 이불, 놀잇감, 까꿍 놀이책

주요 경험 및 발달 효과

- 사람이나 물체가 사라지고 나타나는 모습을 통해 호기심을 자극하고 관찰력을 길러요.
- 반복적인 까꿍 놀이를 통해 대상 영속성 개념을 확립해요.

이렇게 놀아요!

1. 손바닥으로 얼굴을 가렸다 보여 주며 까꿍 놀이를 해요.

   "(손바닥으로 얼굴을 가리며) 엄마가 어디 갔지?"

   "(손바닥을 치우며) 까꿍! 여기 있지!"

2. 손수건이나 얇은 이불을 활용하여 엄마, 아빠 혹은 아기의 얼굴을 가렸다 보여 주며 까꿍 놀이를 해요.

   "(손수건으로 아기 얼굴을 살짝 가리며) 우리 아기 어디 있지?"

   "(손수건을 아래로 내리며) 까꿍! 여기 있네!"

3. 손수건 밑에 아기가 좋아하는 놀잇감을 숨겨 까꿍 놀이를 해요. 처음에는 놀잇감의 일부가 보이도록 숨겨요. 움직이는 놀잇감, 불빛 혹은 소리가 나는 놀잇감을 활용해도 좋아요.

   "(곰돌이 인형을 손수건 밑에 두고) 곰돌이가 어디 갔지?"

   "(손수건을 들치며) 곰돌이 인형이 여기 있네!"

4. 까꿍 놀이책을 가지고 까꿍 놀이를 해요. 까꿍 놀이책이 없다면 책에 포스트잇을 붙여 그림의 일부를 가렸다 보여 주며 까꿍 놀이를 해요.

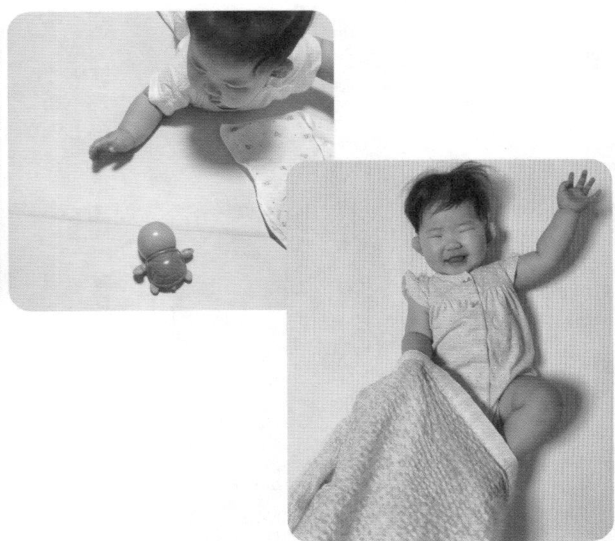

놀이팁

- 대상 영속성은 분리 불안과도 관련이 있어요. 대상 영속성을 확립하게 되면 주 양육자가 눈에 보이지 않아도 아예 사라진 것이 아니라 어딘가에 있고 다시 돌아온다는 것을 인지하는데요. 이는 아기가 심리적 안정감을 느끼게 하고 안정적인 애착을 형성할 수 있게 하여 분리 불안을 줄여 줘요.

터깅 박스

여러 종류의 끈을 마음껏 잡아당기며 놀아요!

집 안 곳곳에 있는 선들을 쏙쏙 찾아내서 잡고 흔들고 당기는 우리 아기! 쫓아다니며 "안 돼!" 하고 이야기하는 대신 마음껏 탐색하고 잡아당길 수 있는 터깅 박스를 만들어 주세요. 여러 종류의 끈을 만지면 감각이 자극되고, 소근육 운동 능력도 기를 수 있어요.

대상

6~12개월

준비물

상자, 여러 종류의 끈(고무줄·운동화 끈·리본 끈·뜨개실 등), 송곳, 모서리 보호대

주요 경험 및 발달 효과

- 여러 종류의 끈을 만지고 당기며 다양한 촉감을 느껴요.
- 매듭을 잡아당기면(원인) 끈이 쭉 나온다(결과)는 것을 반복적으로 경험하며 초보적인 인과 관계를 인지해요.
- 작은 매듭, 얇은 끈을 잡고 당기면서 눈과 손의 협응 능력과 손가락 힘을 길러요.

이렇게 만들어요!

1. 상자의 마주 보는 면에 송곳으로 구멍을 뚫어요. 구멍의 개수는 대여섯 개 정도면 적당해요.
2. 하나의 끈이 마주 보는 면을 통과하도록 끼워 양 끝에 매듭을 지어요. 끈을 한 번만 묶으면 매듭이 너무 작아 아기가 잡기 어려울 수 있으니 충분히 잡을 수 있는 크기가 되도록 두세 번 매듭을 묶어요. 이때 끈의 길이를 다양하게 하면 놀이의 재미를 더할 수 있어요.
3. 상자의 뚜껑을 닫고, 모서리 보호대를 붙여 안전하게 마무리해요.

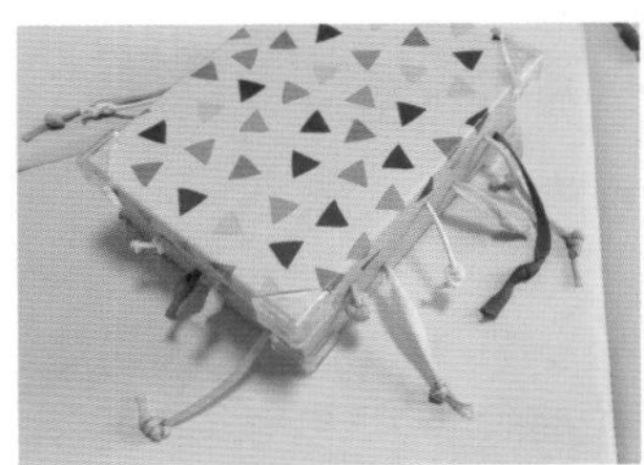
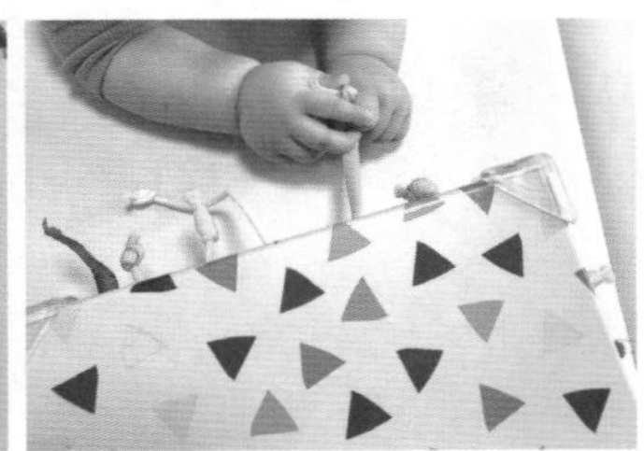

이렇게 놀아요!

1. 아이에게 새로운 놀잇감인 터깅 박스를 소개해요.

   "(끈을 흔들며) **살랑살랑~ 이게 뭘까?**", "**알록달록 여러 색의 끈이네. 한번 만져 볼까?**"

2. 아이가 터깅 박스를 자유롭게 탐색할 수 있도록 충분한 시간을 줘요. 이때 아기의 행동이나 반응을 말로 표현해 주면 더 좋아요.

   "**우리 OO이가 빨간색 끈을 만져 보고 있구나.**", "**OO이가 끈을 잡고 흔드니 살랑살랑 흔들리네.**"

3. 매듭을 잡아당겨 끈이 나오는 모습을 보여 줘요. 아기의 손을 잡고 끈을 함께 당겨 봐도 좋아요.

   "**쏘옥! 끈이 쭈욱~ 나왔네!**", "**동글동글 매듭을 당기니 끈이 쭈욱~ 길게 나오네.**"

4. 아기의 놀이 모습을 관찰하며 다양한 상호작용을 해요.

   (끈의 촉감) "**리본 끈은 부들부들 부드럽다~!**", (끈의 길이) "**쭈우욱~ 끈이 정말 길다~!**"

놀이팁

- 상자 속 끈에 방울을 달면 청각 자극을 더할 수 있어요.
- 상자의 뚜껑을 열어 끈이 당겨지는 모습을 관찰하는 것도 재미있어요.
- 끈이 엉켜 있는 상자 속에 놀잇감을 넣은 뒤 다시 놀잇감을 꺼내는 놀이도 해 봐요.

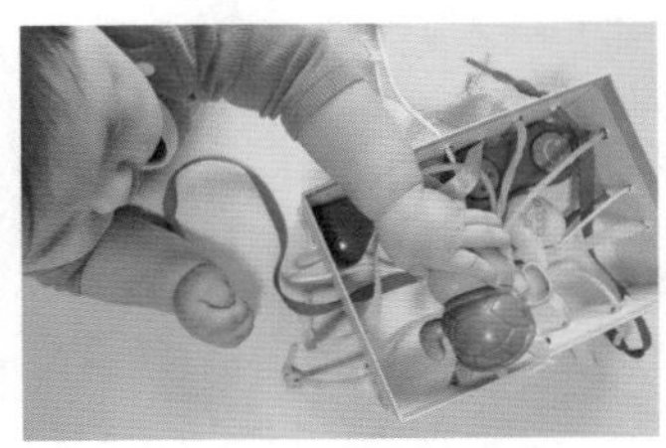

스카프 뽑기

아기들이 좋아하는 물티슈 케이스로 스카프 뽑기 놀잇감을 만들어요.

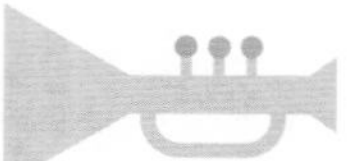

물티슈 케이스는 바스락바스락 재미있는 소리도 나고, 물티슈도 쏙쏙 뽑을 수 있고, 뚜껑까지 달려 있어 아기들에게 매력적인 물건이에요. 다 쓴 물티슈 케이스를 깨끗이 닦고 모서리도 둥글게 오린 뒤 스카프를 넣으면 재미있는 놀잇감 완성! 이제 더 이상 엄마가 쓰는 물티슈를 넘보지 않을 거예요.

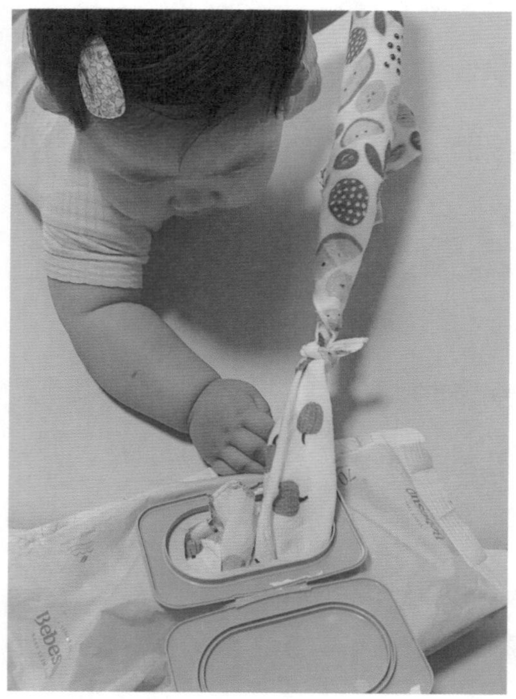

대상

6~12개월

준비물

다 쓴 물티슈 케이스, 여러 장의 스카프 또는 가제 수건, 가위

주요 경험 및 발달 효과

- 엄지와 검지를 사용해 스카프를 뽑으며 눈과 손의 협응을 연습해요.
- 길게 연결한 스카프를 팔을 쭉 펴서 당기며 대근육을 조절해요.
- 스카프나 손수건의 부드러운 촉감을 느껴요.

이렇게 놀아요!

1. 다 쓴 물티슈 케이스를 깨끗이 닦고 가위로 모서리를 둥글게 잘라요.

2. 알록달록한 스카프를 빈 물티슈 케이스 안에 넣어요. 스카프는 한 장씩 따로따로 넣어도 좋고 끝부분을 묶어 길게 연결하여 넣어도 좋아요. 처음에는 쉽게 뽑을 수 있도록 따로따로 넣고, 이후에는 연결하여 제공하는 것을 추천합니다.

3. 2번 물티슈 케이스의 뚜껑을 살짝 열어 아기 주변에 놓아요. 이때 스카프의 끝이 살짝 보이도록 하여 아기의 흥미를 유도해요. 아기가 관심을 갖지 않거나 바라보기만 한다면 엄마, 아빠가 먼저 스카프를 뽑는 모습을 보여 주고 관심을 갖게 해요.

4. 물티슈 케이스 속 스카프를 쭉쭉 뽑아요. 스카프를 구기고, 당기고, 흔들어 봐요. 까꿍 놀이도 해 봐요.

"OO이가 스카프를 쏙 잡아당겼네."

"이번에는 어떤 색깔이 나올까? 우아! 이번에는 파란색 스카프네!"

"알록달록한 스카프가 쭈욱쭈욱~ 계속 나오네."

"(스카프를 올렸다 내리며) 까꿍! 여기 있었구나!"

놀이팁

- 아기가 앉아서 놀기 시작했다면 티슈 케이스도 스카프 뽑기 놀이에 활용할 수 있어요. 모서리가 뾰족하니 안전하게 모서리 보호대를 붙여 줘요.

지퍼 백 물감 놀이

우리 아기 첫 물감 놀이! 지퍼 백 물감 놀이라면 걱정 없어요~!

물감 놀이는 준비부터 정리까지 참 엄두가 안 나는 활동입니다. 더군다나 아기가 어리면 물감을 입에 넣지는 않을까, 여기저기 묻히지는 않을까 걱정도 되고요. 하지만 지퍼 백과 함께라면 주변이 더러워질 걱정도, 아기 씻길 걱정도 없이 물감 놀이를 즐길 수 있어요. 또 촉감이 예민해서 손에 물감이 묻는 걸 불편해하는 아기들도 거부감 없이 할 수 있어 좋답니다.

대상

6~12개월

준비물

지퍼 백, 도화지, 물감, 마스킹 테이프

주요 경험 및 발달 효과

- 문지르기, 누르기, 두드리기 등 다양한 방법으로 지퍼 백 속 물감을 탐색하며 손가락 힘과 팔 힘을 길러요.
- 물감이 손의 움직임에 따라 번지는 모습, 색이 섞이는 모습 등을 경험하며 즐거움을 느껴요.

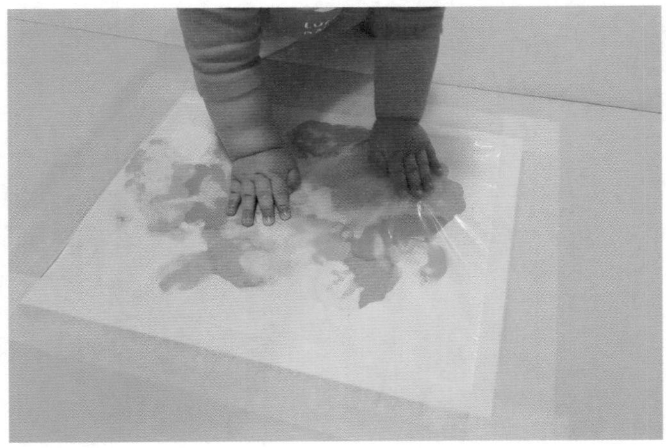

이렇게 만들어요!

1. 지퍼 백 안에 흰색 도화지를 넣고 그 위에 물감을 짠 뒤 지퍼 백을 닫아요. 물감을 짤 때는 군데군데 짜기보다는 색이 서로 겹치고 통과하도록 짜면 아기가 색이 섞이는 모습을 탐색하기에 더 좋아요.
2. 지퍼 백을 붙이는 위치에 따라 엎드려서, 앉아서, 서서 놀이가 가능해요. 지퍼 백의 위치는 바닥, 테이블, 벽 등 아기의 발달 수준에 맞게 선택한 뒤 마스킹 테이프로 붙여요.

0~12개월

이렇게 놀아요!

1. 아기가 물감을 넣은 지퍼 백을 스스로 탐색할 수 있도록 옆에서 지켜보며 격려해요.

   "이게 뭘까? 알록달록하네."

   "미끈미끈 지퍼 백 속에 물감이 들어 있네."

2. 지퍼 백 속 물감을 손가락으로 눌러 보고 손바닥으로 두드려 보는 등 다양한 방법으로 탐색해요.

   "OO이가 손가락으로 물감을 꾹 눌렀네!"

   "손바닥으로 팡팡 쳐 볼까?"

3. 손가락, 손바닥의 움직임에 따라 달라지는 물감의 모양과 색을 경험하며 즐거움을 느껴요.

   "OO이가 손바닥으로 꾹 눌렀더니 물감이 커졌다!"

   "물감을 손가락으로 꾹 눌렀더니 모양이 변하네."

   "빨간색이랑 노란색이 섞여서 색깔이 바뀌었어."

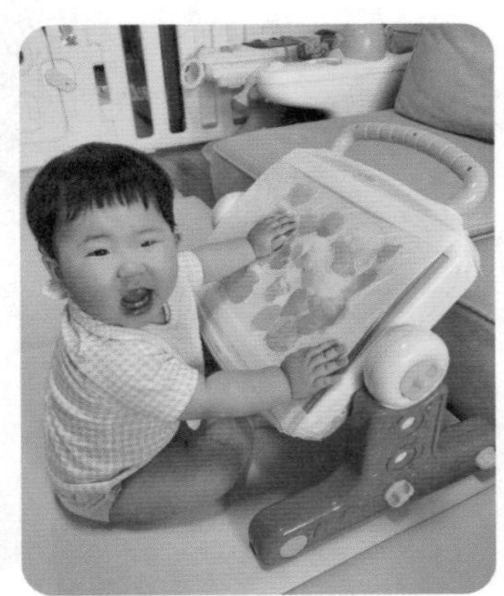

놀이팁

- 충분한 양의 물감을 제공하되, 물감의 농도는 너무 묽지 않게 해요. 물감의 양과 농도가 적절해야 아기의 작은 힘으로도 물감의 모양과 색의 변화를 쉽게 느낄 수 있어요.

센서리 보틀

빈 병에 다양한 재료를 넣어 신기한 탐색 놀잇감을 만들어요!

'센서리 보틀(sensory bottle)'을 들어 본 적 있나요? 센서리 보틀은 다양한 감각 경험을 이끌어 주는 놀잇감으로 병 안에 여러 재료를 자유롭게 넣어 만들어요. 월령이 낮은 아기들도 다양한 재료를 안전하게 탐색해 볼 수 있다는 엄청난 장점이 있는 놀잇감이에요. 센서리 보틀을 흔들어 햇빛이 비치는 바닥에 살포시 내려 두면 여러 재료가 빙글빙글 돌며 천천히 바닥으로 떨어져요. 이 모습을 가만히 바라보고 있으면 마음이 편안해진답니다.

6~12개월

준비물

빈 병, 물풀, 물, 글리터·스팽글·비즈 등 여러 속 재료

주요 경험 및 발달 효과

- 센서리 보틀 속 여러 가지 색, 모양, 크기의 재료를 탐색하며 다양한 감각을 경험해요.
- 센서리 보틀 속 재료의 움직임을 살펴보며 호기심, 관찰력을 길러요.
- 햇빛 아래 반짝이는 센서리 보틀을 바라보며 심리적 안정감을 느껴요.

이렇게 만들어요!

1. 아기가 손에 쥘 수 있는 적당한 크기의 빈 병을 준비해요.
2. 빈 병에 물풀과 물을 함께 넣어요. 비율에 따라 재료의 움직임이 달라지는데, 물을 많이 넣을수록 빨리 움직여요. (추천 비율 1:1)
3. 글리터, 스팽글, 비즈, 수정토, 작은 액세서리 등 다양한 재료를 자유롭게 넣고 뚜껑을 꽉 닫아요. 글루건으로 뚜껑 둘레를 꼼꼼히 마감해도 좋아요.

이렇게 놀아요!

1. 아기가 센서리 보틀을 자유롭게 탐색하게 해요. 처음부터 놀이 방법을 제시하면 아기가 호기심을 키울 기회가 사라질 수 있어요.

2. 병 속에 어떤 재료가 들어 있는지 함께 살펴보고 센서리 보틀을 흔들며 재료의 움직임을 살펴봐요.

   "병 속에 무엇이 들어 있는지 볼까?"

   "OO이가 병을 흔들흔들~ 흔들었더니 재료들이 움직이네."

3. 햇빛이 잘 비치는 창가에서 놀이해요. 반짝반짝 빛나는 센서리 보틀 속의 재료들과 바닥에 비친 그림자를 탐색해요.

   "햇빛에 비추니 반짝반짝 빛이 난다!"

   "재료들이 빙글빙글 돌아가며 떨어지네."

4. 센서리 보틀을 데굴데굴 굴려요. 굴러가는 센서리 보틀을 따라 움직이며 신체 활동도 해 봐요.

놀이팁

- 물감이나 식용 색소를 넣어 여러 색깔의 센서리 보틀을 만들면 아기의 색 인지 발달을 도울 수 있어요.

물티슈 뚜껑 까꿍 놀이

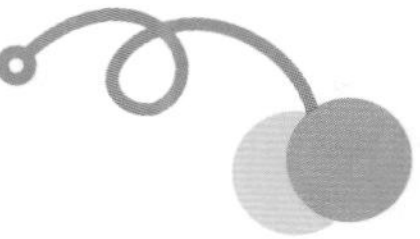

물티슈 뚜껑을 활용하여 까꿍 놀이판을 만들어요.

까꿍 놀이판은 어린이집 영아반 교실 벽에 일 년에 한두 번은 꼭 붙여 놓는 교구예요. 물티슈 뚜껑을 활용하면 집에서도 간편하게 만들 수 있어요. 소근육 발달 정도에 따라 뚜껑을 여닫기가 어려울 수 있으니 처음에는 뚜껑을 완전히 닫지 않고 위아래로 움직이며 놀이하는 것이 좋아요. 그러다 아기 스스로 뚜껑을 여닫을 수 있을 때 완전히 닫아 놀이해요.

대상

6~12개월

준비물

물티슈 뚜껑, EVA폼(또는 우드락이나 박스), 빨대·수세미·단추·솜공·까슬이 등 여러 재료, 글루건

주요 경험 및 발달 효과

- 까꿍 촉감판 속 여러 재료를 만지며 다양한 촉감을 느껴요.
- 물티슈 뚜껑을 반복해서 여닫으며 소근육 힘을 길러요.
- 까꿍 놀이를 하며 대상 영속성 개념을 이해해요.

이렇게 만들어요!

1. EVA폼이나 우드락, 박스 등에 물티슈 뚜껑을 붙여요. 물티슈 뚜껑 자체에 접착제가 있어 그대로도 잘 붙긴 하지만, 글루건을 사용해 튼튼하게 붙여도 좋아요.
2. 물티슈 뚜껑 안에 글루건으로 빨대, 수세미, 단추, 솜공, 보들이, 까슬이 등 다양한 감촉의 재료를 붙여요.

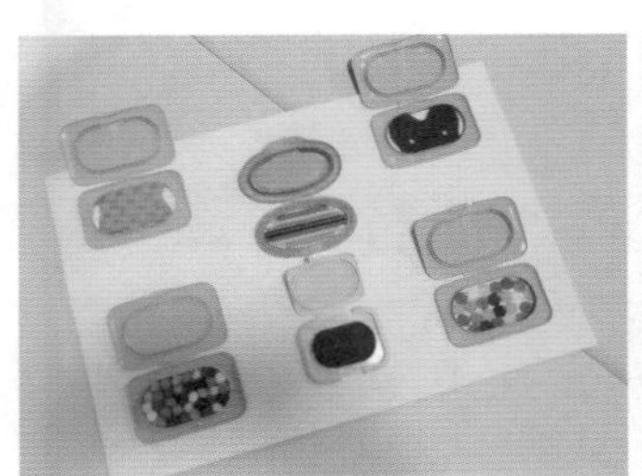
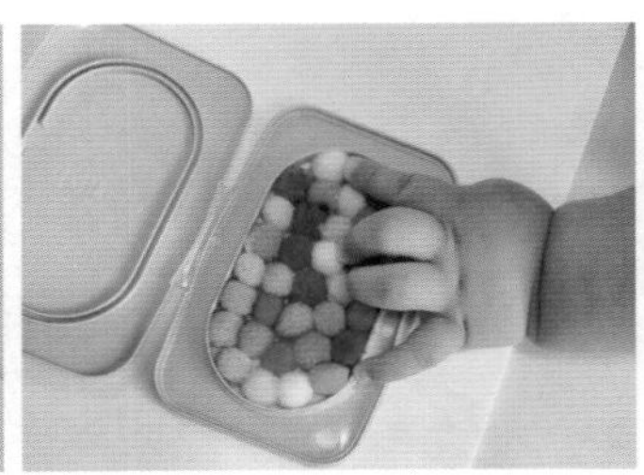
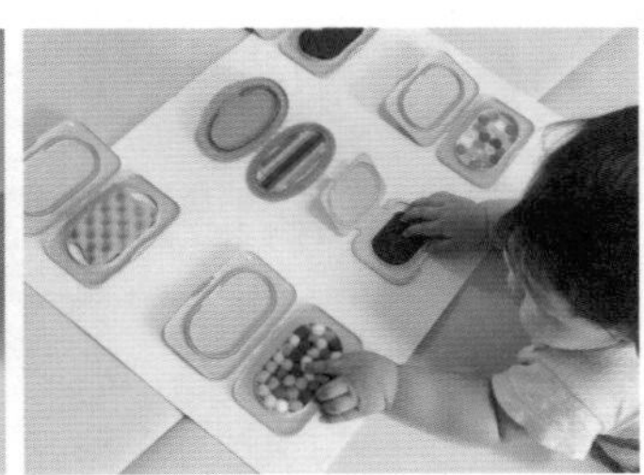

이렇게 놀아요!

1. 아기의 발달 수준에 따라 까꿍 촉감판을 바닥이나 벽에 붙여요.

2. 물티슈 뚜껑을 열며 까꿍 촉감판을 함께 살펴봐요.

   "(물티슈 뚜껑을 열며) 까꿍! 뭐가 숨어 있지?"

   "길쭉길쭉 빨대가 숨어 있네!"

   "(물티슈 뚜껑을 닫으며) 빨대가 없어졌네!"

3. 호기심을 자극하는 여러 재료를 만지며 다양한 촉감을 느껴요. 아기가 재료를 만질 때 '울퉁불퉁, 올록볼록, 보들보들, 까슬까슬' 등 재미있는 의태어를 들려줘요.

   "까꿍! 동글동글 단추들이 숨어 있네!"

   "만져 보니 어때? 올록볼록하지?"

4. 물티슈 뚜껑을 반복하여 여닫으면서 까꿍 놀이를 해요.

놀이팁

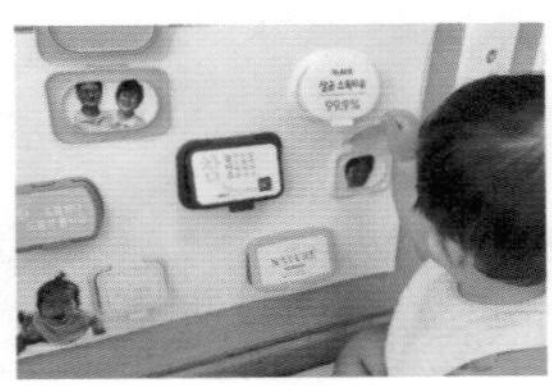

- 물티슈 뚜껑 안에 가족사진을 붙이면 가족사진 까꿍판을 만들 수 있어요.
- 물티슈 뚜껑 대신 부직포나 천으로 덮는 형태의 까꿍 놀이판을 만들어도 좋아요.

이불 체육관

이불, 베개, 쿠션 위를 엉금엉금 기어가며 신체를 활발하게 움직여요!

아기의 대근육 발달은 짧은 시기 동안 빠른 속도로 이루어지는데요. 대근육 발달은 주변을 자유롭게 탐색하려는 아기의 욕구와 호기심을 충족하기 위한 기반이 되기 때문에 정말 중요해요. 아기가 마음껏 대근육을 발달시킬 수 있도록 장롱 속 이불, 베개, 쿠션을 모아 안전하고 특별한 놀이 공간을 만들어요.

대상

6~12개월 (아기가 기어다니기 시작할 때부터)

준비물

이불, 베개, 쿠션 등

주요 경험 및 발달 효과

- 이불, 베개, 쿠션을 오르며 균형 감각 및 신체 조절 능력을 키워요.
- 이불, 베개, 쿠션의 서로 다른 촉감이 아기의 감각을 자극해요.
- 목표 지점에 도달하는 경험을 통해 성취감을 느껴요.

이렇게 놀아요!

1. 매트 위, 범퍼 침대 등 아기가 마음껏 움직일 수 있는 안전한 공간에 이불, 베개, 쿠션을 적절히 배치해요.

2. 처음부터 너무 높고 긴 언덕을 만들면 동기 부여도 안 되고 성취감도 느끼기 어려워요. 처음에는 쿠션 두세 개로 낮은 언덕을 만들어 아기가 언덕 오르기에 흥미를 갖고 성취감을 느낄 수 있도록 도와줘요.

3. 이불, 베개, 쿠션 위를 엉금엉금 기어가며 대근육을 자유롭게 움직여요. 목표 지점에 아기가 좋아하는 놀잇감을 올려 두면 으쌰으쌰 더 힘을 내어 언덕을 오를 거예요.

   "OO이가 좋아하는 인형이 저기 있네. 인형을 만나러 가 볼까?"

   "엉금엉금 영차영차 기어서 가 보자!"

4. 각각 다른 질감의 이불, 베개, 쿠션은 아기의 감각을 자극해요. 아기와 함께 만져 보며 느낌을 이야기해요.

   "이불이 포근포근 부드럽다~!"

   "베개가 매끈매끈하네."

5. 아기가 할 수 있는 수준에서 이불, 베개, 쿠션의 배치를 바꾸어 다양한 장애물을 만들어요.

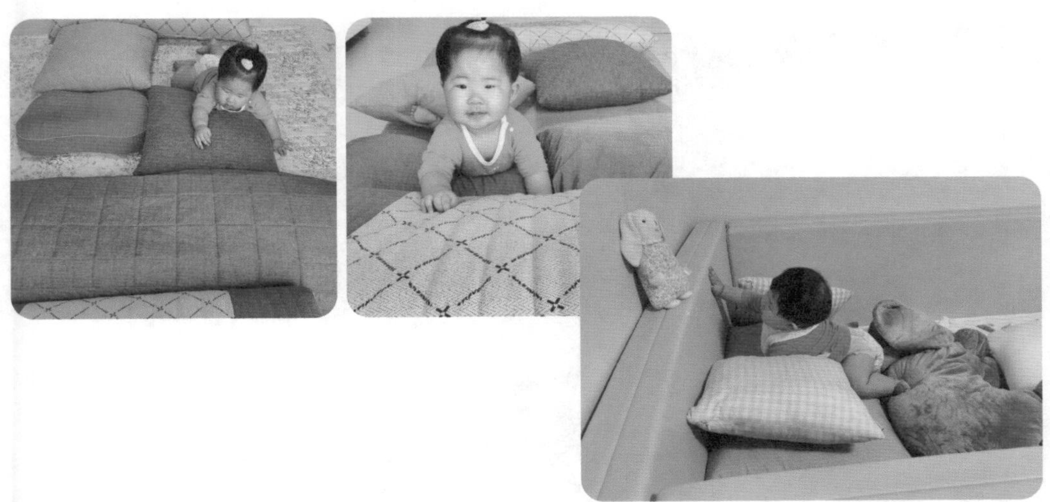

놀이팁

- 아기의 움직임이 아직 능숙하지 않아 쿠션이나 베개 위를 기어오르다 구를 수 있으니, 아기가 다치지 않도록 옆에서 놀이를 지켜봐요.
- 다양한 촉감을 느낄 수 있도록 쿠션, 베개 등을 비닐이나 에어 캡으로 감싸서 제공해도 좋아요.

끈적끈적 돌돌이

돌돌이 테이프 위에 여러 놀잇감을 붙였다 떼며 소근육 발달을 자극해요!

또예는 시력이 얼마나 좋은지 바닥에 있는 작은 티끌 하나도 그냥 넘어가지를 않았어요. 덕분에 하루 종일 쉬지 않고 돌돌이질을 했지요. 돌돌이는 먼지를 제거해 주는 청소 도구이지만, 이것으로도 재미있는 놀이를 할 수 있답니다. 돌돌이, 테이프, 가위만 있다면 지금 당장 할 수 있는 엄마표 놀이를 소개할게요.

대상

6~12개월

준비물

돌돌이, 마스킹 테이프, 가위

주요 경험 및 발달 효과

- 돌돌이 테이프에 놀잇감을 붙였다 뗐다 하며 다양한 놀잇감을 손에 쥐어 봐요.
- 돌돌이 테이프에 있는 놀잇감을 떼기 위해 손을 사용하며 소근육 힘을 기르고, 힘을 조절하는 능력을 키워요.
- 손을 사용하는 놀이로 아기의 두뇌 발달을 자극해요.

이렇게 놀아요!

1. 빈 바닥이나 벽면, 아기 책상 등 돌돌이 놀이를 할 만한 공간을 찾아봐요. 아기 발달 수준에 따라 엎드려 놀이하는 아기는 바닥, 앉아서 놀이하는 아기는 아기 책상, 서서 놀이하는 아기는 벽면을 사용해요.

2. 돌돌이 테이프의 끈적끈적한 면이 앞쪽으로 오도록 두고 마스킹 테이프로 둘레를 고정시켜요. 아기가 여러 놀잇감을 붙였다 뗐다 할 수 있도록 충분한 크기로 만들어요.

3. 돌돌이판에 손가락, 손바닥, 발바닥 등을 댔다 뗐다 하며 끈적끈적한 느낌을 자유롭게 탐색해요.

   "손가락을 대 보니 어때? 끈적끈적하지?"

4. 아기가 쥐기 쉬운 놀잇감을 돌돌이판에 붙여요. 쌓기 링처럼 납작한 놀잇감들이 잘 붙어요.

5. 돌돌이판에 붙어 있는 놀잇감을 떼어 봐요.

   "끈적끈적한 판에 놀잇감이 붙어 있네!", "OO이가 동글동글 링을 떼어 냈구나!"

6. 놀잇감을 자유롭게 붙였다 떼며 놀이해요.

   "(돌돌이판에 놀잇감을 붙이며) 납작한 조각이 딱 붙었네! OO이도 붙여 볼까?"

   "OO이는 고리를 붙였구나. 안 떨어지고 딱 붙었네!"

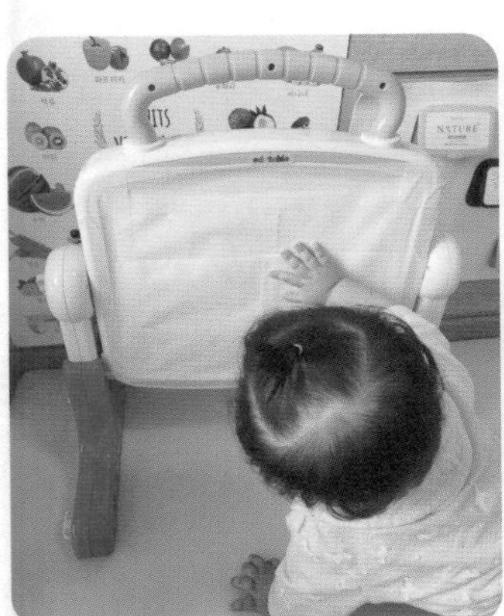

놀이팁

- 돌돌이 대신 시트지를 활용하면 더 넓고 튼튼한 놀이 공간을 만들 수 있어요. 저는 아일랜드 식탁 아래 공간에 종종 시트지를 붙여 두고 또예의 놀이 공간으로 활용했어요.

21

사진책 놀이

미니 앨범에 가족사진, 아기 사진을 쏙쏙 넣어 두면 우리 아기 첫 사진책 완성!

또예는 집 안 곳곳에 붙어 있는 가족사진과 자기 사진을 볼 때 가장 활발하게 옹알이를 했어요. 그래서 일상을 담은 사진을 미니 앨범에 꽂아 원할 때 언제든 꺼내 볼 수 있도록 아기 사진책을 만들어 주었어요. 미니 앨범만 있으면 뚝딱 완성할 수 있지요. 우리 아기만의 사진책을 통해 언어 발달을 자극해 봐요.

대상

6~12개월

준비물

미니 앨범, 인화 혹은 인쇄한 사진(엄마·아빠 사진, 아기 일상 사진, 아기 물건·놀잇감 사진 등)

주요 경험 및 발달 효과

- 경험과 밀접한 단어를 반복적으로 들으며 수용 언어 발달을 자극해요.
- 가족사진을 보며 엄마, 아빠가 들려주는 '엄마', '아빠' 소리를 듣고 따라 말해요.
- 스스로 앨범을 넘기며 소근육을 조절해요.

이렇게 만들어요!

1. 미니 앨범에 엄마·아빠 사진, 아기 일상 사진, 아기 물건이나 놀잇감 사진 등을 넣어요.
2. 아기 물건 사진은 쪽쪽이, 젖병, 이유식 숟가락, 애착 인형 등 아기의 생활과 밀접한 것으로 넣어요.

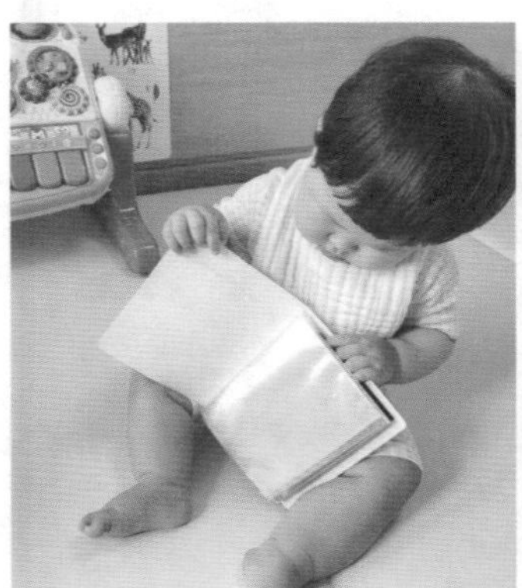
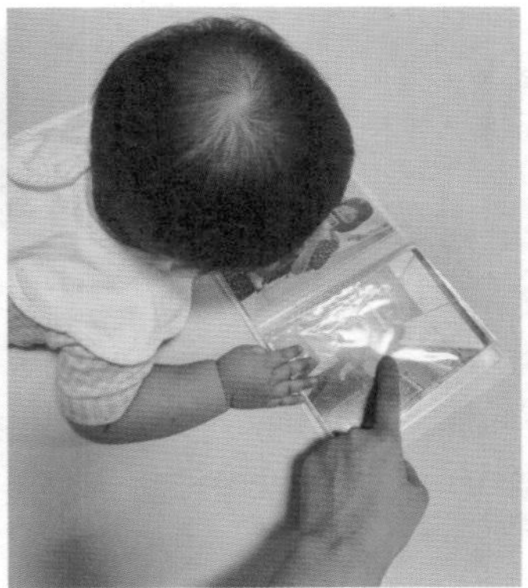
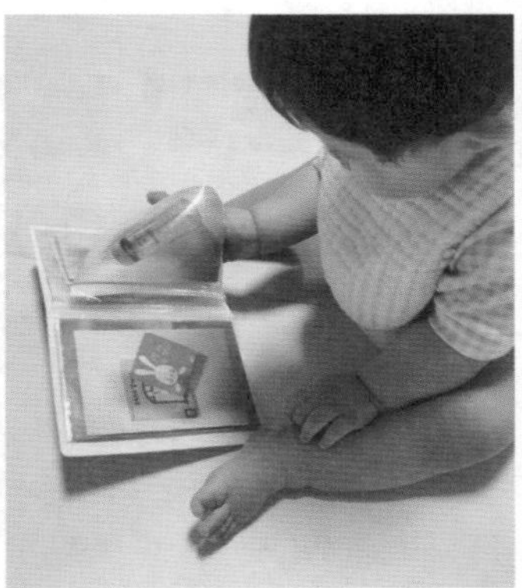

이렇게 놀아요!

1. 아기와 함께 사진책을 보며 '엄마, 아빠, 그림책, 강아지' 등 명칭을 말해 주고 사진 속 모습, 사물의 특징 등에 대해서도 말해 줘요.

   "이건 누구지? 엄마랑 OO이네."

   "OO이가 공놀이를 하고 있구나."

   "코오 잘 때 안고 자는 곰돌이 인형이네."

2. 사진 속 인물과 사물을 손가락으로 함께 가리켜 보고 아기가 그 대상을 말해 볼 수 있도록 격려해요.

   "깡충깡충! 토끼 인형이 어디에 있지?"

   "(아기가 손가락으로 가리키면) 우아! OO이가 토끼 인형을 찾았네!"

   "(사진 속 아빠를 손가락으로 가리키며) 여기 아빠가 있네. '아빠!' 하고 말해 볼까?"

놀이팁

- 한두 달에 한 번, 주기적으로 미니 앨범 속 사진을 교체해요. 그 어떤 그림책보다 아기와 함께 나눌 이야깃거리가 풍부할 거예요.
- 아기의 언어 발달을 자극하는 가장 좋은 방법은 엄마, 아빠의 목소리로 많은 이야기를 들려주는 거예요. 아기에게 이야기할 때는 짧고 간결한 문장으로 리듬감 있게 말해요.

주방 도구 놀이

국자, 주걱, 냄비 등 여러 주방 도구를 두드리며 즐거운 악기 놀이를 해요.

아기들에게 주방은 호기심 가득한 공간이에요. 이것저것 처음 보는 물건도 많고 엄마, 아빠가 주방에서 맛있는 것을 자꾸 꺼내 오니까요. 이번에는 우리 아기들이 주방에 대한 호기심을 해소할 수 있는 놀이를 소개할게요. 주방 도구만 있으면 특별한 놀잇감이 없어도 얼마든지 재미있게 놀 수 있답니다.

대상

6~12개월

준비물

스테인리스·플라스틱·실리콘·나무 등 다양한 소재의 냄비나 그릇, 국자, 주걱

주요 경험 및 발달 효과

- 다양한 소재, 크기, 모양의 주방 도구를 자유롭게 탐색해요.
- 손으로 주방 도구를 두드리며 서로 다른 느낌, 소리를 경험해요.
- 도구를 쥐고 냄비나 그릇을 두드리며 소근육 발달을 자극해요.
- 주방 도구를 손이나 도구로 마음껏 두드리며 정서적 긴장감을 해소해요.

이렇게 놀아요!

1. 아기가 가지고 놀아도 안전한 여러 주방 도구를 준비해요. 다양한 질감, 색깔, 크기, 모양 등을 느낄 수 있도록 여러 소재의 주방 도구를 골고루 제공해요.

2. 주방 도구를 자유롭게 탐색할 수 있는 시간을 줘요. 주걱을 만져 보고 손으로 냄비를 두드려 보기도 하며 아기 스스로 놀이를 시작할 거예요.

   "주걱이 오돌토돌 재미있는 느낌이네.", "OO이가 손으로 냄비를 두드리니 통통 소리가 나네."

3. 손이나 도구를 사용하여 주방 도구를 두드리며 소리를 탐색해요. 주방 도구의 소재에 따라 다른 소리가 나요.

   "어떤 소리가 날까?", "그릇을 두드리니 챙챙 소리가 나네."

4. 아기가 좋아하는 노래를 부르며 주방 도구를 신나게 두드려요.

5. 그릇으로 얼굴을 가렸다 보여 주는 까꿍 놀이, 그릇을 뒤집어 작은 놀잇감을 숨겼다 찾는 숨바꼭질 놀이도 해요.

   "(그릇으로 얼굴을 가렸다 보여 주며) 까꿍! 엄마 여기 있네!"

   "그릇 속에 뭐가 있을까? 까꿍! 작은 놀잇감이 숨어 있네!"

놀이팁

- 주방 도구는 깨지지 않는 것, 뾰족하거나 날카롭지 않은 것을 사용해요. 겉보기에는 안전해 보여도 마감이 좋지 않으면 날카로운 부분이 있을 수 있어요. 주방 도구를 손으로 쭉 훑어서 둥글둥글 마감이 잘 되어 있는지 꼭 확인해요.
- 아기가 놀이 중에 주방 도구를 입으로 물고 빨 수 있으니 깨끗하게 닦아서 제공해요.

23

아기 몸 놀이

엄마, 아빠와 즐겁게 몸 놀이를 하면 아기는 사랑받고 있다는 느낌을 듬뿍 느껴요.

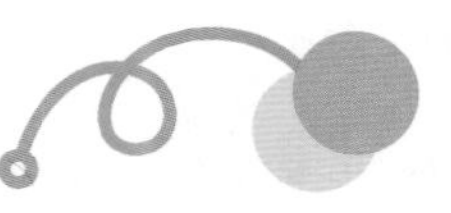

까르르~ 아기 웃음소리를 가장 많이 들을 수 있는 놀이는 역시 몸으로 하는 놀이예요. 즐거워하는 아기의 미소를 보면 힘들고 피곤했던 마음도 사르르 녹지요. 준비물은 체력뿐! 아기를 안느라 너덜너덜해진 우리 엄마들의 손목을 지키기 위해, 주로 다리로 할 수 있는 몸 놀이를 소개할게요!

대상

6~12개월

준비물

엄마·아빠의 체력

주요 경험 및 발달 효과

- 엄마, 아빠와 몸 놀이를 하며 정서적 유대감을 형성하고 신체 활동의 즐거움을 느껴요.
- 몸 놀이를 하며 균형 감각 및 신체 조절 능력을 길러요.
- 다양한 의성어, 의태어를 들려주어 언어 발달을 자극해요.

이렇게 놀아요!

1. 비행기 놀이

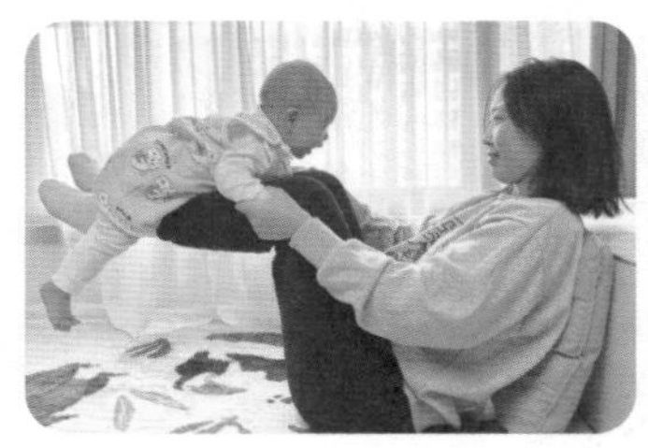

정강이에 아기를 올리고 누워요. 아기가 떨어지지 않도록 발등으로 아기 엉덩이를 받치고 손으로 팔이나 허리를 가볍게 잡아요. "떴다 떴다 비행기~!" 노래를 부르고 "슈웅~"소리도 내며 위아래로 천천히 흔들흔들 움직여요. 아기는 엄마, 아빠 무릎 위에서 균형 감각과 신체를 조절하는 능력을 키워요.

2. 말타기 놀이

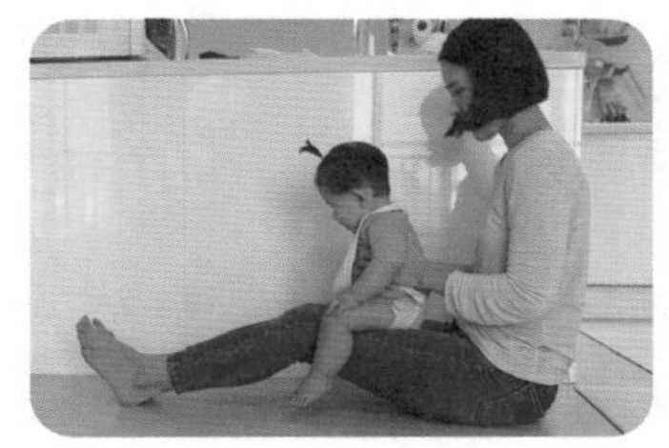

무릎 바로 위 허벅지에 아기를 앉혀요. 엄마, 아빠의 발꿈치를 바닥에 대고 무릎을 올렸다 내렸다 움직이며 말타기 놀이를 해요. "따그다악~ 따그다악~" 천천히도 달렸다가 "따그닥 따그닥! 히히힝~" 빨리도 달리고 두 다리를 탈탈 털듯이 번갈아 위아래로도 움직여요. 놀이를 통해 간단한 리듬과 속도를 경험해요.

3. 미끄럼틀 놀이

무릎 위에 아기를 올려요. 겨드랑이 사이를 가볍게 잡고, 종아리를 따라 아래로 쭈우욱~ 내리며 미끄럼틀 놀이를 해요. 몸 놀이는 엄마, 아빠와 아기가 많은 스킨십을 하도록 유도하여 정서적 안정과 애착 형성에도 도움을 줘요.

놀이팁

- 아기와 몸 놀이를 할 때 가장 중요한 것은 안전이에요. 아기가 떨어지지 않도록 잘 잡고, 아기가 놀라지 않도록 높이, 리듬, 속도를 조절해요.
- 매트 위에서 놀이하거나 주변에 이불, 베개 등을 두어 안전 장치를 마련해요.
- 노래와 함께 놀이하면 더 큰 즐거움을 느낄 수 있어요.

촉감 놀이

국수, 두부, 미역, 요거트로 아기의 오감을 자극하는 촉감 놀이를 해요.

'아기 놀이' 하면 빠질 수 없는 것이 바로 촉감 놀이예요. 시각, 청각, 후각, 미각, 촉각 다섯 가지의 감각을 모두 자극할 수 있는 놀이이기 때문에 아기들에게 큰 도움이 되지요. 촉감 놀이는 아기의 오감을 자극하여 신체, 인지, 언어, 정서 등 여러 영역의 발달을 돕고 뇌 발달에도 아주 좋은 자극이 된답니다.

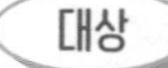

6~12개월

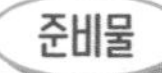

국수, 두부, 미역, 요거트 등

주요 경험 및 발달 효과

- 여러 재료를 손으로 쥐어 보고 만져 보며 소근육 조절 능력과 눈과 손의 협응력이 발달해요.
- 감각 기관을 통해 다양한 재료를 탐색하는 과정은 아기의 인지 발달을 자극해요.
- 부들부들, 미끌미끌한 촉감 놀이 재료를 만지며 정서적 안정감을 느껴요.

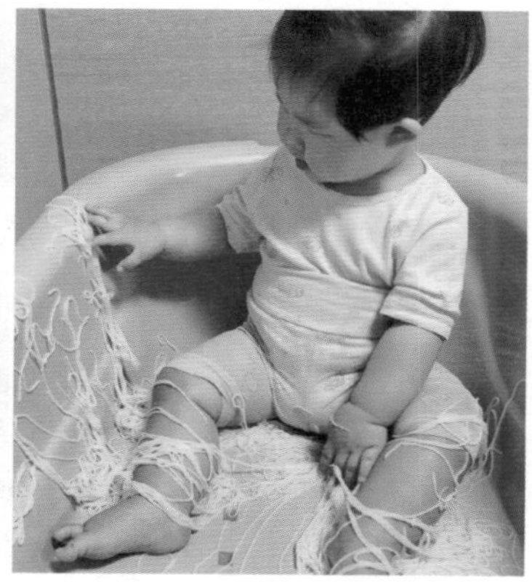

이렇게 준비해요!

1. 촉감 놀이 재료 선택

촉감 놀이는 아기가 이유식을 시작하는 6개월경부터, 알레르기 테스트를 통과해 아기가 먹어도 되는 안전한 재료로 사용해요. 미끌미끌한 촉감의 미역, 작은 힘에도 형태가 변하는 두부, 부들부들한 국수 등은 아기 촉감 놀이의 단골 재료예요.

2. 촉감 놀이 재료 준비

국수, 두부, 미역 등 촉감 놀이 재료를 준비할 때는 아기가 놀이 중에 먹어도 괜찮도록 끓는 물에 한 번 데쳐요. 아기에게 주기 전에 충분히 식었는지 반드시 확인해요.

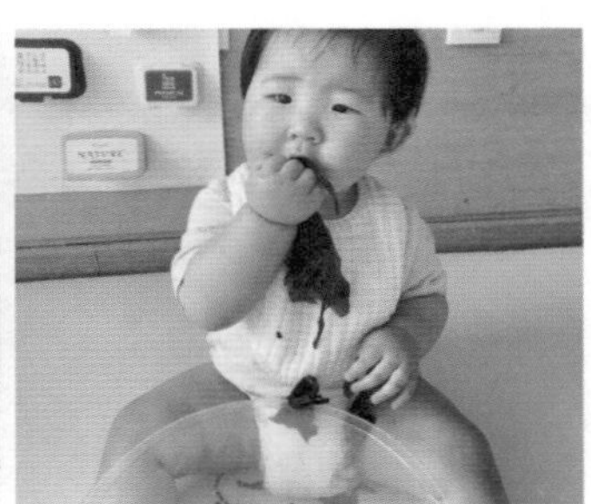

이렇게 놀아요!

1. 아기가 촉감 놀이 재료를 마음껏 탐색할 수 있도록 둘레가 막힌 놀이 매트나 욕조, 욕실 등에 재료를 준비해요.

2. 아기의 촉감 놀이를 옆에서 지켜보며 아기의 행동이나 재료의 변화, 색, 모양, 촉감 등을 말로 표현해요.

   "미역이 미끌미끌~ 부드러운 느낌이네."

   "OO이가 두부를 손가락으로 꾹 눌렀더니 구멍이 생겼어!"

   "길쭉길쭉 기다란 국수가 물속에서 흔들흔들 움직이네."

3. 마음껏 만지고 주무르고 맛도 보며 자유롭게 놀이해요.

놀이팁

- 촉감이 예민한 아기들은 새로운 촉감에 거부감을 가질 수 있어요. 억지로 만지기를 강요하거나 한 번에 많은 양을 주기보다는 충분한 시간을 가지고 적은 양부터 만져 보게 해요.
- 요거트 촉감 놀이는 검은 도화지를 넣은 지퍼 백 혹은 호일 위에서 하면 잘 보여서 좋아요.

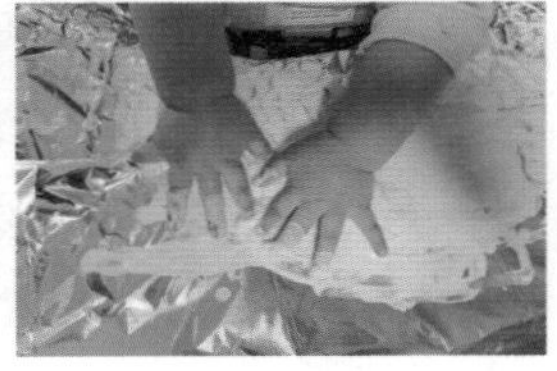

25

이불 놀이

이불 한 장만 있으면 당장 시작할 수 있는 신나는 아기 놀이예요.

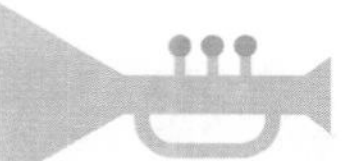

여러분은 어릴 적에 이불을 가지고 놀았던 기억이 있나요? 저는 떠올려 보니 이불을 타고 다니거나 뒤집어쓰고 다양하게 놀이했던 생각이 나더라고요. 이불 한 장만 있으면 깔깔깔 숨이 넘어가게 웃던 그때를 떠올리며 또예와 함께 이불 놀이를 했어요. 또예도 까르르 웃으며 좋아해서 힘든 줄도 모르고 한참을 놀았답니다.

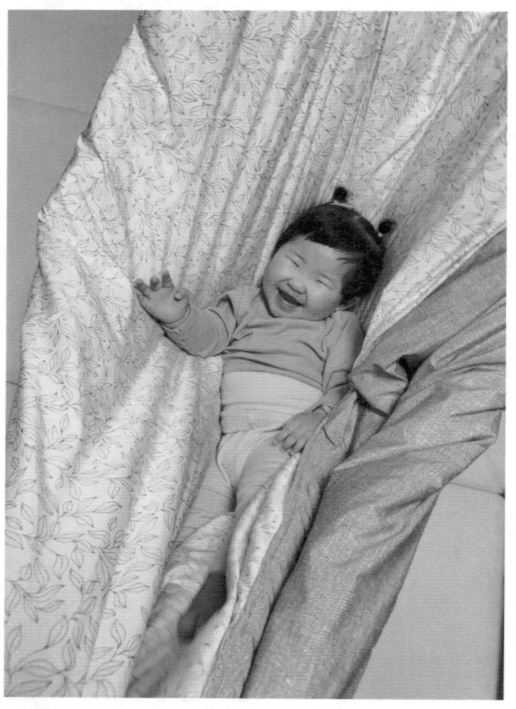

대상

6~12개월

준비물

이불

주요 경험 및 발달 효과

- 엄마, 아빠와의 친밀한 신체 접촉을 통해 긍정적인 유대감을 쌓아요.
- 다양한 이불 놀이를 하며 균형 감각 및 신체 조절 능력을 길러요.

이렇게 놀아요!

1. 이불 썰매놀이

바닥에 이불을 편 후 가운데에 아기를 앉혀요. 아직 혼자 앉지 못하는 아기는 엎드린 자세를 추천해요. 이불 끝을 잡고 살살 끌며 이동해요. 속도가 빠르면 아기가 중심을 잃고 꽈당 넘어질 수 있으니 천천히 끌어요.

"(이불을 살살 끌며) **이불 썰매 출발합니다~!**"

2. 이불 김밥 놀이

바닥에 이불을 편 후 이불의 한쪽 끝에 아기를 눕혀요. 김밥을 말듯이 이불과 아기를 천천히 돌돌 말아 줍니다. 이때 아기 얼굴은 이불 밖으로 나올 수 있도록 해요. 이불을 데굴데굴 굴리며 이불을 말았다가 풀었다가 반복하며 김밥 놀이를 해요.

"**데굴데굴~ OO이가 김밥이 되었네.**"

3. 이불 낙하산 놀이

바닥에 아기를 눕히거나 앉힌 뒤 이불의 가장자리를 잡고 낙하산을 만들듯이 아기 머리 위로 이불을 펄럭이며 몸 위로 덮어요. 펄럭펄럭 움직이는 이불은 아기의 오감을 자극하고 빛과 어둠을 경험하도록 해요.

"(이불 낙하산을 펄럭이며) **펄럭펄럭~ 바람이 부네. 아 시원해.**"

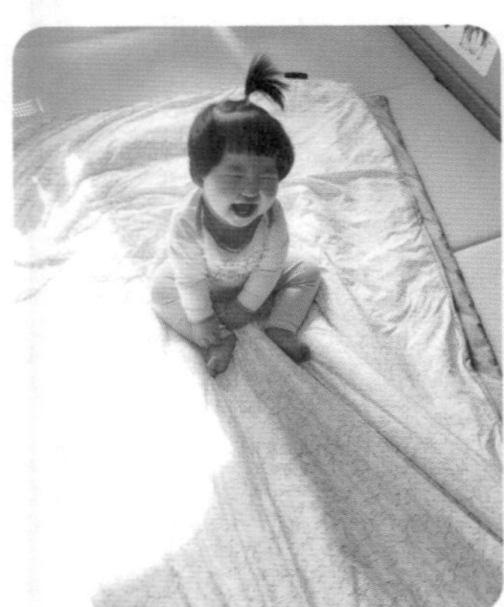
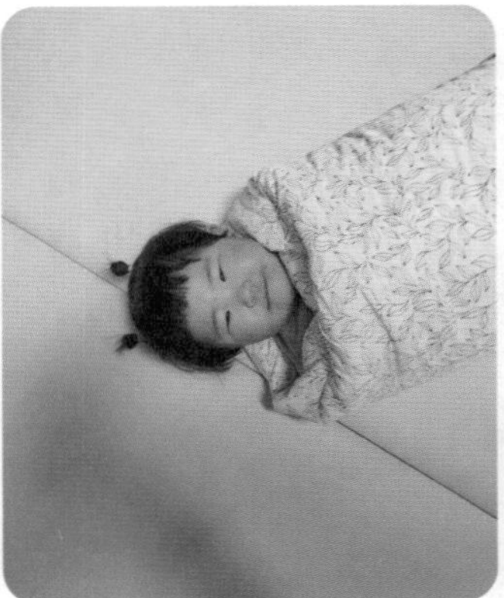

놀이팁

- 아기가 좋아해서 흥분하면 엄마, 아빠도 같이 흥분해서 놀이의 강도가 세질 수 있어요. 모든 놀이에는 안전이 가장 중요하니까 위험하지 않도록 속도 조절에 신경 써요.

에어 캡 놀이

올록볼록 에어 캡에 호기심을 가지고 소리와 촉감을 탐색해요.

여러분도 멍하니 앉아 에어 캡을 톡톡 터트려 본 경험이 있지요? 어른들도 묘하게 빠져드는 에어 캡을 아기들도 참 좋아한답니다. 올록볼록한 촉감에 톡톡 재미있는 소리까지 나니 그럴 만하겠지요? 아기의 대근육과 소근육을 자극하는 다양한 에어 캡 놀이를 소개합니다.

대상

6~12개월

준비물

에어 캡, 마스킹 테이프, 물감

주요 경험 및 발달 효과

- 에어 캡의 소리와 느낌을 감각적으로 탐색해요.
- 에어 캡을 손가락으로 눌러서 터뜨리며 눈과 손의 협응력, 소근육 조절 능력을 길러요.
- 에어 캡 위를 기거나 걸으며 대근육을 자유롭게 움직여요.

이렇게 놀아요!

1. 에어 캡을 자유롭게 탐색해요. 에어 캡을 만져 보며 올록볼록한 질감을 느끼고 얼굴 앞에 갖다 대고 주변을 살펴보기도 해요. 에어 캡을 올렸다 내렸다 하며 까꿍 놀이를 해도 좋아요.

   "이게 뭘까? 동글동글 올록볼록한 비닐이네."

2. 에어 캡의 공기 방울을 손가락으로 꾸욱 눌러요. 톡톡 터지는 소리가 아기의 청각을 자극하고 공기 방울을 누르며 소근육 힘을 길러요.

   "비닐을 손가락으로 꾸욱 누르니 톡 터지는 소리가 나네!"

3. 바닥에 에어 캡을 길게 붙여서 길을 만들어요. 에어 캡 길 위를 기어가거나 걸으며 손바닥, 발바닥으로 에어 캡의 촉감을 느껴 보고 톡톡 터지는 소리를 들으며 즐거움을 느껴요.

   "엉금엉금 기어가 볼까?"

   "OO이가 발로 밟으니까 톡톡 터지는 소리가 들리네."

4. 주머니 형태의 에어 캡에 알록달록한 물감을 짜서 밀봉해요. 손가락으로 공기 방울을 누르며 물감이 퍼지는 모습, 색이 섞이는 모습 등을 관찰해요.

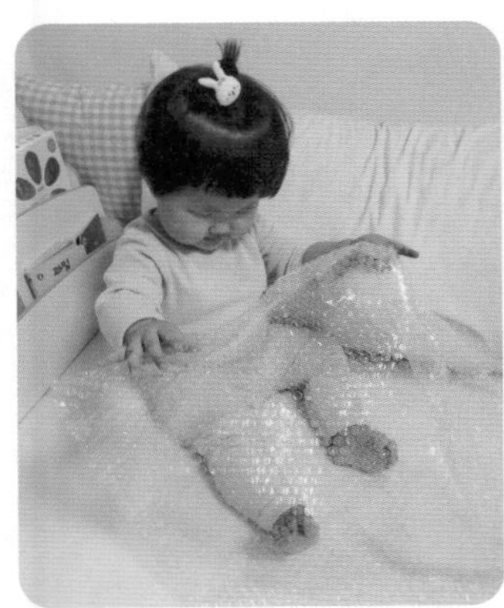
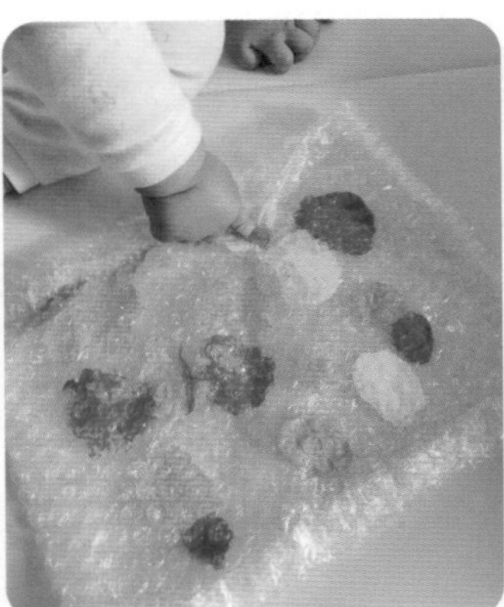

놀이팁

- 걸을 수 있는 아기들은 에어 캡으로 발을 감싸 에어 캡 신발을 만들어 놀이해 봐요. 발바닥에 느껴지는 올록볼록한 촉감과 걸을 때마다 나는 톡톡 소리는 걷기 활동에 더욱 흥미를 갖게 해요.

27

터널 놀이

엉금엉금 터널 속을 기어다니며 대근육 운동을 해요.

집 안 곳곳을 기어다니는 아기를 가만히 관찰해 보면 의자 밑, 식탁 밑을 통과하며 다니는 모습을 볼 수 있어요. 아기들은 자신만의 작은 공간에서 노는 것을 좋아하고 그 안에서 안정감을 느끼지요. 터널도 아기들이 좋아하는 작은 공간 중 하나예요. 비싼 스펀지 터널을 구입할 필요 없이 재미있는 터널 놀이를 집에서 쉽게 할 수 있는 방법을 소개할게요.

대상

6~12개월 (아기가 기어다니기 시작할 때부터)

준비물

상자, 폴더 매트, 의자, 이불

주요 경험 및 발달 효과

- 스스로 몸을 움직여 주변 환경을 적극적으로 탐색해요.
- 신체를 활발하게 움직이며 전신 근육 발달을 자극해요.
- 터널 놀이를 하며 안과 밖의 공간적 개념을 경험하고 공간 지각 능력을 길러요.

이렇게 만들어요!

1. 상자 터널 : 부피가 큰 아기용품이나 가전제품을 구입한 뒤 크고 깨끗한 상자가 생겼다면 터널 놀이에 활용해요.

2. 폴더 매트 터널 : 바닥에 깔아 둔 폴더 매트도 터널로 변신할 수 있어요. 삼각형 모양으로 세우면 터널 완성! 상자보다 위생적이고, 세우기만 하면 되므로 설치가 아주 간편해요!

3. 의자 터널 : 의자 두세 개를 나란히 놓고 이불을 덮으면 의자 터널이 완성돼요. 의자 개수에 따라 터널의 길이를 조절할 수 있어요.

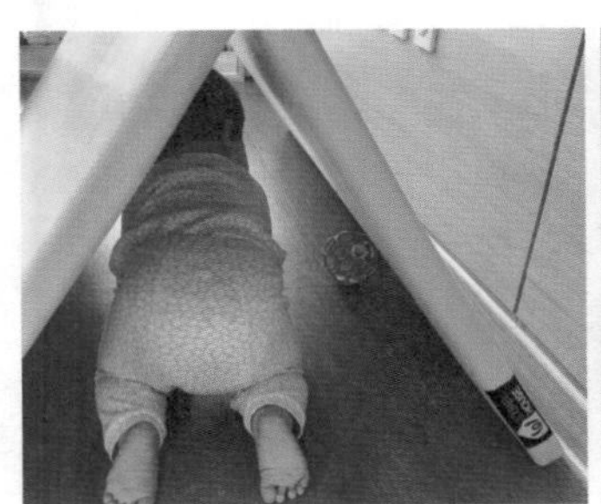

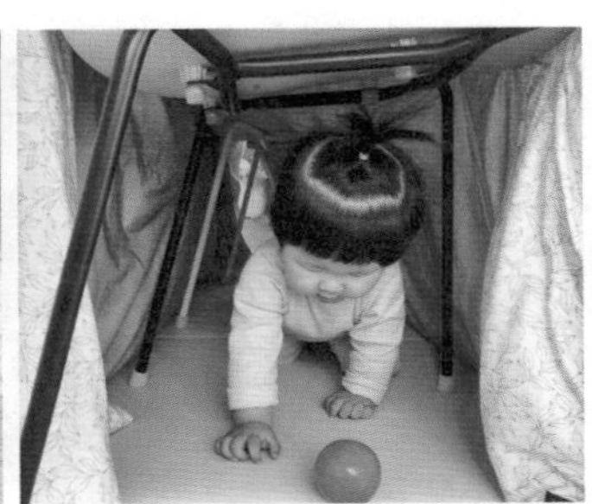

이렇게 놀아요!

1. 터널을 설치해 두고 아기가 관심을 보이면 함께 터널을 살펴봐요. 처음에는 아기가 무서워하거나 거부감을 가질 수 있으므로 서두르지 않고 천천히 터널을 탐색해요.

2. 엄마, 아빠가 먼저 터널을 통과하는 모습을 보여 주거나 터널 속에 아기가 좋아하는 놀잇감을 넣어 터널로 들어가 볼 수 있게 격려해요. 아기가 터널 안으로 들어가면 아기가 좋아하는 놀잇감을 터널 끝으로 옮겨 두고 반대편에서 아기 이름을 부르며 터널을 통과할 수 있게 도와요.

3. 터널을 사이에 두고 아기와 까꿍 놀이를 해요.

4. 터널 속으로 자동차나 공을 굴리며 놀이해요. 데굴데굴 굴러가는 공을 따라 터널을 통과하면 놀이의 재미를 더할 수 있어요.

놀이팁

- 터널 천장에 스카프나 알록달록한 색깔의 리본 끈을 붙여 감각 자극을 더해요.
- 상자, 폴더 매트, 의자 외에도 식탁 밑 공간이나 아기 병풍을 활용하여 터널을 만들어요.

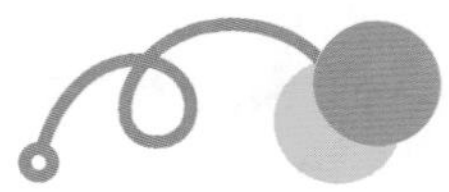

풍선 터깅 박스

알록달록 고무풍선을 쭉쭉 잡아당기며 소근육 조절 능력을 길러요!

여러 종류의 끈으로 만든 터깅 박스에 이어, 이번에는 풍선을 활용한 터깅 박스를 만들어요. 풍선은 쭉쭉 늘어나는 특성이 있고, 알록달록 다양한 색상이 있으므로 터깅 박스 재료로 찰떡이랍니다. 아기들은 7~8개월경에 엄지와 다른 손가락을 이용해 작은 물체를 잡을 수 있게 되면서 끈이나 콩 등 작은 물체를 잡는 놀이를 즐겨요. 이때 제공하면 참 좋은 놀이랍니다.

대상

6~12개월

준비물

상자, 풍선, 송곳, 마스킹 테이프

주요 경험 및 발달 효과

- 새롭게 접하는 재료인 풍선의 촉감, 색, 모양 등을 탐색해요.
- 손가락으로 풍선 끝을 잡아 보며 눈과 손의 협응력을 길러요.
- 풍선을 쭉쭉 잡아당기며 소근육 힘을 길러요.

이렇게 만들어요!

1. 적당한 크기의 상자를 준비해요. 상자에 프린팅이 되어 있는 경우에는 풍선 색이 잘 보이도록 상자의 한쪽 면을 흰 종이나 마스킹 테이프로 감싸요.
2. 적당한 간격을 두고 송곳으로 구멍을 뚫은 뒤 풍선을 쏙쏙 끼워요.
3. 상자의 모서리 부분이 날카로운 경우 모서리 보호대를 붙여요.

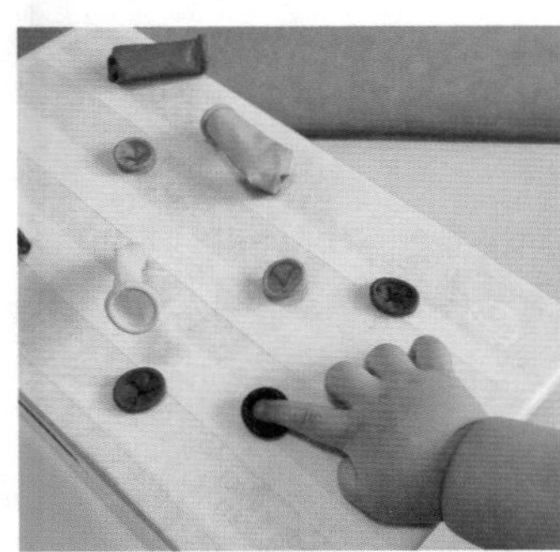

이렇게 놀아요!

1. 풍선 터깅 박스를 만들어 잘 보이는 곳에 두고 아기가 관심을 보이면 함께 놀이를 시작해요. 풍선을 잡아당기는 모습을 바로 보여 주기보다는 풍선의 촉감, 색깔 등을 천천히 탐색할 수 있도록 충분한 시간을 제공해요.

   "OO이가 풍선을 만져 보고 있구나."

2. 풍선 끝을 잡고 쭉쭉 잡아당겨요. 풍선 끝을 잡아 보며 소근육을 조절하는 방법을 연습하고 풍선을 쭉쭉 잡아당기며 손가락 힘을 기를 수 있어요.

   "쏘옥! 풍선이 나왔네!"

3. 아기의 놀이 모습을 관찰하며 다양한 상호작용을 해요.

   (풍선의 색) "노란색 풍선을 잡았구나."

   (풍선의 특성) "풍선이 쭉쭉 늘어난다."

   (풍선의 모양) "(풍선 기둥을 살펴보며) 길쭉길쭉 기다랗네."

놀이팁

- 풍선의 크기가 너무 작으면 아기가 풍선 끝을 잡기 어려울 수 있어요.
- 구멍은 풍선의 기둥 부분만 통과할 수 있도록 적당한 크기로 뚫어요.

29

포스트잇 놀이

다양한 색깔과 크기의 포스트잇으로 할 수 있는 놀이를 소개해요.

이번에는 서랍을 열면 하나쯤은 가지고 있을 포스트잇을 활용한 놀이예요. '포스트잇 하나로 이렇게 다양하게 놀 수 있다니!' 하고 놀라실지도 몰라요. 이렇게 하나의 사물로 다양한 놀이를 하는 경험은 아기의 창의력 발달에 큰 도움이 돼요.

대상

6~12개월

준비물

여러 색깔과 다양한 크기의 포스트잇, 거울, 그림책

주요 경험 및 발달 효과

- 포스트잇을 활용한 여러 놀이를 경험해요.
- 알록달록한 색깔과 다양한 모양의 포스트잇이 시각을 자극해요.
- 대근육과 소근육을 조절하여 포스트잇을 떼어 내요.

이렇게 놀아요!

1. 바닥, 가구, 아기 테이블, 벽 등 빈 공간에 여러 색깔과 다양한 크기의 포스트잇을 붙여요. 가만히 앉은 상태에서 조물조물 손가락을 움직여 포스트잇을 뗄 수도 있고 아기의 발달 수준에 따라 포스트잇을 다양한 위치에 붙여 앉기, 일어서기 등을 유도할 수 있어요.

   "이게 뭘까? 알록달록한 종이가 붙어 있네."

   "OO이가 종이를 잡았네!"

2. 그림책에 포스트잇을 붙이면 평범한 그림책이 까꿍 놀이 플랩북으로 변신해요. 아기가 평소 좋아하는 페이지나 등장인물에 포스트잇을 붙여요. 아기가 그림을 보기 위해 포스트잇을 떼어 낼 때 "까꿍!" 하고 말해 줘요.

3. 거울 앞에 아기를 앉히고 포스트잇을 붙여 거울 속 아기 얼굴을 가려요. 아기 얼굴이 보이도록 포스트잇을 떼며 "까꿍!" 하고 말해요.

   "(거울에 포스트잇을 붙여 두고) OO이가 어디 갔지?"

   "(거울에 붙은 포스트잇을 떼며) 까꿍! 여기 있었네!"

4. 엄마 몸, 아기 몸에 포스트잇을 붙이고 떼 봐요. 아기 몸에 붙어 있는 포스트잇을 입으로 바람을 불어 떼는 것도 간질간질 재미있어요.

   "OO이 발바닥에 종이가 붙어 있네."

   "(입으로 똑! 소리를 내며) 떨어졌네!"

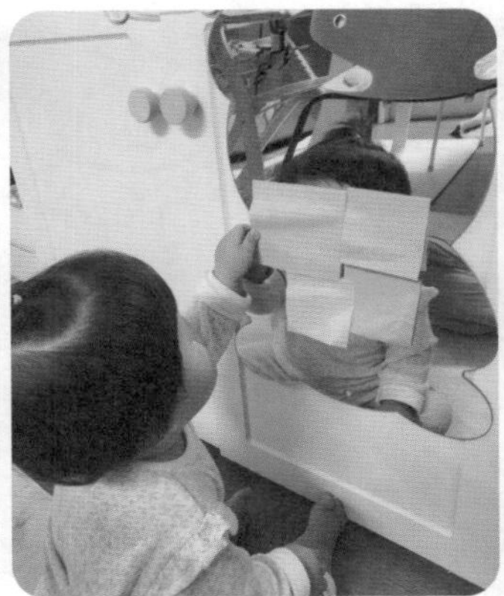

놀이팁

- 포스트잇을 입에 넣지 않도록 옆에서 지켜봐요.

칫솔 리본 막대

다 쓴 아기 칫솔에 여러 색깔의 끈을 붙여 리본 막대를 만들어요.

음악을 틀어 주면 몸을 흔들기 시작한 우리 아기! 이번에는 아기의 흥을 돋우는 놀잇감을 만들 거예요. 아기 칫솔을 활용해서 만들기 때문에 둥글둥글 안전하지요. 알록달록한 색깔의 리본 끈이 나풀나풀 움직이는 모습은 아기의 감각을 자극해요. 또한 리본 막대를 쥐고 마음껏 흔드는 행동은 신체 발달과 정서 발달에도 긍정적인 영향을 주지요.

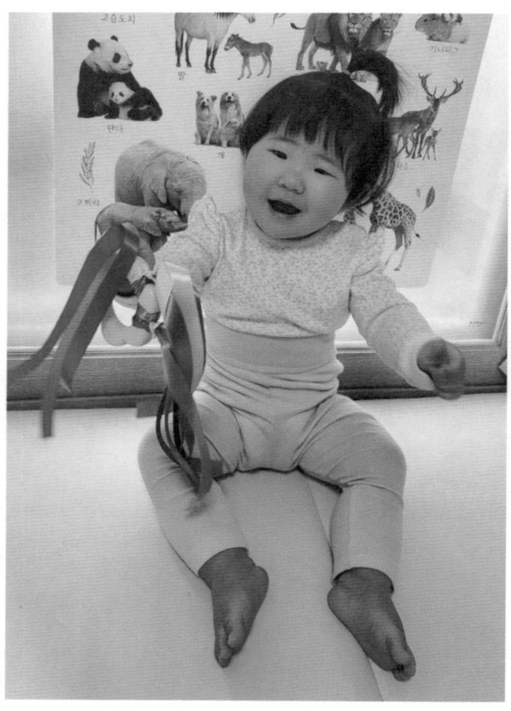

대상

6~12개월

준비물

다 쓴 아기 칫솔, 리본 끈, 방울, 펠트지, 가위

주요 경험 및 발달 효과

- 리본 막대의 색깔, 촉감, 소리, 움직임 등을 감각적으로 탐색해요.
- 리본 막대를 잡고 흔들어요.
- 리듬을 느끼며 신체 움직임을 즐겨요.

이렇게 만들어요!

1. 여러 가지 색의 리본 끈을 칫솔 머리 부분에 감아 고정시켜요. 리본 끈의 길이는 20~30cm 정도면 적당해요.
2. 펠트지로 간단한 모양을 오려 칫솔 머리 부분을 덮어 붙여요. 이때 방울을 달면 청각적 자극을 더할 수 있어요.

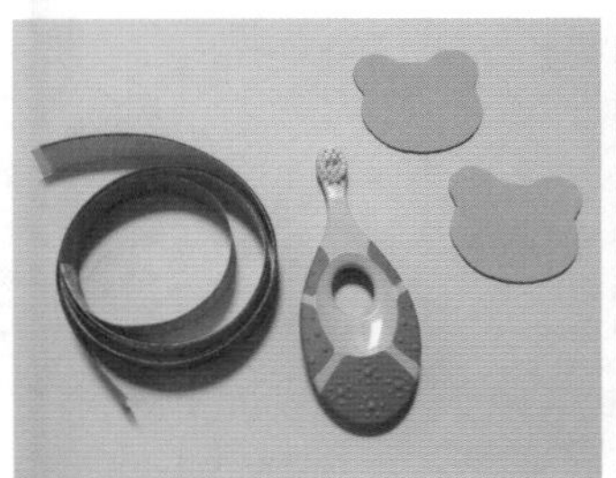
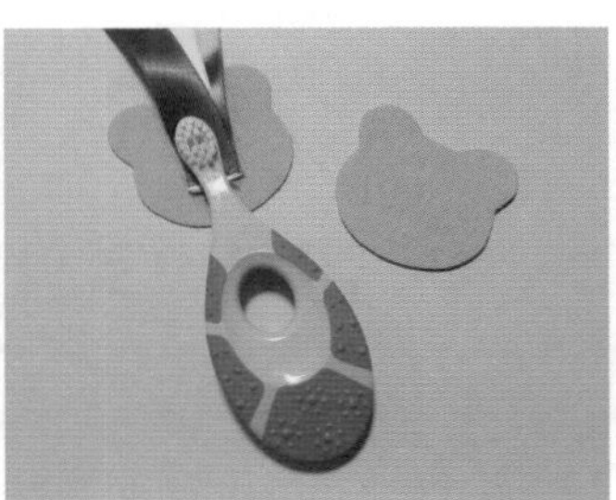
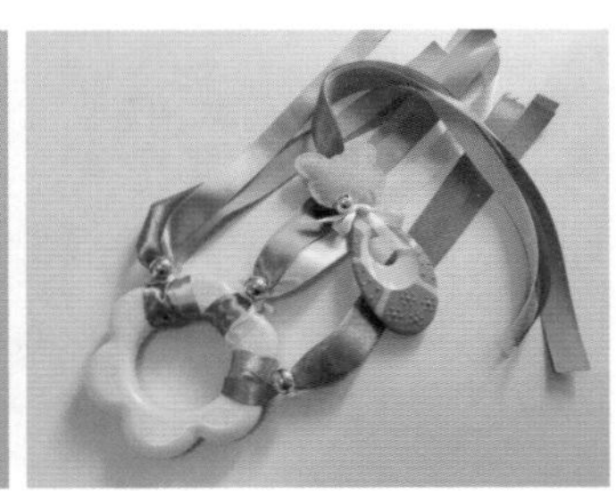

이렇게 놀아요!

1. 리본 끈의 색깔, 촉감 등을 살펴보며 이야기를 나누어요. 알록달록한 색깔, 길쭉한 모양, 딸랑딸랑 방울 소리, 부들부들 부드러운 촉감 등 리본 막대를 자유롭게 탐색해요.

   "알록달록 여러 가지 색깔이네."

   "(리본 끈 끝부분을 잡고 간질이며) 간질간질~!"

2. 리본 막대를 자유롭게 흔들어요. 리본 막대를 흔드는 아기의 모습, 리본 막대의 움직임, 방울 소리 등을 언어로 표현해요.

   "흔들흔들~ 리본 막대를 흔들어 볼까?"

   "리본 끈이 팔랑팔랑 춤을 추네."

3. 아기가 좋아하는 음악에 맞춰 리본 막대를 흔들며 즐거움을 느껴요.

   "OO이가 좋아하는 노래를 불러 볼까?"

   "노래를 들으면서 엄마랑 같이 리본 막대를 흔들어 보자!"

놀이팁

- 고리 놀잇감에 리본 끈, 방울을 걸어 고리 형태의 리본 놀잇감을 만들 수도 있어요.
- 월령이 낮은 아기는 리본 막대를 따라 배밀이를 하거나 기어서 대근육을 움직여 보는 신체 놀이를 할 수 있어요.
- 월령이 높은 아기는 리본 막대를 여러 가지 방법(천천히, 빨리, 둥글게 등)으로 흔들며 다양한 움직임을 표현할 수 있어요.

31

습자지 놀이

하늘하늘한 습자지를 찢고 날리며 감각적으로 탐색해요.

습자지는 다른 종이와 달리 부들부들해서 다칠 염려가 없고, 쉽게 찢어지고 구겨져서 아기들이 다루기 쉬운 재료예요. 가격도 저렴해서 가성비도 좋지요. 0~12개월 아기뿐만 아니라 두 돌, 세 돌이 되어서도 안전하고 재미있게 놀 수 있는 재료예요.

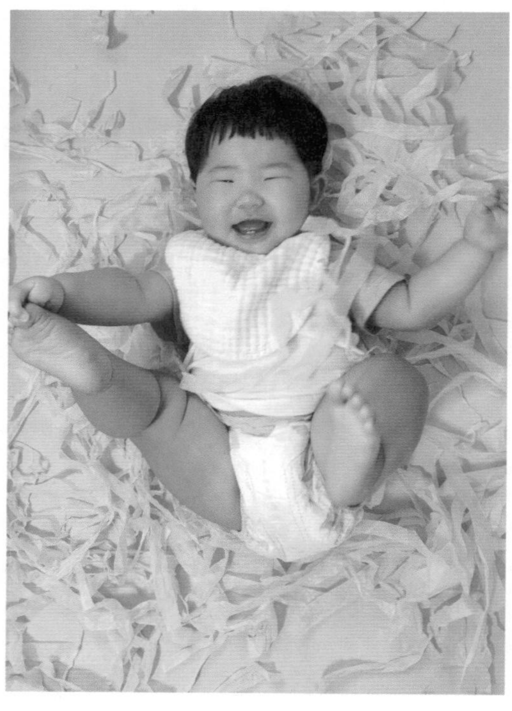

대상

9~12개월

준비물

습자지

주요 경험 및 발달 효과

- 여러 가지 방법을 자유롭게 시도하며 습자지의 특성을 탐색해요.
- 습자지를 찢으며 소근육 발달 및 협응력을 길러요.
- 길게 찢은 습자지로 다양하게 놀이하며 즐거움을 느껴요.

이렇게 놀아요!

1. 아이와 함께 습자지를 만져 보고, 구겨 보고, 흔들어 보는 등 다양한 방법으로 탐색해요. 그 모습을 보며 아기의 행동을 언어로 표현해요.

   "OO이가 습자지를 살랑살랑 흔들고 있구나."

   "습자지를 만지니까 바스락바스락 소리가 나네."

2. 습자지를 길게 찢어 봐요. 습자지의 양 끝을 잡고 아기와 함께 찢어 볼 수 있어요. 길게 찢은 습자지도 자유롭게 탐색해요.

   "쭈욱쭈욱~ 찢어 볼까?"

   "길쭉길쭉 기다란 모양이 되었네."

3. 습자지를 아기 머리 위에서 살살 떨어뜨려요.

   "펄펄 눈이 옵니다~ 하늘에서 눈이 옵니다~!"

   "팔랑팔랑~ 하늘에서 종이 비가 내리네."

4. 길게 찢은 습자지를 바닥에 늘어뜨려 길을 만들어요. 습자지 길을 따라 기어다니며 대근육을 활발히 움직여 보고 습자지의 색감, 피부에 닿는 느낌, 움직일 때마다 들리는 사각사각 소리 등을 통해 감각적인 탐색도 해요.

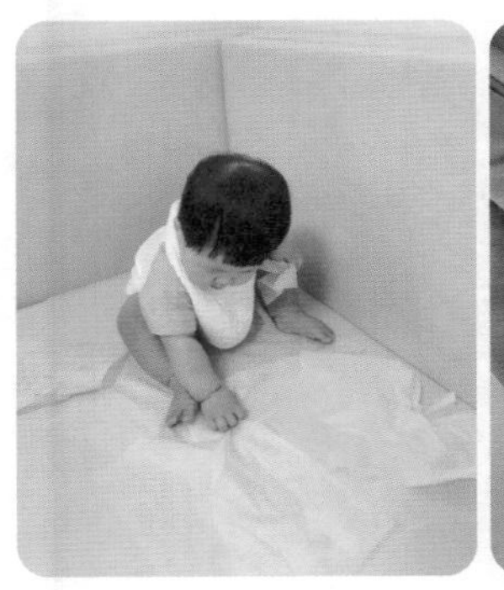

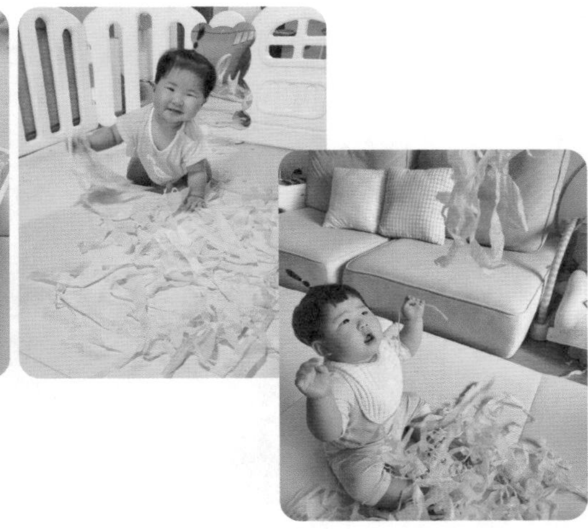

놀이팁

- 습자지를 가득 채운 바구니에 놀잇감을 숨기고 찾아보는 놀이도 해 봐요.
- 놀이가 끝난 습자지는 지퍼 백에 넣어 보관하면 언제든 다시 꺼내 놀이할 수 있어요.

대롱대롱 고무줄 놀이

흔들흔들 고무줄에 매달린 놀잇감을 잡아당기며 놀이해요!

항상 바닥에 놓인 놀잇감을 가지고 노는 우리 아기! 오늘은 놀잇감을 천장에 매달아 주면 어떨까요? 놀잇감이 고무줄에 매달려 흔들흔들 움직이는 모습은 아기의 호기심을 자극하고 자발적인 놀이 참여를 이끌어 낼 수 있어요. 아기가 평소 좋아하는 물건을 매달아 놓으면 놀잇감을 잡기 위해 손을 뻗고 몸을 늘이며 대근육, 소근육을 발달시킬 수 있어요.

9~12개월

준비물

압착 고무, 고무줄, 인형·공·스카프·풍선 등 다양한 놀잇감

주요 경험 및 발달 효과

- 대롱대롱 매달린 놀잇감을 잡기 위해 팔을 뻗고 몸을 움직이며 시각 추적 능력과 신체 조절 능력을 길러요.
- 고무줄과 놀잇감을 손으로 잡고 당기며 대·소근육 발달을 자극해요.
- 늘 가지고 놀던 익숙한 놀잇감을 새롭게 탐색하는 기회를 가져요.

이렇게 만들어요!

- 압착 고무에 고무줄을 연결하여 천장이나 거실 조명에 붙이면 놀이 준비 끝! 일반 끈을 사용해도 되지만, 고무줄을 이용하면 탄성이 있어 훨씬 재미있어요.

이렇게 놀아요!

1. 압착 고무를 연결한 고무줄에 놀잇감을 대롱대롱 묶어 두어 자연스럽게 아기가 관심을 갖도록 해요. 이때 놀잇감의 높이는 아기의 발달 수준에 따라 조절해요.

2. 매달려 있는 놀잇감을 손으로 쳐 보고 두 손으로 잡아 보며 탐색해요.

   "OO이가 좋아하는 토끼 인형이 대롱대롱 매달려 있네."

   "흔들흔들~ 인형을 잡아 볼까?"

3. 고무줄에 매달린 놀잇감을 잡아당겼다 놓으며 움직임을 탐색해요. 고무줄의 탄성으로 인해 뽕! 하고 튀어 오르는 모습이 재미있어요.

   "(놀잇감을 잡아당겼다 놓으며) 피융~!"

   "OO이가 놀잇감을 잡아당겼다가 놓으니까 뽕! 하고 솟아오르네."

   "흔들흔들 춤을 추는 것 같아."

4. 여러 가지 놀잇감을 매달아 놀이해요. 놀잇감은 왔다 갔다 흔들리다가 아기랑 부딪혀도 안전한 것 그리고 가벼운 것이라면 어떤 것이든 가능해요. 특히 풍선은 가벼우면서도 작은 힘에도 크게 움직이기 때문에 천장에 매달아 놀이하기 좋은 재료예요.

놀이팁

- 풍선을 가지고 놀이할 때는 터지지 않도록 적당한 크기로 불고, 아기가 입으로 빨 수 있으니 젖병 세정제로 가볍게 씻어 사용해요.
- 풍선에 방울을 넣으면 청각 자극을 더할 수 있어요.
- 12개월 이상 영아들의 경우 다양한 높이로 서너 개의 놀잇감을 매달아 주면 신나는 신체 놀이를 즐길 수 있어요.

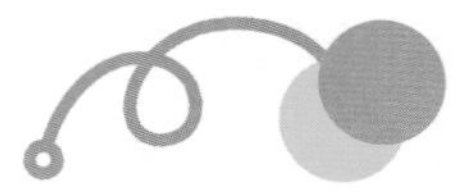

저금통 놀이

재활용품을 사용해 소근육 및 인지 발달을 자극하는 저금통 놀잇감을 만들어요.

또예가 11개월 무렵이 되었을 때 돌 아기 놀잇감을 검색해 보니 납작한 도형이나 동전을 넣는 저금통 형태의 놀잇감들이 많이 보였어요. 대부분 단순한 모양이기에 '요런 놀잇감은 집에서도 쉽게 만들 수 있겠다' 싶어서 빈 상자로 뚝딱 만들어 보았어요. 구멍 속에 놀잇감을 넣고 빼고 한참을 집중해서 놀이했답니다.

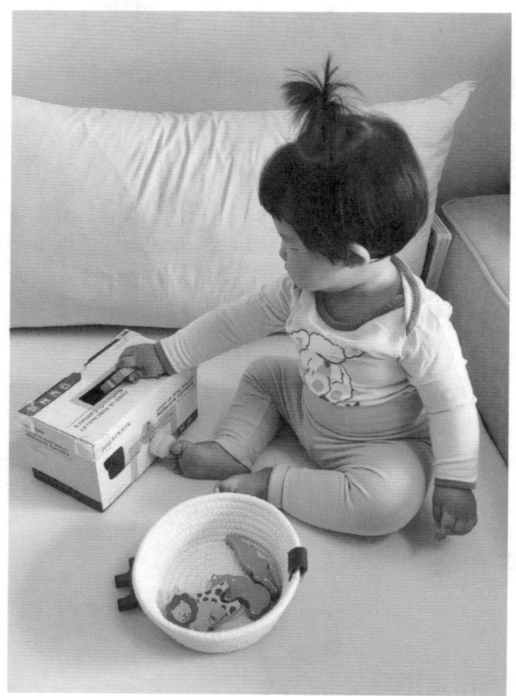

대상

9~12개월

준비물

상자, 칼, 마스킹 테이프, 납작한 물건(반찬 통 뚜껑, 병 뚜껑, 납작한 아기 놀잇감 등)

주요 경험 및 발달 효과

- 소근육을 조절하여 저금통 속에 납작한 물건을 넣어요.
- 기다란 구멍에 물건을 세워 넣으며 목적 지향적인 행동을 해요.
- 저금통에 납작한 놀잇감을 넣고 꺼내기를 반복하며 인지 발달을 자극해요.

이렇게 만들어요!

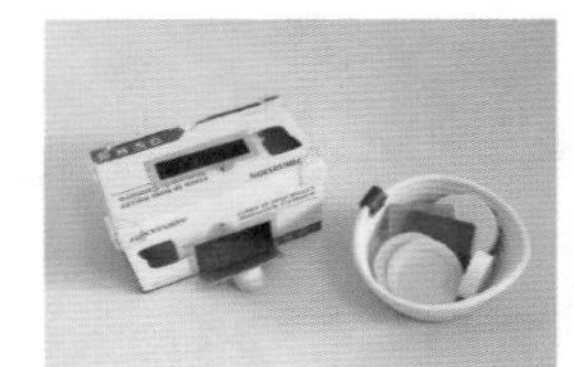

1. 저금통을 만들 적당한 크기의 상자를 준비해요. 준비한 납작한 물건들의 크기를 고려하여 기다란 구멍을 뚫은 뒤 구멍 주변을 마스킹 테이프로 감싸 마무리해요.
2. 저금통에 넣은 물건을 다시 꺼낼 수 있는 구멍도 필요해요. 상자 아랫부분에 구멍을 뚫은 뒤 열고 닫기 쉽도록 병뚜껑을 붙여 손잡이를 달아요.
3. 안전을 위해 뾰족한 모서리에 모서리 보호대를 붙이면 저금통 완성!

이렇게 놀아요!

1. 저금통과 납작한 물건들을 자유롭게 탐색해요.

   "상자에 구멍이 뚫려 있네.", "구멍 안을 들여다보고 있구나!", "구멍 안이 깜깜하지?"

2. 저금통 속에 납작한 물건을 넣어 봐요. 납작한 물건을 세워서 구멍에 넣어야 하기 때문에 아기가 어려워할 수 있어요. 엄마, 아빠의 모델링과 반복된 시행착오를 통해 점차 저금통에 물건을 넣는 방법을 터득할 거예요.

   "구멍 안에 쏙 넣어 볼까?", "(납작한 물건을 눕혀서 구멍에 넣으려 시도할 때) 오잉! 잘 안 들어가네. 어떻게 넣어야 할까?"

   "이렇게 세워서 넣으니 쏙 들어간다!"

3. 저금통 아래의 구멍을 통해 납작한 물건을 꺼내 보고 손잡이를 잡고 문을 여닫으며 움직여요.

   "(병뚜껑을 넣은 후) 병뚜껑이 어디로 갔을까?", "(저금통 문을 열며) 까꿍! 병뚜껑이 여기 있네!"

   "(저금통 문을 여닫으며) 문이 열렸다~ 문이 닫혔다~!"

4. 저금통 속에 납작한 물건을 넣고 꺼내기를 반복하며 놀이해요.

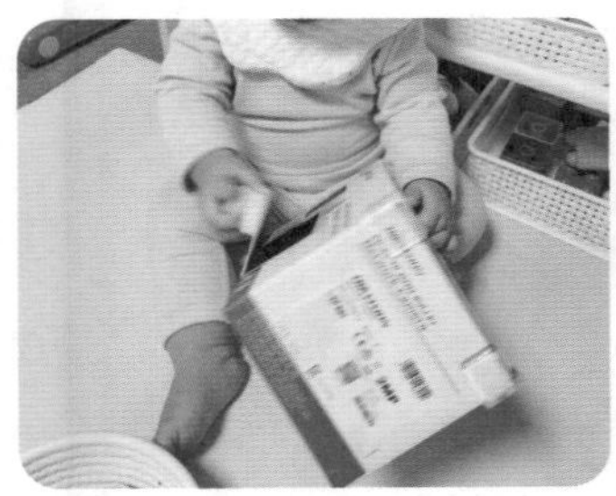

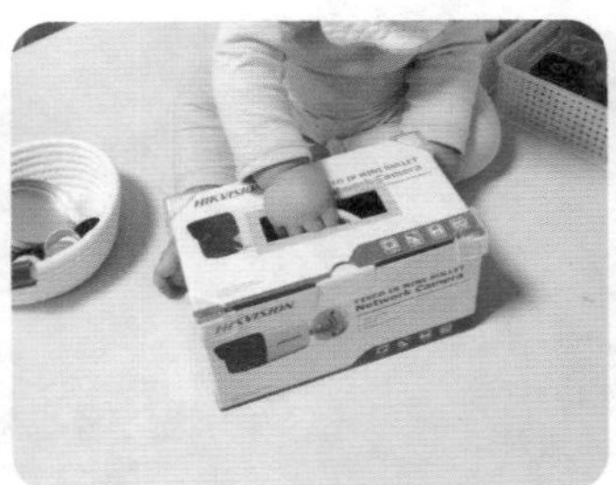

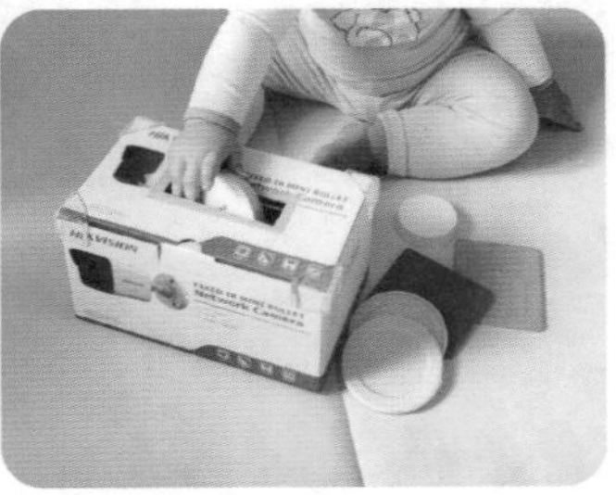

놀이팁

- 월령이 높은 아기들을 위한 놀이 확장 팁! 크기가 작은 여러 가지 물건을 준비한 뒤, 상자에 각각의 물건을 넣을 수 있는 서로 다른 모양의 구멍을 뚫어요. 여러 가지 물건을 서로 다른 모양의 구멍에 넣으며 모양을 비교할 수 있어요.

34

공 넣기

분유 상자의 변신!
대상 영속성 발달을 돕는 공 넣기 상자를 만들어요.

아기용품을 주기적으로 구입하다 보면 상자가 참 많이 생겨요. 그중에서도 분유 상자는 크기도 적당하고 튼튼해 보여서 '이걸로 뭐 하나 만들면 좋겠다' 하고 항상 생각했는데요. 마침 또예가 공놀이에 관심을 보여서 분유 상자에 동그란 구멍을 뚫어 공 넣기 상자를 만들었어요. 비싼 돈 주고 산 놀잇감이 부럽지 않은 엄마표 놀잇감, 함께 만들어 볼까요?

대상

9~12개월

준비물

분유 상자, 칼, 골판지(색을 표현할 종이), 공

주요 경험 및 발달 효과

- 공 넣기 상자를 자유롭게 탐색해요.
- 구멍 속에 공을 넣으며 대·소근육을 조절해요.
- 공이 구멍으로 들어가 사라진 것처럼 보이지만 다시 굴러 나오는 모습을 보며 대상 영속성을 발달시켜요.

이렇게 만들어요!

1. 상자의 한 면에 공의 크기보다 살짝 넉넉하게 구멍을 뚫어요. 구멍은 서너 개 정도가 적당해요.
2. 공을 넣는 입구를 공의 색깔과 같은 색으로 꾸미면 색 분류 놀이도 할 수 있어요. 참고로 색 분류 놀이는 15~18개월쯤이 되어야 가능해요.
3. 상자 아래에 공이 굴러 나올 수 있는 구멍을 뚫어 주면 완성! 이 구멍 안쪽에 낮은 경사로를 만들어 주면 공이 상자 밖으로 잘 굴러 나와요.

이렇게 놀아요!

1. 공 넣기 상자의 구멍을 살펴봐요. 구멍 안쪽을 들여다보기도 하고 손을 넣어 보기도 하며 자유롭게 탐색해요.

   "상자에 동글동글한 구멍이 있네.", "구멍 속을 들여다보니 깜깜하다."

2. 구멍에 공을 넣어요. 이때 아기의 상상력을 자극하는 놀이로 상호작용을 하면 더욱 좋아요.

   "친구들이 배가 고픈가 봐. 입을 아~ 벌리고 있네.", "내 입속에 공을 넣어 줘. 배고파!", "냠냠, 맛있다! 고마워~!"

3. 상자 아래에 뚫린 구멍으로 공이 또르르 굴러 나오는 모습을 살펴봐요.

   "까꿍! 공이 다시 나왔네.", "공이 데굴데굴~ 굴러 나왔어."

4. 공 넣기 놀이를 하며 "쏘옥", "데굴데굴", "또르르" 등 재미있는 의성어, 의태어를 들려줘요. 의성어와 의태어의 리듬감과 반복성은 아기가 말에 흥미를 갖도록 하여 언어 발달을 자극해요.

5. 공 외에도 블록, 인형 등 다양한 놀잇감을 넣으며 놀이해요. 놀이를 통해 자연스럽게 크기 및 형태를 변별하는 인지 능력이 발달해요.

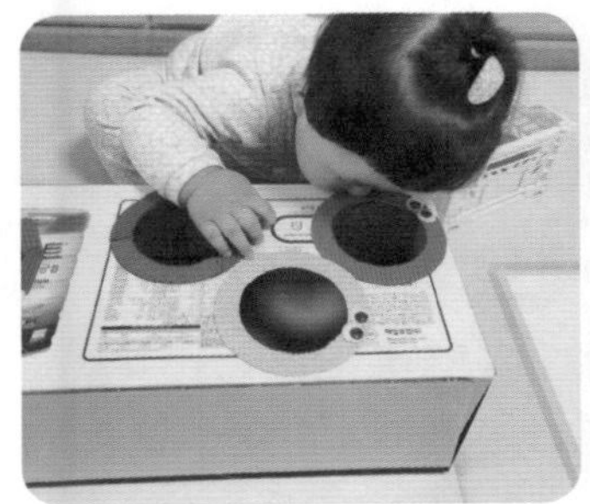

놀이팁

- 월령이 높은 영아들은 구멍의 크기를 다양하게 뚫어 서로 다른 크기의 공을 넣는 상자를 만들어 볼 수도 있어요.

투명 관 놀이

다양한 색깔과 모양의 재료를 탐색하기 좋은 투명 관 놀이를 소개해요.

여러분도 어릴 때 한 번쯤은 OHP 필름을 써 본 적이 있을 거예요. 주로 그림을 대고 따라 그릴 때 사용하던 투명한 재료이지요. OHP 필름으로 돌돌 말아 놀이하면 재미있을 것 같아 학교 앞 문방구에 가서 OHP 필름을 몇 장 구입한 뒤 엄마표 놀잇감을 만들었는데요. 흔들고, 굴리고, 공도 넣고, 다양하게 활용해서 놀이하기 좋았답니다.

대상

9~12개월

준비물

OHP 필름, 병뚜껑, 절연 테이프, 방울·콩·쌀·솜공·스팽글 등 다양한 재료

주요 경험 및 발달 효과

- 투명 관 속 다양한 재료를 감각적으로 탐색해요.
- 투명 관을 마음껏 흔들어 소리도 들어 보고 재료의 움직임도 살펴보며 관찰력을 키워요.
- 투명 관을 바닥에 데굴데굴 굴려 보고 투명 관을 잡기 위해 몸을 움직이며 신체 조절 능력, 균형 감각을 길러요.

이렇게 만들어요!

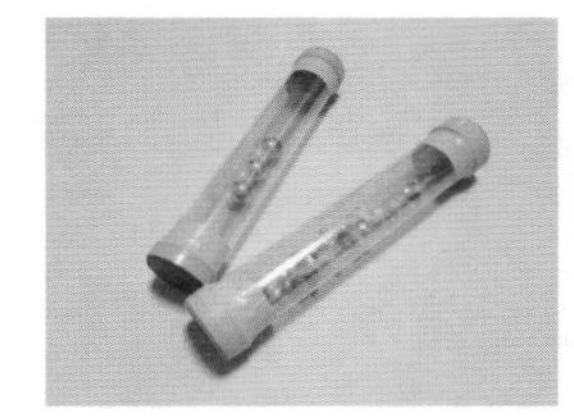

1. 준비한 병뚜껑 크기에 맞게 OHP 필름을 돌돌 말아요.
2. 다양한 재료를 넣고 병뚜껑과 절연 테이프를 사용하여 투명 관의 양 끝을 막으면 완성!

이렇게 놀아요!

1. 투명 관 속 여러 가지 재료를 탐색해요.

   "여기 뭐가 들어 있지?", "딸랑딸랑 방울이 들어 있네."

2. 투명 관을 마음껏 흔들어 소리도 들어 보고 재료의 움직임도 살펴봐요.

   "흔들흔들, 무슨 소리지?", "(투명 관을 기울이며) 왔다 갔다 움직이네."

3. 투명 관을 바닥에 데굴데굴 굴려 보고 투명 관을 잡기 위해 몸을 움직여요.

   "데굴데굴 놀잇감이 굴러가네.", "우아! 잡았다!"

4. 양 끝을 막지 않은 투명 관의 구멍을 요리조리 살펴보며 호기심을 길러요.

   "(투명 관을 사이에 두고 아기와 마주 보며) OO이 얼굴이 보이네."

5. 투명 관을 벽에 붙이면 공 넣기 놀잇감 완성! 투명 관 속에 공을 넣으며 눈과 손의 협응력 및 인지 발달을 자극해요.

   "공을 쏙 넣어 볼까?", "또르르~ 공이 다시 나왔네."

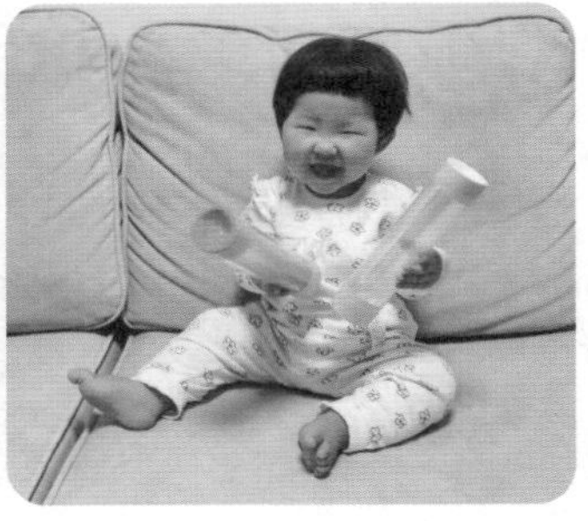

놀이팁

- 다양한 재료를 넣은 투명 관 놀잇감은 투명 관의 양쪽 입구를 막아 재료가 입에 들어갈 위험이 없기 때문에 어린 월령의 아기들도 여러 재료를 탐색하기 좋아요.

13~24개월

재료를 탐색하며 즐기는 놀이

놀이 전에 꼭 알아야 할

13~24개월 아이의 발달 정보

✖ 신체 발달

[대근육] 대부분 아기는 12~15개월경 걸음마를 시작해요. 처음에는 두 다리를 벌리고 걷는 등 불안정한 모습을 보이다가 16개월경에는 걷기가 능숙해지고 뒤뚱거리며 뛰는 것도 가능해집니다. 균형감각과 다양한 운동 능력의 발달로 16~18개월경에는 옆으로 혹은 뒤로 걷기가 가능하고, 어른의 손을 잡거나 난간을 잡고 계단을 오를 수 있어요. 18개월 이후 대근육 및 운동 조절 능력의 향상으로 움직임이 더욱 유연해지며 빨리 걷기, 뛰기가 가능하고 여러 동작을 자연스럽게 전환할 수 있습니다.

이 시기의 아기들은 간단한 도구를 활용한 신체 활동을 즐기는데, 15개월경에는 굴려 주는 공을 받을 수 있고 19개월경에는 멈춰 있는 공을 발로 찰 수 있어요. 두 돌 무렵에는 의도한 방향으로 공을 던질 수 있습니다.

[소근육] 눈과 손의 협응력과 미세한 소근육이 발달해요. 13~15개월경에는 엄지와 검지로 작은 물체를 정확히 잡을 수 있고, 한 손에 두세 개의 물체를 쥘 수 있지요. 18개월경에는 한두 개, 20개월경에는 서너 개의 블록을 쌓아 올릴 수 있어요.

24개월경에는 손목의 힘이 강화되고 움직임을 보다 잘 조절하게 되어 가로선, 세로선을 모방하여 그리고, 서툴지만 동그라미를 그리는 것도 가능해져요. 또한 자기 주도성의 발달로 혼자 숟가락질하기, 양말이나 신발 벗기, 지퍼 내리기 등을 스스로 하려는 모습을 보입니다.

✖ 언어 발달

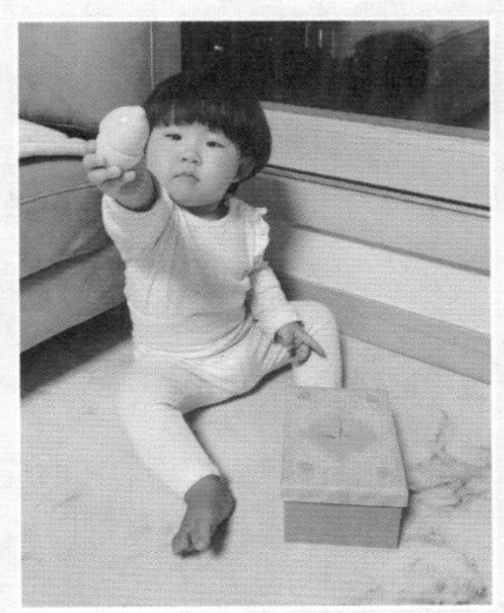

돌 무렵 첫 단어를 말하기 시작한 아기는 매우 빠르게 새로운 어휘를 습득해 나가요. 18개월경에는 아기의 어휘량이 폭발적으로 증가하여 이 시기를 '어휘 폭발기'라고 부르지요. 평균 50~100개의 단어를 말하고, 300개 이상의 어휘를 이해해요.

이전에는 한 단어로 다양한 의미를 전달했던 아기는 18개월 이후 두 단어로 된 문장을 사용하며 자신의 의사와 감정을 더욱 정확하게 표현해요. 두 단어 문장은 전치사나 접속사 등이 생략된 단어만 나열한 형태예요. 따라서 상황에 따라 다양한 의미로 사용되기 때문에 맥락에 따라 해석해야 합니다. 예를 들어 "엄마, 우유."라는 말은 '엄마에게 우유를 달라'는 의미로 사용되기도 하고, 빈 우유병을 내밀며 말한다면 '우유를 다 먹었다'는 의미로 사용됩니다. 19~24개월경에는 주변 세계에 대한 호기심이 확장되고 사물마다 이름이 있다는 것을 알게 되지요. 이때부터 "이게 뭐야?" 하고 끊임없이 질문을 하며 적극적으로 사물의 명칭을 알려고 해요.

이 시기는 언어 표현력뿐만 아니라 언어를 이해하는 능력도 급속도로 발달해요. 13~18개월경에는 동작 없이 말로만 하는 간단한 지시를 수행할 수 있고, 그림책을 보며 친숙한 동물과 사물의 이름을 들려주면 손가락으로 가리킬 수 있어요. 18~24개월경에는 열 가지 이상의 간단한 동사와 신체 대부분의 명칭을 이해할 수 있고 "방에서 양말 가지고 와."와 같은 두 가지의 지시를 듣고 순서대로 행동할 수 있습니다. 또한 '내 것', '엄마 것'과 같은 소유의 의미나 친숙한 형용사 표현 등도 이해할 수 있어요.

✖ 사회 · 정서 발달

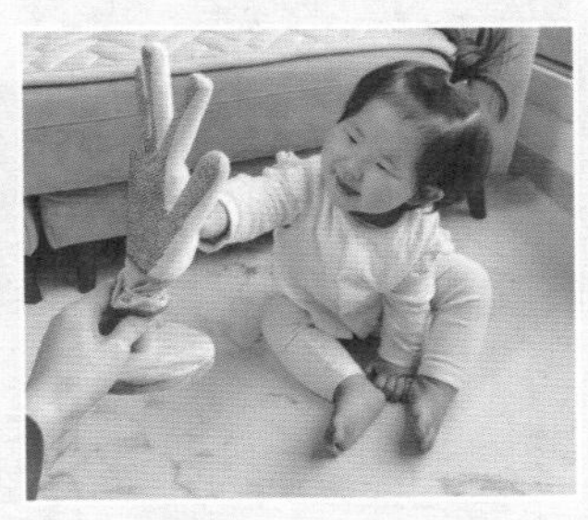

이 시기의 아기는 의사와 감정 표현이 분명해지고 여러 감정을 표현할 수 있어요. 또한 다른 사람의 기분을 이해할 수 있으므로 상대방의 말과 행동에 적절한 반응을 보입니다. 13~14개월경의 아기는 친숙한 사람에게 관심을 표현하거나 손을 흔들어 인사를 하는 등 사회적 행동을 보여요. 15~16개월경에는 친숙한 어른의 행동을 모방하는 것을 즐기고, 관심을 끌려는 행동도 하며 안기거나 뽀뽀하는 등 애정을 표현하기도 해요.

18개월 이후부터는 자기에 대한 인식이 생겨나며 거울 속 자기 모습을 정확히 인식하고 좋고 싫음에 대한 선호도 분명해져요. "싫어.", "아니야!", "내가 할래.", "내 거야!"라는 말을 많이 하는 시기로, 고집이 세지고 강한 자기주장을 하며 내 것이라는 개념을 이해하기 시작하여 소유욕을 보여요. 이 시기의 아기는 무엇이든 스스로 하고 싶어 하지만, 신체 조절 능력 및 인지 능력이 부족하여 종종 좌절감을 느껴요. 이에 따라 떼쓰기, 폭발적인 분노를 표현하기도 합니다.
또래가 옆에 있으면 관심을 보이며 다가가지만, 함께 놀기보다는 같은 공간에 앉아 각자의 놀잇감으로 비슷한 놀이를 해요. 두 돌 무렵에는 친숙한 또래의 이름을 알고 부르기도 하고 미소 짓기, 쓰다듬기, 안아 주기 등의 행동을 보이지만 놀잇감을 나누어 쓰며 함께 놀이하기는 어렵습니다.

✖ 인지 발달

호기심 가득한 아기들은 이전보다 발달한 자기 신체 및 인지 능력을 활용하여 문제를 해결하기 위해 여러 방법을 시도하고, 자기 행동으로 인한 변화를 반복하여 관찰하는 것을 즐겨요. 또한 놀잇감을 가지고 다양한 방법으로 놀이하는 등 적극적인 탐색 행동을 보이며, 짧은 시간이지만 좋아하는 놀잇감을 가지고 어느 정도 집중해서 놀이해요.
이 시기 중요한 인지 발달 변화 중 하나는 아기들이 '내적 사고 능력'을 가지는 것, 즉 생각하고 행동한다는 점입니다. 예를 들면 이전에는 구멍에 물체를 넣으려고 할 때 무조건 안으로 밀어 넣으려고 했다면, 이제는 어떻게 해야 물체를 잘 넣을 수 있을지 잠시 생각하고 물체를 모양에 맞게 돌려 보는 등 생각하고 행동하지요.

15개월경이 되면 전화를 받는 흉내 내기, 아기 인형에게 우유를 먹이기처럼 익숙한 어른의 행동을 모방하는 모습이 나타납니다. 이는 아기의 기억력이 발달하면서 지연 모방이 가능해졌기 때문이지요. 지연 모방이란 이전에 눈으로 보고 들은 것을 기억했다가 시간이 지난 후 따라 하는 것이에요.
이후 18개월경에는 전화기 놀잇감에 귀를 대고 말하는 흉내를 내는 것과 같이 직접적인 구체물을 가지고 행동을 묘사하는 형태의 가상놀이 모습을 보여요. 두 돌 무렵에는 '~인 척하기'가 가능할 정도로 인지 능력이 발달하여 실제 사물이 없어도 있는 것처럼 상상하여 간단한 역할놀이를 할 수 있어요.

✖ 13~24개월 아이의 발달, 이렇게 도와요!

신체

소근육 활동이 정교해지고 눈과 손의 협응력이 발달하는 시기예요. 소근육 발달을 자극하는 다양한 활동을 통해 소근육 조절 능력을 키우고 아기의 두뇌 발달도 자극할 수 있어요. 다양한 그리기 도구를 사용하여 자유롭게 끼적이기, 밀가루 반죽을 자유롭게 주무르며 손가락 힘 기르기, 스티커 붙이고 떼기 등의 놀이와 신발 찍찍이 떼기, 숟가락과 포크 사용하기, 지퍼 내리기와 같이 일상생활에서 소근육을 발달시킬 기회를 충분히 제공해요.

언어

아기와 함께하는 일상에서 다양한 언어 자극을 통해 아기의 언어 발달을 촉진해요. 놀이 중 재미있는 의성어·의태어 사용하기, 반복적인 운율이 있는 단순한 내용의 짧은 그림책 보기, 간단한 동요 듣기 등은 아기가 말의 재미를 느끼도록 도와요. 아기와 대화할 때는 아기의 말을 약간 높은 수준으로 확장하여 짧고 정확한 문장으로 다시 말해 주는 것이 좋아요.

사회·정서

자아 인식이 생겨나며 "내가", "아니야!"라는 말을 많이 하게 되는 시기로 스스로 하고 싶은 일이 많아져요. 위험하거나 남에게 피해가 되는 행동이 아니라면 아기 혼자 시도할 기회를 충분히 제공해요. 숟가락질하기, 옷 입기, 신발 벗기 등 아직 능숙하지 않아 시간이 오래 걸리지만 스스로 해내는 과정을 통해 자율성, 자조 기술을 획득하고 성취감을 느낄 수 있어요.

인지

왕성한 호기심을 가지고 탐색 행동을 즐기는 시기로, 여러 사물에 관심을 가지고 다양한 방법으로 반복적인 탐색을 시도해요. 아기의 다양한 놀이 모습 및 탐색 행동을 격려하고 시행착오를 경험하며 스스로 문제 해결을 위한 방법을 찾을 수 있도록 지지해요. 여러 사물을 마음껏 관찰하고 탐색할 기회, 하나의 놀잇감을 가지고 다양하게 놀이하는 경험은 아기의 인지 발달을 도와요.

01

호일 탐색

호일의 특성을 다양한 방법으로 탐색해요.

주방에서 자주 사용하는 쿠킹 호일이 아이들에게는 매력적인 놀잇감이 될 수 있어요. 잘 구겨지거나 찢어지고, 반짝거리며, 찰찰 거리는 소리도 나고, 촉감도 부드러워서 아이들의 호기심을 자극하기에 아주 좋지요. 새로운 재료인 호일을 여러 감각을 통해 탐색하며 우리 아이의 감각 발달을 자극해요.

대상

13~24개월

준비물

호일

주요 경험 및 발달 효과

- 호일의 특성을 여러 가지 방법으로 탐색해요.
- 호일을 구겨 보고 찢어 보며 소근육을 조절해요.
- 자유로운 탐색을 통한 즐거움을 느껴요.

이렇게 놀아요!

1. 호일의 촉감 느끼기

새로운 재료인 호일을 아이가 잘 볼 수 있는 곳에 두고 아이가 관심을 보이면 호일을 만져 보며 자유롭게 탐색하게 해요.

"이게 뭘까? 반짝반짝한 종이가 있네."

"만져 보니 느낌이 어때?", "반질반질~ 부드럽다!"

2. 호일 거울 놀이

호일에 얼굴을 가까이 대면 거울처럼 흐릿하게 얼굴이 비쳐요. 호일 거울 속 내 모습을 살펴봐요.

"호일 거울 속에 누가 있지?", "OO이 얼굴이 보이네~!"

3. 호일 소리 듣기

호일을 흔들면 찰찰찰~ 재미있는 소리가 나요. 호일을 흔들거나 구길 때 나는 소리를 들어 봐요.

"OO이가 호일을 흔드니까 소리가 나네.", "세게 흔드니까 소리가 더 커졌네!"

4. 호일 찢기

호일은 작은 힘으로도 부드럽게 찢어져요. 윗부분을 살짝 찢어 아이에게 건네주어 스스로 찢어 볼 수 있도록 해요.

"OO이가 호일을 쭈욱~ 찢고 있구나.", "기다란 모양이 되었네!"

5. 호일 구기기

호일을 자유롭게 구겨 보고 구겨진 호일의 달라진 크기, 촉감, 모양을 탐색해요.

"호일을 구겨 볼까? 구길 때 바스락바스락 소리가 나네."

"호일을 구기니까 크기가 작아졌어!"

"매끈매끈했던 호일이 까칠까칠해졌네."

놀이팁

- 놀이 재료를 충분히 탐색해 보는 시간은 아이가 이후 이루어지는 놀이에 주도성을 가지고 더욱 몰입할 수 있도록 도와요. 아이 스스로 놀이 재료를 살펴보고 자유롭게 탐색할 수 있는 시간을 꼭 제공해요.
- 재료를 탐색하는 방법은 정해져 있지 않아요. 위의 내용을 참고하되 아이의 놀이 행동을 관찰하여 아이의 흥미를 따라 자유롭게 탐색해요.

호일 숨바꼭질

호일 속에 꼭꼭 숨어 있는 놀잇감을 찾아요.

여러 방법으로 호일을 탐색했다면 이제는 본격적인 호일 놀이를 할 차례! "꼭꼭 숨어라. 놀잇감이 보인다!" 호일 속에 꼭꼭 숨은 놀잇감을 꺼내며 손가락의 움직임을 더욱 세밀하게 조절하는 경험을 해요. 또 호일로 감싼 놀잇감을 살펴보고 어떤 놀잇감이 들어 있는지 꺼내어 확인하고 모양과 형태에 대한 변별력을 길러요.

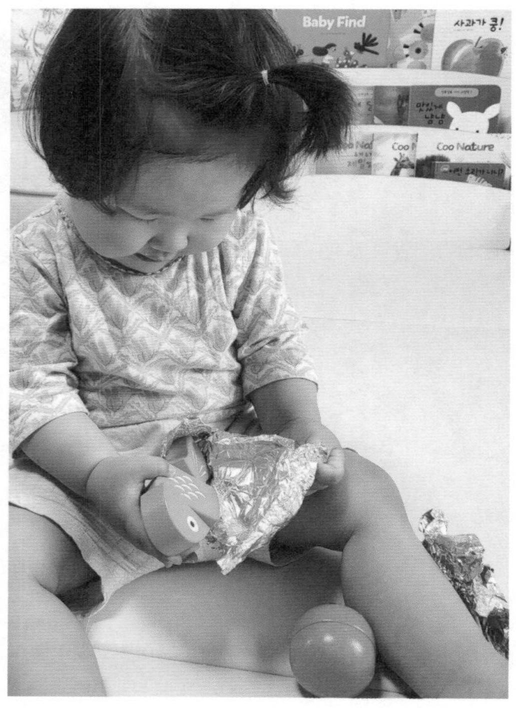

대상

13~24개월

준비물

호일, 놀잇감

주요 경험 및 발달 효과

- 호일 속에 놀잇감을 숨기고 찾으며 손가락 힘을 길러요.
- 사물의 형태를 인식하여 어떤 물건인지 예측해요.
- 호일을 이용한 놀이를 경험해요.

이렇게 놀아요!

1. 아이가 좋아하는 놀잇감을 호일 속에 꼭꼭 숨겨요. 호일로 감싼 놀잇감을 보여 주며 아이의 호기심을 자극해요.

   "이게 뭘까? 엄마랑 같이 놀이했던 호일이네."

   "안에 뭔가 들어 있는 것 같은데?"

2. 호일 속에 들어 있는 것이 무엇일지 함께 이야기를 나누며 살펴봐요. 처음에는 놀잇감의 일부가 보이도록 호일로 감싸 살짝 힌트를 주고 이후에는 형태만 보고 아이가 추측해 볼 수 있도록 상호작용을 해요.

   "(호일로 감싼 바나나 음식 모형을 보여 주며) 이 속에 뭐가 들어 있을까?"

   "OO이가 손가락으로 가리킨 곳에 노란색이 살짝 보이네."

3. 호일을 벗겨 놀잇감을 꺼내 봐요.

   "호일 속에 꼭꼭 숨은 놀잇감을 꺼내 볼까?"

   "짜잔! 물고기가 숨어 있었네~!"

4. 미리 호일로 싸 놓은 놀잇감을 다 벗겼다면 이번에는 아이가 직접 호일을 사용하여 놀잇감을 꼭꼭 숨길 수 있도록 해 줘요. 아이가 놀잇감을 숨기는 동안 "꼭꼭 숨어라, 자동차가 보일라." 하고 말놀이도 더하면 더 재미있게 놀이할 수 있어요.

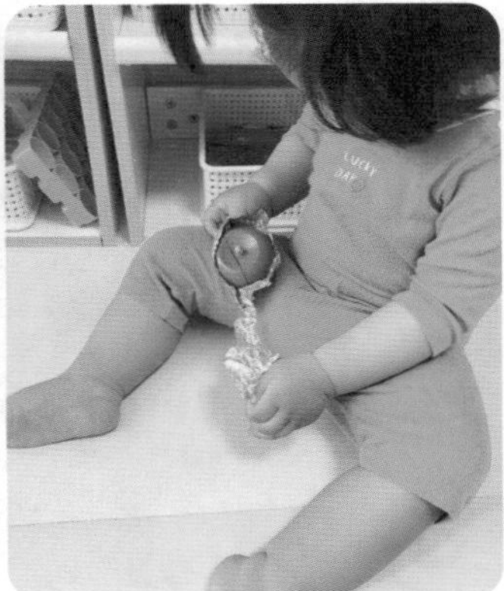

놀이팁

- 컵 블록, 그릇과 같이 윗부분이 비어 있는 놀잇감을 호일로 감싼 뒤 포크나 막대기로 콕콕 구멍을 뚫는 놀이도 해 봐요. 호일에 구멍을 뚫으려면 힘 조절이 필수! 놀이를 통해 손과 손가락의 힘을 더욱 세밀하게 조절하는 능력을 키울 수 있어요.

셀로판지 탐색

여러 가지 방법으로 셀로판지를 탐색해요.

알록달록한 색깔, 바스락거리는 소리, 비치는 특성으로 인해 새로운 시각적 경험이 가능한 셀로판지도 매력적인 놀이 재료예요. 놀이의 시작은 탐색! 다음의 방법을 참고하여 아이와 함께 셀로판지의 재미있는 특성을 탐색해요. 모든 탐색 방법을 전부 다 경험해 보려고 서두를 필요는 전혀 없어요. 가장 중요한 것은 아이의 흥미를 따라가며 자유로운 탐색 시간을 충분히 갖는 것이에요.

13~24개월

준비물

셀로판지, 가위

주요 경험 및 발달 효과

- 셀로판지를 탐색하며 다양한 감각을 경험해요.
- 셀로판지를 통해 다양한 색깔을 탐색해요.
- 여러 가지 방법으로 셀로판지를 탐색하며 창의력 발달을 자극해요.

이렇게 놀아요!

1. 여러 가지 색 탐색하기

빨강, 노랑, 파랑, 초록 알록달록한 셀로판지의 색깔을 탐색해요.

"알록달록 여러 가지 색깔의 종이가 있네.", "어떤 색깔이 있는지 살펴볼까?"

2. 소리 탐색하기

셀로판지를 만지거나 흔들 때 나는 소리를 들어 봐요. 비비거나 구길 때도 부스럭부스럭 소리가 나요.

"(셀로판지를 흔들며) 셀로판지를 흔드니까 소리가 나네."

3. 비치는 특성 탐색하기

셀로판지를 통해 손, 발 등 신체를 비쳐 보기도 하고, 눈앞에 대고 주변도 살펴봐요.

"OO이 발이 빨간색이 되었어!", "엄마는 지금 OO이 얼굴이 노란색으로 보여!"

"(셀로판지로 주변을 살피는 아이를 보며) 방 안이 초록색으로 변했지?"

4. 셀로판지 질감 탐색하기

셀로판지를 구겨 보고 비벼 보고 찢어 봐요. 셀로판지를 찢을 때는 엄마가 먼저 윗부분을 살짝 찢어 주어 아이가 스스로 찢을 수 있게 도와주면 좋아요. 셀로판지를 쥐고 구기는 놀이는 시각, 청각, 촉각 등 다양한 감각을 자극해요.

5. 셀로판지 날리기

작게 찢은 셀로판지를 입으로 후~ 불어서 날려 봐요. 셀로판지는 작은 아이의 입김에도 훌훌 잘 날아가요. 머리 위로 셀로판지 조각을 흩뿌려 날리는 것도 재미있어요.

"셀로판지를 입으로 후~ 불어 볼까?", "나풀나풀 셀로판지가 날아가네."

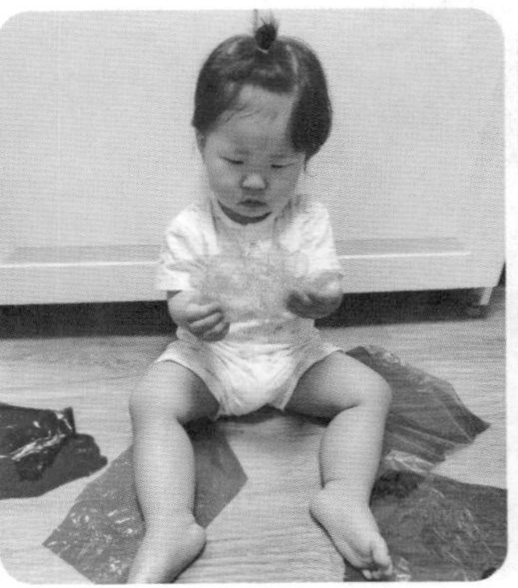
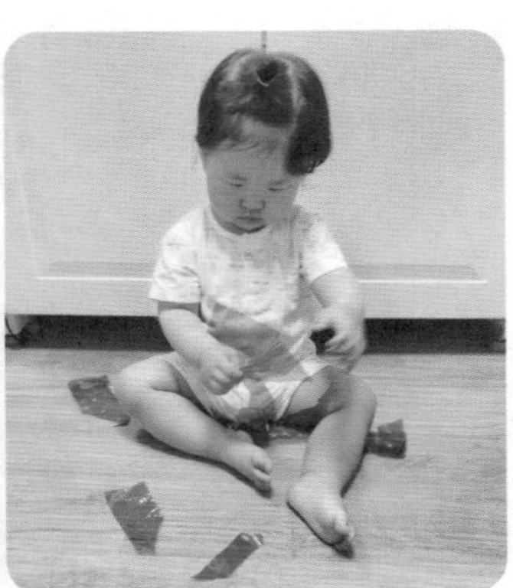

셀로판지 색깔판

셀로판지 색깔판을 눈에 대고 주변을 둘러보며 다양한 색을 탐색해요.

여러 가지 색깔에 관심을 갖기 시작한 우리 아기! 셀로판지를 가지고 엄마표 색깔판을 만들어요. 색깔판은 여러 색깔과 색의 혼합을 탐색하기에 좋은 놀잇감으로 어린이집에서도 많이 사용해요. 돋보기, 안경, 망원경 모양 등 다양한 형태로 만들 수 있지요. 여기서 포인트는 색을 탐색할 수 있는 부분이 충분히 넓어야 한다는 점! 기억해 주세요.

대상

13~24개월

준비물

셀로판지, EVA폼, 양면테이프, 칼

주요 경험 및 발달 효과

- 셀로판지를 눈에 대고 주위를 둘러보며 여러 가지 색을 탐색해요.
- 셀로판지 색에 따라 주변이 다르게 보이는 차이를 느껴요.
- 색깔판을 겹쳐 보며 색의 혼합을 경험해요.

이렇게 만들어요!

1. EVA폼을 적당한 크기로 자른 후 셀로판지를 붙일 곳에 구멍을 뚫어요. 아기 얼굴 정도의 크기를 추천해요.
2. 아기가 양손으로 잡을 수 있도록 색깔판의 양 끝부분에 손잡이를 만들어요.
3. 구멍에 코팅한 셀로판지를 붙이면 색깔판 완성!

이렇게 놀아요!

1. 여러 색의 색깔판을 살펴봐요. 어떤 색이 있는지 아이와 이야기를 나누어요.

   "빨강, 노랑, 초록, 파랑! 여러 색깔이 있네.", "지금 OO이 옷이랑 똑같은 초록색도 있네."

2. 색깔판을 눈에 대고 엄마, 아빠 얼굴 혹은 주변을 둘러보며 어떻게 다르게 보이는지 차이를 경험해요.

   "엄마 얼굴이 어떻게 보여?", "OO이가 좋아하는 토끼 인형도 초록색이 되었네."

3. 여러 개의 색깔판을 겹쳐 보며 색깔이 어떻게 달라지는지 관찰해요. 색깔판에 손잡이가 달려 있어 여러 개를 겹치더라도 아이가 쉽게 들 수 있어요.

   "빨간색 판, 노란색 판 두 개를 함께 들었네?", "어떻게 보일지 궁금하네.", "두 개를 겹치니 어떻게 보여?"

4. 색깔판을 들고 놀잇감이나 그림책 보기, 거울 속 내 모습을 살펴보기, 창밖 보기 등 다양하게 놀이하며 아이의 호기심을 자극해요.

   "(거울을 보고 있는 아이에게) **거울 속 OO이 얼굴색이 변했어!**", "(창밖을 보고 있는 아이에게) **하늘이 노란색이 되었네.**"

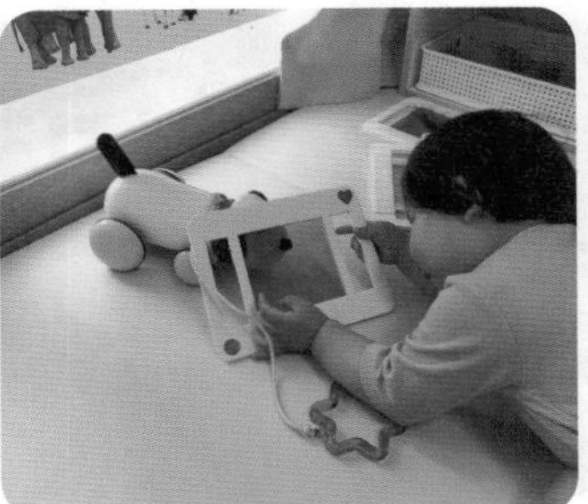

놀이팁

- 아이가 색깔판으로 주변을 탐색할 때 무슨 색으로 변했는지 색이름 알기를 강조하기보다는 여러 색에 관심을 가지고 자유롭게 탐색할 수 있도록 상호작용을 해요.
- 색깔판을 들고 산책하러 나가 봐요. 익숙했던 산책길이 새롭게 느껴질 거예요.

풍선 탐색

풍선의 특성을 여러 가지 방법으로 탐색해요.

풍선은 영아부터 유아까지 모든 아이들이 정말 좋아하는 놀이 재료예요. 본격적으로 풍선 놀이를 하기 전에 쭉쭉 늘어나는 풍선의 특성을 여러 방법으로 탐색해 봐요. 모든 탐색 방법을 다 하려고 하기보다는 아이가 원하는 탐색 방법을 반복적으로 진행해요. 계속 같은 놀이 행동을 하는 것 같아도 아이는 그 안에서 매번 새로운 발견을 하고 있을 거예요.

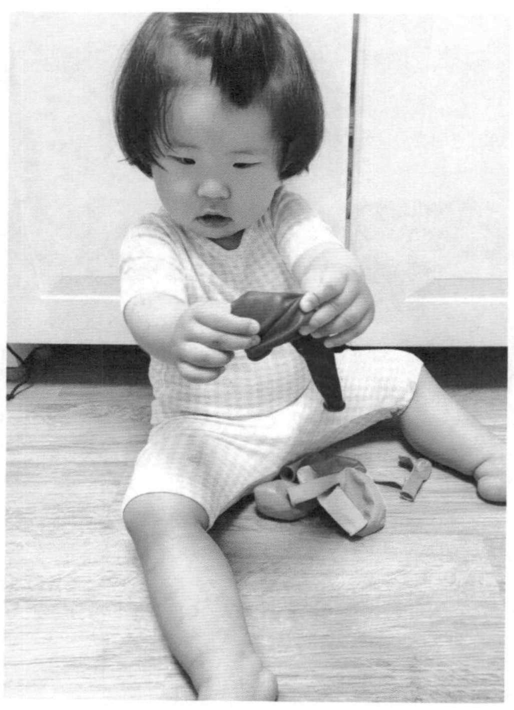

대상

13~24개월

준비물

풍선, 손 펌프

주요 경험 및 발달 효과

- 새로운 재료인 풍선에 호기심을 느껴요.
- 여러 가지 감각을 활용하여 풍선을 탐색해요.
- 풍선이 다양하게 변화하는 모습을 통해 과학적 사고를 자극해요.

이렇게 놀아요!

1. 풍선 길게 놀이기

풍선을 길게 잡아당겨 보고 줄여 보며 풍선의 특성을 탐색해요.

"OO이가 풍선을 쭉 잡아당기니까 길어졌네!", "손을 놓으면 다시 작아지네."

2. 커졌다 작아졌다 풍선의 변화 탐색하기

풍선 위에 아이 손을 대고 풍선을 불어 풍선이 점점 커지는 것을 감각적으로 느끼게 해요. 반대로 크게 분 풍선 위에 손을 대고 바람이 빠져 풍선이 점점 작아지는 것도 느끼게 해요.

"엄마가 바람을 넣었더니 풍선이 점점 커지네.", "(풍선의 바람을 빼며) 바람이 슈융~ 풍선이 점점 작아지고 있어."

3. 다양한 신체 부위로 풍선 바람 느끼기

손바닥, 발바닥, 머리카락 등 다양한 신체 부위로 풍선 바람을 느끼게 해요. 처음부터 얼굴에 바람을 쏘면 아이가 놀랄 수 있으니 손바닥, 발바닥부터 시작해요.

"간질간질, 풍선 바람이 OO이 발을 간지럽히네~!", "바람에 OO이 머리카락이 흔들흔들 움직여."

4. 풍선 로켓 날리기

바람을 넣은 풍선을 손에 쥐고 있다가 놓으면 풍선 속 바람이 빠지며 로켓처럼 슈웅 날아가요. 이리저리 재미있게 움직이는 풍선의 모습을 보며 즐거움을 느껴요.

"풍선을 슈웅 날려 볼까? 풍선 로켓 출발!", "우아~ 풍선이 날아간다!"

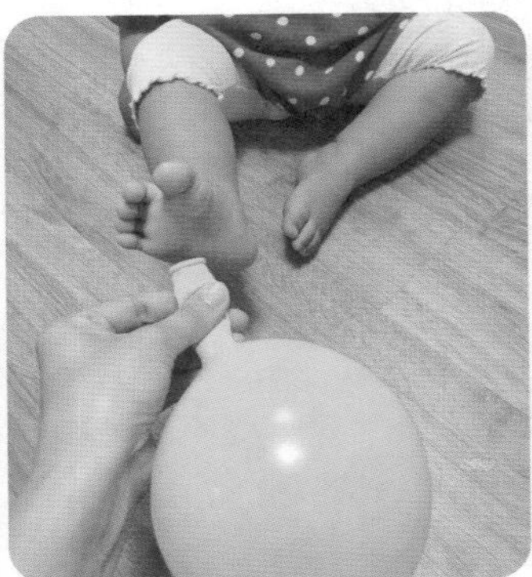

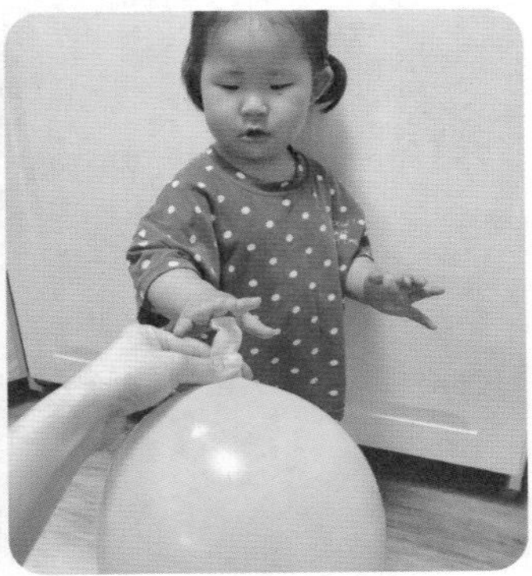

놀이팁

- 아이와 풍선 놀이를 하다 보면 부모님들은 풍선을 반복해서 불어야 하기 때문에 힘들 수 있어요. 이때를 대비하여 손 펌프를 구입해 두면 공기를 쉽게 넣을 수 있고, 아이와의 상호작용도 원활하게 할 수 있어요.

촉감 풍선

시각, 청각, 촉각 등 다양한 감각을 자극하는 촉감 풍선 놀이를 해요.

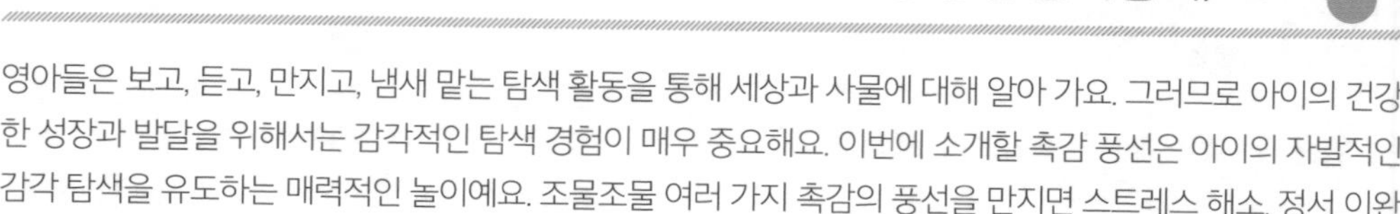

영아들은 보고, 듣고, 만지고, 냄새 맡는 탐색 활동을 통해 세상과 사물에 대해 알아 가요. 그러므로 아이의 건강한 성장과 발달을 위해서는 감각적인 탐색 경험이 매우 중요해요. 이번에 소개할 촉감 풍선은 아이의 자발적인 감각 탐색을 유도하는 매력적인 놀이예요. 조물조물 여러 가지 촉감의 풍선을 만지면 스트레스 해소, 정서 이완에도 도움이 돼요.

대상

13~24개월

준비물

풍선, 속 재료(쌀, 콩, 마카로니 등), 깔때기, 눈 스티커(또는 매직펜)

주요 경험 및 발달 효과

- 다양한 질감에 대한 감각적 경험을 즐겨요.
- 여러 가지 촉감을 경험하고 비교해요.
- 촉감을 표현하는 다양한 어휘를 듣고 말해요.

이렇게 만들어요!

1. 풍선과 속 재료를 준비해요. 속 재료는 쌀, 콩, 마카로니 등 집에 있는 재료를 활용하되, 촉감이 겹치지 않는 재료로 준비해요.
2. 깔때기를 사용하여 풍선에 속 재료를 넣어요. 아이와 함께 재료를 넣을 때는 코나 입에 넣지 않도록 잘 살펴봐요.
3. 눈 스티커를 붙이거나 매직펜으로 눈, 코, 입을 그려 주면 아이의 상상력을 자극하고 놀이의 재미를 더할 수 있어요.

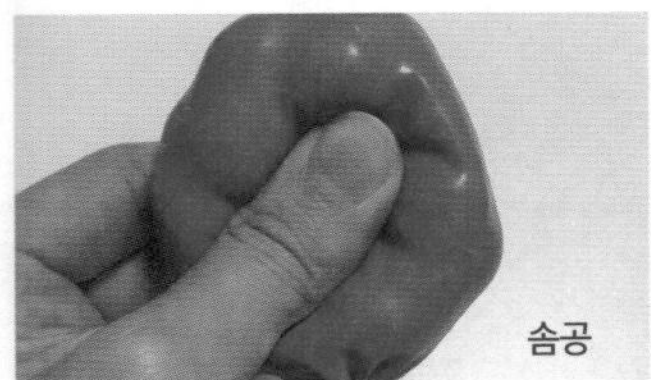
솜공

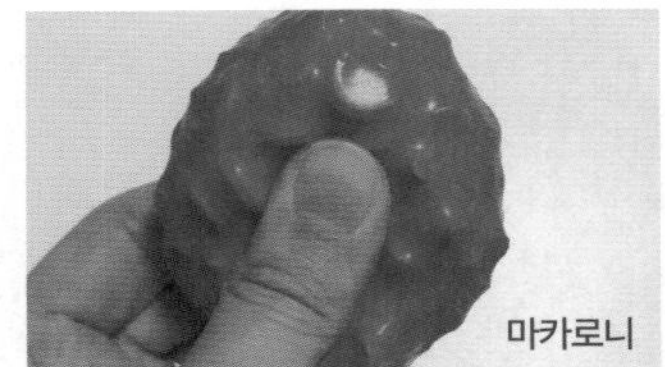
마카로니

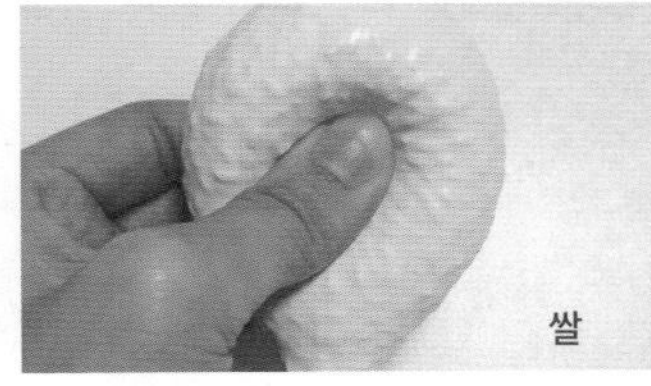
쌀

이렇게 놀아요!

1. 여러 가지 속 재료를 넣어 만든 촉감 풍선을 다양한 감각을 활용하여 탐색해요.

   "풍선을 만져 보니 느낌이 어때?", "그건 OO이가 콩을 넣은 풍선이야. 올록볼록하네."

2. 촉감 풍선을 만지고 누르며 소리를 들어 봐요. 재료에 따라 서로 다른 소리가 나요.

   "(귀에 대고 소리 들어 보기) 풍선을 누를 때마다 소리가 나네."

   "엄마가 마카로니가 들어 있는 풍선을 눌러 볼게."

   "와그작와그작 재미있는 소리가 난다~!"

3. 촉감 풍선을 꾹 눌렀을 때 튀어나오는 모양을 살펴봐요. 풍선 속 재료가 재미있는 모양으로 나타나요.

   "풍선을 꾸욱 눌렀더니 동글동글한 모양이 뿅! 하고 튀어나왔네."

4. 촉감 풍선을 바닥에 붙여 촉감 길을 만들어요. 발로 촉감 풍선을 밟으며 다양한 촉감을 느껴요.

   "멋진 풍선 길이 생겼네. 어떤 느낌인지 엄마, 아빠 손잡고 한번 걸어 볼까?"

   "OO이가 노란 풍선을 발로 꾹 밟았네. 어떤 느낌이야?"

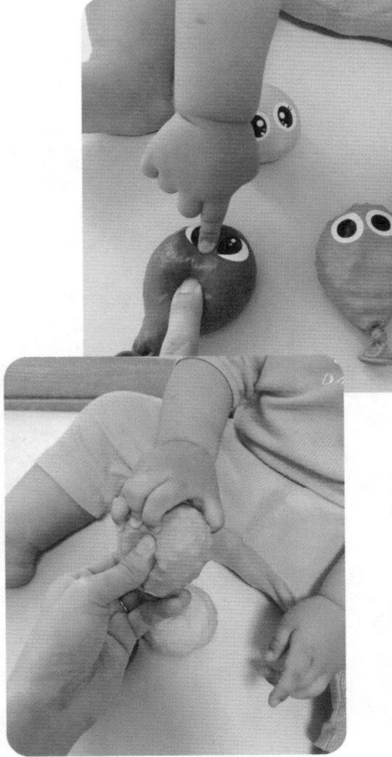

놀이팁

- 촉감 풍선은 재료에 따라 촉감과 소리, 시각적으로도 다르기 때문에 아이와 놀이하며 풍부한 의성어, 의태어를 사용하기에 좋아요. 모양, 촉감, 소리를 표현하는 다양한 어휘를 들려주며 아이의 언어 발달을 자극해요.

07

풍선 마라카스

투명 풍선으로 마라카스를 만들어 흔들어요.

어느 날 풍선을 쥐고 흔드는 또예의 모습을 보다가 '풍선 속에 재료를 넣어서 마라카스를 만들어 주면 좋아할 것 같네. 재료의 움직임을 볼 수 있도록 투명 풍선이면 더 좋겠는걸!' 하고 아이디어가 떠올라 이 놀잇감을 만들게 되었어요. 투명 풍선에 작은 재료를 넣어 주면 준비 끝! 초간단 엄마표 놀이로 추천해요.

대상

13~24개월

준비물

투명 풍선, 속 재료(곡식, 방울, 솜공, 단추 등), 깔때기

주요 경험 및 발달 효과

- 서로 다른 소리를 탐색하며 청각적 변별력을 길러요.
- 투명 풍선 속 재료의 움직임을 탐색해요.
- 풍선 마라카스를 흔들며 리듬감을 경험해요.

이렇게 만들어요!

1. 투명 풍선과 속 재료를 준비해요. 집에 있는 쌀, 콩 등의 곡식이나 방울, 솜공, 단추와 같은 작은 재료를 속 재료로 활용해요.
2. 속 재료를 풍선 안에 넣기 전에 그릇에 담아 아이가 직접 눈으로 보고 만지며 탐색할 시간을 줘요. 이때 서로 다른 생김새, 촉감, 색깔 등을 언어로 표현해요.
3. 풍선 안에 재료를 넣고 풍선을 불어요. 크기가 작은 재료는 깔때기를 사용하면 쉽게 넣을 수 있어요. 하나의 풍선에 한 가지 종류의 재료만 넣어야 서로 다른 소리를 비교할 수 있어요.

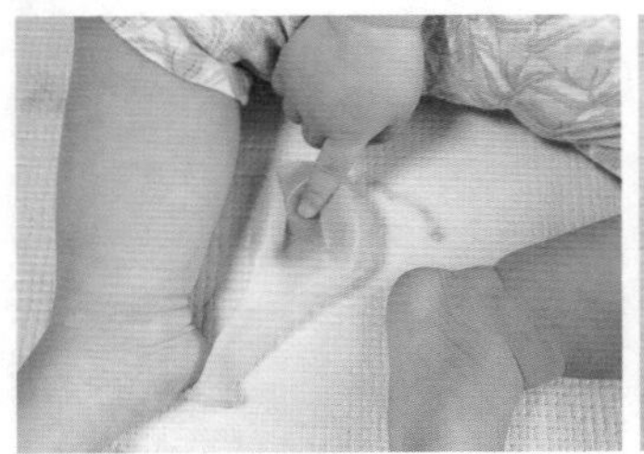

이렇게 놀아요!

1. 풍선 마라카스를 흔들어 소리를 들어 봐요. 재료에 따라 서로 다른 소리가 나요. 아이와 함께 소리를 들어 보고 각각 소리의 특색을 말로 표현해 줘요.

   "풍선에서 어떤 소리가 나는지 들어 볼까?"

   "쌀이 들어 있는 풍선을 흔들어 보니 찰랑찰랑, 꼭 비가 오는 소리처럼 들리네."

   "콩이 들어 있는 풍선을 흔들어 보니 둥둥둥, 꼭 천둥소리 같아!"

2. 풍선 마라카스 속 재료의 움직임을 살펴봐요. 통통 튕기는 모습, 빙글빙글 원을 그리며 움직이는 모습 등 재미있는 모습을 관찰할 수 있어요.

3. 아이가 좋아하는 음악을 들으며 풍선 마라카스를 자유롭게 연주해요. 느린 노래일 때는 마라카스를 천천히 흔들고, 빠른 노래일 때는 빠르게 흔들며 간단한 리듬을 경험해요.

놀이팁

- 월령이 높은 아이는 같은 색깔의 풍선에 두세 종류의 속 재료를 각각 넣어 여러 개의 마라카스를 만든 뒤 같은 소리가 나는 풍선 찾기 놀이도 할 수 있어요.

풍선 북

플라스틱 컵의 변신!
쉽고 간단하게 풍선 북을 만들어 신나게 연주해요!

아기 놀잇감 중 음률 놀잇감이 몇 개나 있나요? 다른 놀잇감들은 자연스럽게 자주 접하지만, 음률 놀잇감은 구매하거나 직접 만들지 않으면 놀이의 기회가 많지 않은 듯합니다. 그런 의미에서 이번에는 재활용품으로 집에서 쉽게 만들 수 있는 리듬 악기인 풍선 북을 소개할게요! 간단히 만들어서 재미있게 놀아요.

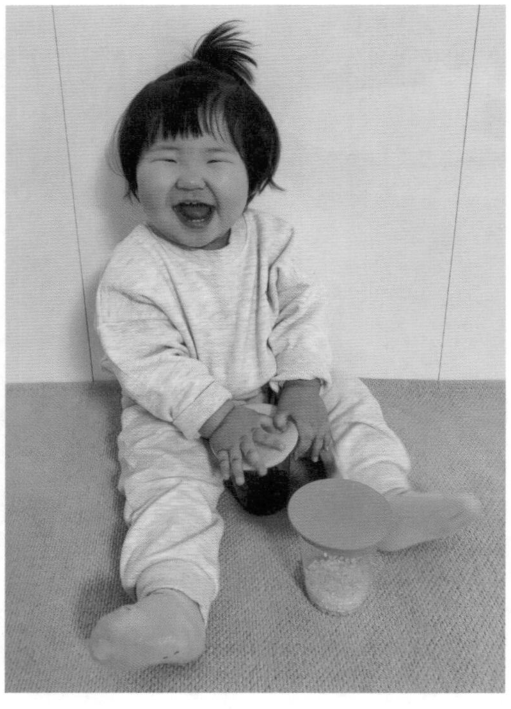

대상

13~24개월

준비물

플라스틱 컵, 풍선, 가위, 속 재료(쌀, 콩 등)

주요 경험 및 발달 효과

- 소리의 특색을 느끼고 변별해요.
- 여러 가지 방법으로 소리를 만들어 보고 리듬을 느껴요.
- 다양한 의성어를 통해 언어 발달을 도와요.

이렇게 만들어요!

1. 플라스틱 컵에 속 재료를 적당량 담아요.
2. 풍선의 기둥 부분을 가위로 자르고, 잘라 낸 풍선의 윗부분을 길게 늘여 플라스틱 컵 위를 덮어요.
3. 풍선 북에 모양 스티커를 붙이거나 그림을 그려 자유롭게 꾸며도 좋아요.

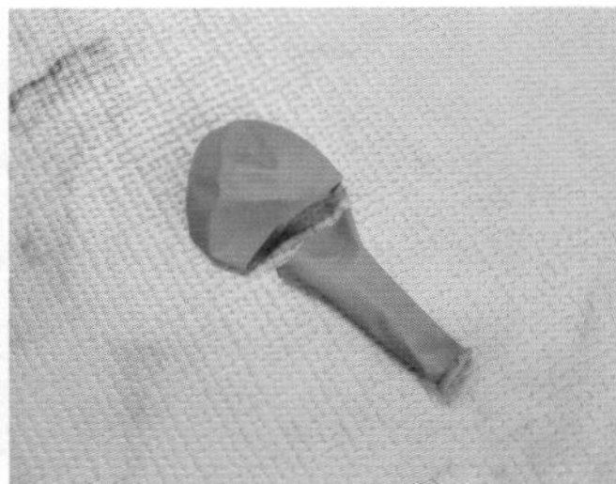

이렇게 놀아요!

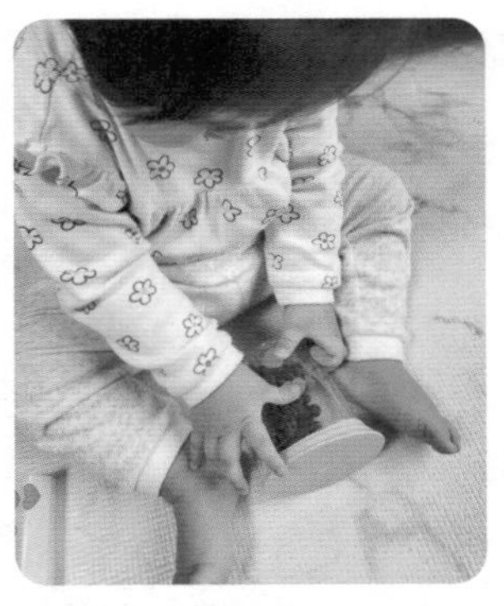
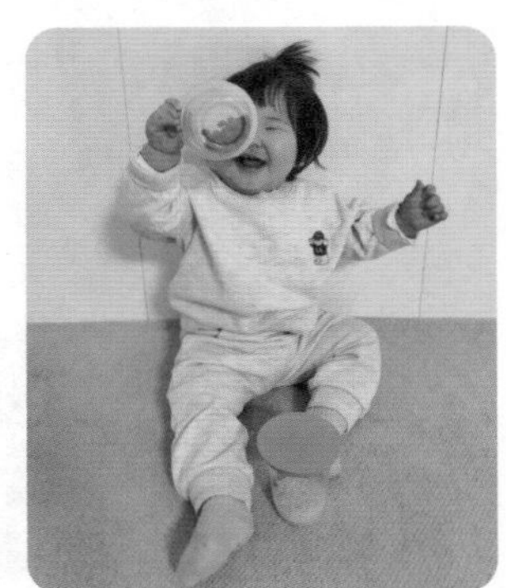

1. 새로운 놀잇감인 풍선 북을 살펴보며 탐색해요. 놀잇감을 제시하자마자 바로 흔들거나 두드리는 등 방법을 먼저 알려 주면 아이의 자유로운 탐색, 창의적인 사고를 제한할 수 있으니 주의해요.

2. 풍선 북은 속 재료에 따라 서로 다른 소리가 나요. 풍선 북 소리를 들으며 각 소리의 특색을 재미있는 의성어와 함께 언어로 표현해요.

   "(둔탁한 소리) 커~다란 코끼리가 쿵쿵! 걸어가는 것 같네."

   "(가벼운 소리) 작은 생쥐가 쌩~ 도망가는 소리 같네."

3. 풍선 북은 연주 방법에 따라 서로 다른 소리가 나요. 풍선 북을 손에 들고 흔들어 보기, 손가락이나 손바닥으로 윗부분을 쳐 보기, 바닥에 내려놓고 치기, 손에 들고 치기 등 다양한 방법으로 연주하며 소리를 비교해요.

   "풍선 북을 어떻게 연주할까?"

   "(아이의 연주 모습을 보며) OO이처럼 연주해 볼 수도 있구나!"

4. 풍선 북을 연주할 때 속에 들어 있는 재료의 움직임을 살펴봐요.

5. 아이가 좋아하는 음악에 맞춰 풍선 북을 연주해요. 경쾌하고 빠른 음악이 나올 때는 빠르게 흔들거나 세게 두드리며 연주하고, 부드럽고 조용한 음악이 나올 때는 천천히 작은 소리로 연주해요.

   "찰찰찰 빠르게 흔들어 볼까?", "(속삭이듯) 손가락을 사용해서 작게 쳐 볼까?"

풍선 커튼

알록달록한 풍선 사이를 자유롭게 움직이며 놀이해요.

풍선은 그 자체만으로도 아이들을 신나게 하는 놀잇감이에요. 알록달록한 풍선이 쪼르르 천장에 매달려 있다면? 바라보는 것만으로도 아이들의 심장이 콩닥콩닥 뛸 거예요. 풍선 커튼 놀이는 모든 영유아가 좋아하는 놀이로, 풍선 커튼의 높이를 다양하게 조절하면 다양한 신체 활동을 유도할 수 있어요.

대상

13~24개월

준비물

다양한 색깔의 풍선, 끈

주요 경험 및 발달 효과

- 다양한 높이의 풍선 커튼을 통과하며 신체 조절 능력을 길러요.
- 대근육을 활발히 움직이는 신체 놀이를 통해 즐거움을 느껴요.
- 눈과 각 신체 부위의 협응을 연습해요.

이렇게 만들어요!

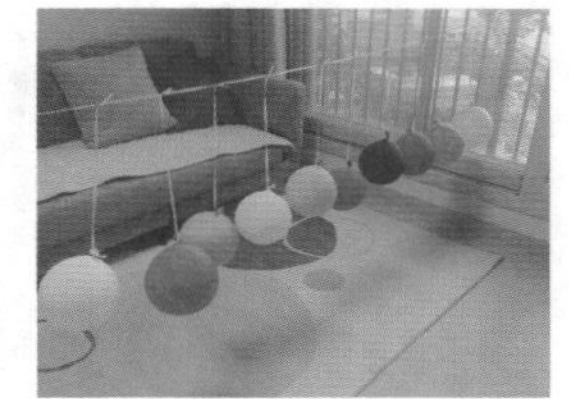

1. 창문이나 벽의 양 끝에 끈을 연결해요. 마땅한 공간이 없다면 의자를 활용해요.
2. 다양한 색깔의 풍선을 끈에 쪼르르 매달아요. 풍선의 간격이 좁으면 풍선을 묶은 줄들이 서로 엉킬 수 있으니 간격을 적당히 띄워 풍선 커튼을 만들어요.

이렇게 놀아요!

1. 아기 어깨 높이에 맞춰 풍선 커튼을 만들어요. 아이가 관심을 보이면 함께 풍선 커튼을 탐색해요.

   "우아~ 풍선이 정말 많다.", "풍선들이 끈에 대롱대롱 매달려 있네."

   "OO이가 좋아하는 노란색 풍선도 있어."

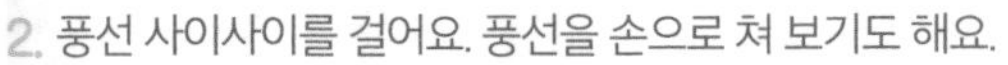

2. 풍선 사이사이를 걸어요. 풍선을 손으로 쳐 보기도 해요.

   "OO이가 노란색 풍선을 잡았네.", "풍선을 손으로 쳐 볼까? 팡팡!"

   "풍선에 OO이가 가려져서 안 보여. 까꿍! 여기 있네!"

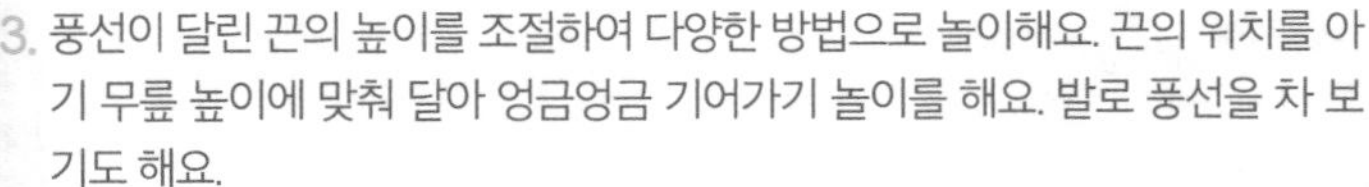

3. 풍선이 달린 끈의 높이를 조절하여 다양한 방법으로 놀이해요. 끈의 위치를 아기 무릎 높이에 맞춰 달아 엉금엉금 기어가기 놀이를 해요. 발로 풍선을 차 보기도 해요.

   "풍선 터널이 낮아졌네.", "거북이처럼 엉금엉금 기어가 볼까?"

   "OO이가 풍선을 발로 찼더니 슈웅 위로 올라가네."

4. 풍선이 달린 끈을 머리 위로 높이 달아요. 까치발을 들기도 하고, 팔을 쭉 뻗기도 하고, 제자리에서 폴짝 뛰어 보면서 풍선 치기 놀이를 해요. 아직 두 발 모아 뛰기가 어려운 아기들은 엄마, 아빠가 아기 몸을 살짝 들어 풍선을 쳐 볼 수 있도록 도와줘요.

   "풍선이 높아졌네.", "풍선을 어떻게 칠 수 있을까?", "폴짝 뛰어서 풍선을 칠 수 있구나."

놀이팁

- 끈에 매달린 풍선을 다양한 도구로 치며 놀이할 수도 있어요. 간단한 도구를 활용한 신체 활동을 경험하며 신체 협응력을 기르고 대근육 기능을 연습해요.

놀이 영역

감각, 인지

종이 접시 탐색

새로운 재료인 종이 접시에 호기심을 가지고 탐색을 즐겨요.

이번에 소개할 놀이 재료는 종이 접시예요. 동그란 모양에 다양한 색깔, 쉽게 자를 수 있으면서도 일반 도화지보다는 도톰하여 다양한 놀이나 간단한 만들기에 활용하기 좋은 재료지요. 역시나 놀이의 시작은 탐색입니다! 종이 접시의 특성을 생각하며 다양한 탐색 방법을 떠올려 봐요.

대상

13~24개월

준비물

종이 접시, 끼적이기 도구, 가위

주요 경험 및 발달 효과

- 여러 가지 방법을 자유롭게 시도하며 종이 접시의 특성을 탐색해요.
- 한 가지 재료로 다양하게 놀이하며 창의력을 키워요.

이렇게 놀아요!

1. 종이 접시 색깔 살펴보기

알록달록한 종이 접시를 보며 색 탐색을 해요. 빨강, 노랑, 초록, 파랑 등 종이 접시 색이름을 듣고 말해요.

2. 까꿍 놀이

종이 접시는 동글동글한 모양이라 가면을 만들 때도 많이 쓰여요. 동그란 접시 속으로 숨었다 나타나며 까꿍 놀이하기에도 좋아요.

3. 끼적끼적 그림 그리기

아이들이 종이를 가장 친숙하게 사용하는 때는 그림을 그릴 때예요. 종이 접시 역시 그림을 그릴 공간이 될 수 있어요. 색연필, 사인펜, 매직펜 등 여러 가지 끼적이기 도구를 사용해서 그림을 그려요.

4. 종이 접시 시소 만들기

종이 접시는 쉽게 휘어지고 구겨지며 접을 수도 있어요. 반으로 접은 종이 접시를 시소처럼 왔다 갔다 움직여 봐요. 종이 접시 시소 양 끝에 사진, 스티커를 붙이면 아이가 더 흥미를 느낄 수 있어요.

"종이 접시를 반으로 접었더니 흔들흔들~ 시소가 되었네.", "시소에 누구를 태워 줄까?"

"OO이가 사자랑 하마를 태워 주었네.", "흔들흔들 시소를 움직여 보고 있구나. 동물 친구들이 재미있겠다."

5. 종이 접시 손 인형 놀이

반으로 접은 종이 접시에 눈, 코, 입을 그리면 손 인형으로 변신! 입을 움직이며 아이와 대화도 나누고 냠냠 음식 먹여 주는 놀이도 해 봐요.

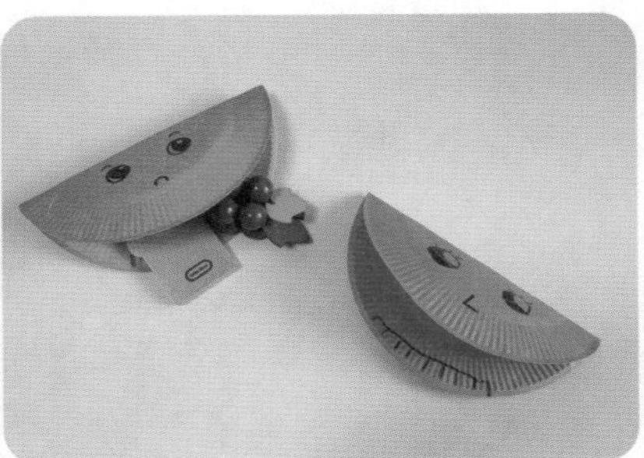

놀이팁

- 새로운 놀이 재료를 탐색할 때 원재료의 특성을 떠올리면 여러 탐색 방법을 찾을 수 있어요. 예를 들면 '종이 접시는 종이니까 가위로 자르거나 그림을 그려 볼 수 있겠다!' 하는 식으로요.

종이 접시 거북이

끈적끈적한 거북이 등 위에 다양한 재료를 붙이며 놀아요.

투명한 시트지는 영아 놀이에 활용하기 좋은 놀이 재료예요. 무엇이든 착착 잘 달라붙고 원하는 모양대로 잘라 사용할 수 있어 아주 유용하지요. 한번 붙이면 떼어 내기 어려운 다른 접착제에 비해 자유롭게 붙였다 떼어 냈다 계속 반복하여 놀이할 수 있어 결과물에 대한 부담 없이 놀이 과정을 즐길 수 있다는 장점이 있답니다.

대상

13~24개월

준비물

초록색 종이 접시, 시트지, 가위, 붙이기 재료(빨대, 솜공, 수수깡, 병뚜껑 등)

주요 경험 및 발달 효과

- 끈적끈적한 시트지의 촉감을 느껴요.
- 여러 가지 재료의 특성을 탐색해요.
- 다양한 재료를 뗐다 붙였다 반복하며 소근육 조절 능력을 길러요.

이렇게 만들어요!

1. 종이 접시의 가운데 부분을 동그랗게 잘라 내요.
2. 시트지의 끈적한 면이 위를 향하도록 하여 종이 접시에 붙여요.
3. 잘라 낸 종이 접시 자투리로 거북이의 머리, 다리, 꼬리를 만들어 붙이면 거북이 완성!

이렇게 놀아요!

1. 종이 접시 거북이의 끈적한 면을 만지며 새로운 촉감을 탐색해요. 아이의 표정이나 행동 등을 언어로 표현해 주며 탐색을 격려해요.

   "거북이 등이 끈적끈적하네."

   "OO이 손가락이 딱 붙어 버렸네."

   "끈적끈적한 느낌이 재미있구나!"

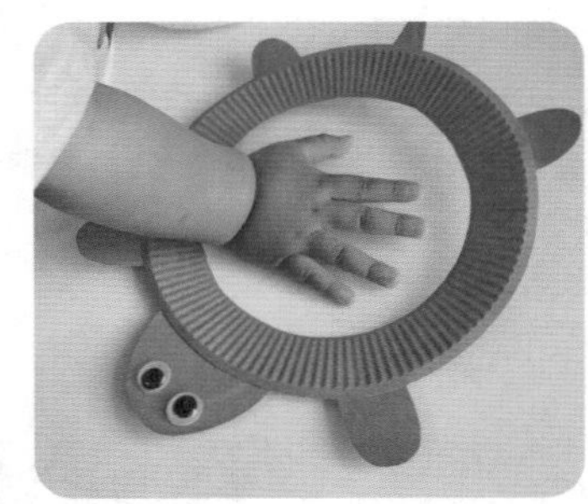

2. 새로운 재료를 관찰하고 탐색하는 시간은 언제나 필요해요. 준비한 붙이기 재료를 아이 스스로 만지며 살펴볼 수 있도록 해요. 재료를 탐색하는 아이의 모습을 옆에서 지켜보며 재료의 특징에 대해 이야기해요.

   "동글동글 솜공이네."

   "손에 꼭 쥐니 느낌이 어때?"

   "폭신폭신 부드럽겠다!"

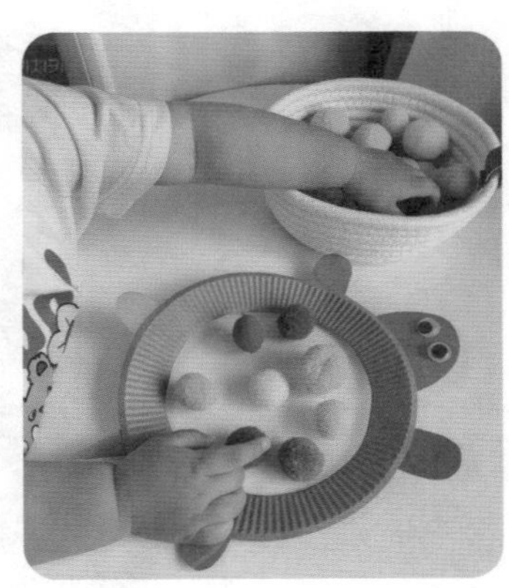

3. 끈적끈적한 거북이 등 위에 다양한 재료를 붙여 꾸며요. 끈적끈적한 시트지에 붙이기 재료를 반복적으로 붙이고 떼며 손가락과 손의 힘을 사용해요.

   "거북이 등에 무엇을 붙여 꾸며 볼까?"

   "거북이 등에 병뚜껑을 붙여 멋진 모양을 만들었네."

놀이팁

- 미리 준비한 재료 외에 끈적끈적한 시트지에 붙는 또 다른 재료를 찾아봐요. 블록, 음식 모형, 소꿉놀이 숟가락 등 어떤 것이든 좋아요. 여러 가지 재료를 자유롭게 붙여 상상력과 창의적 표현 능력을 길러요.

솜공 탐색

동글동글하고 부들부들한 솜공을 탐색해요.

솜공은 뽕뽕이, 폼폼이 등 다양한 이름으로 불리지요. 여러 가지 색깔에 다양한 크기가 있어 색깔을 분류하는 놀이나 소근육 놀이에 자주 사용돼요. 폭신한 느낌이라 아이의 촉감을 자극하는 것은 물론, 던져도 위험하지 않아 아기 놀이에 활용하기 좋아요. 이 시기 아이들은 솜공을 입에 넣을 위험이 있기 때문에 4~5cm 정도 크기의 솜공을 사용하여 놀이하는 것을 추천해요.

대상

13~24개월

준비물

다양한 색깔과 크기의 솜공, 바구니, 그릇, 달걀판

주요 경험 및 발달 효과

- 솜공의 색, 크기, 모양, 질감 등을 자유롭게 탐색해요.
- 솜공을 탐색하며 눈과 손의 협응력을 키워요.
- 솜공을 반복하여 담고 쏟으며 사물의 크기와 공간 사이의 관계를 탐색해요.

이렇게 놀아요!

1. 다양한 솜공의 특성 탐색하기

알록달록한 솜공의 색깔과 보들보들한 촉감을 탐색해요. 다양한 색이름을 말해 보고, 조물조물 솜공을 만지며 어떤 느낌인지 이야기를 나누어요.

"(모양 탐색) 동글동글 동그라미 모양이네."

"데굴데굴 굴릴 수도 있구나."

"(색깔 탐색) 여러 가지 색깔의 솜공이 많이 있네."

"이건 노란색 솜공이야. 바나나랑 색깔이 똑같지?"

"(아기 발바닥에 갖다 대며) 보들보들 부드럽지?"

2. 솜공 담고 쏟기

다양한 크기의 바구니, 그릇에 솜공을 담고 쏟아요. 반복적으로 담고 쏟는 행동을 통해 공간을 탐색하고 숙달감을 느껴요.

"그릇에 솜공을 가득 담았네."

"그릇을 뒤집으니 솜공이 다 쏟아졌다."

"머리 위로 와르르~ 재미있나 보구나!"

3. 솜공 속에 숨은 놀잇감 찾기

솜공 속에 꼭꼭 숨은 놀잇감을 찾아봐요.

"꼭꼭 숨어라. 머리카락 보일라~!"

"어! 여기 찾았다!"

4. 달걀판 안에 솜공 넣기

달걀판에 솜공을 넣어요. 솜공을 한 칸에 하나씩 넣으며 일대일 대응을 경험할 수 있어요.

"이건 뭐지? 구멍이 많이 있네."

"(달걀판에 솜공을 넣으며) 솜공이 데굴데굴 굴러서 구멍으로 쏙! 하고 들어갔네."

"OO이가 초록색 솜공을 넣었어!"

"우아~ 구멍이 다 찼네."

놀이팁

- 주방 도구와 솜공을 가지고 요리하는 흉내를 내 보며 음식을 만들어 먹는 놀이로 연계할 수 있어요.

놀이 영역

인지, 언어

솜공 색 분류

빨간색, 노란색, 파란색 솜공을 같은 색 스티커가 붙어 있는 곳에 쏙쏙 넣어요!

평소에 상자, 플라스틱병, 물티슈 뚜껑 등 재활용품을 활용하여 또예 놀잇감을 자주 만드는데요. 달걀판은 2구, 3구 같은 작은 크기부터 15구, 30구까지 여러 가지 크기가 있는 데다가 가위로도 쉽게 잘려 원하는 모양으로 자를 수도 있고, 색도 칠할 수 있어 다양하게 활용하기 좋은 재료예요. 그중 가장 좋은 조합인 달걀판과 솜공 놀이를 소개할게요!

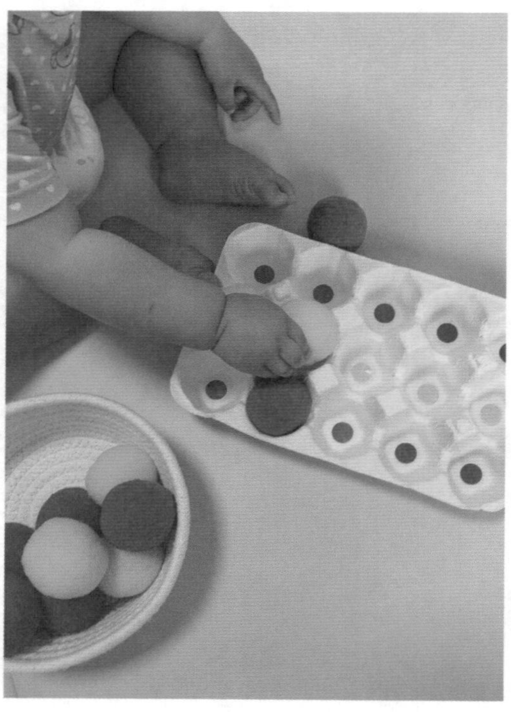

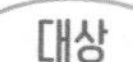

대상

13~24개월

준비물

달걀판, 색깔 스티커, 여러 색깔 솜공, 국자, 집게

주요 경험 및 발달 효과

- 여러 가지 색에 관심을 가지고 구분해요.
- 다양한 색이름을 듣고 말해요.
- 소근육을 조절하여 달걀판에 솜공을 넣고 빼요.

이렇게 놀아요!

1. 달걀판과 솜공을 살펴보고 달걀판 속에 솜공을 자유롭게 넣어요. 한 칸에 하나씩 솜공을 넣으며 일대일 대응을 경험해요.

   "이게 뭘까? 꼬끼오~ 닭이 낳은 달걀이 들어 있는 달걀판이야."

   "동글동글 솜공 달걀을 넣어 주었구나."

   "달걀판에 솜공이 하나씩 쏙쏙 들어갔네."

2. 달걀판에 색깔 스티커를 붙여요. 놀이의 난이도 조절을 위해 처음에는 같은 줄에는 같은 색 스티커를 붙이는 것이 좋아요. 색깔에 맞춰 솜공을 넣는 것이 익숙해지면 색깔 스티커를 무작위로 붙여 놀이해요.

3. 달걀판 속 스티커 색깔에 맞춰 색깔 솜공을 넣어요. 자연스럽게 색의 명칭을 반복하여 듣고 인지하는 기회가 될 수 있어요.

   "여기는 무슨 색 스티커가 붙어 있지?"

   "노란색 솜공을 어디에 넣어 볼까?"

   "노란색 스티커가 붙은 자리에 노란색 솜공을 넣었구나!"

4. 국자나 집게 등의 도구를 사용해서 색깔 솜공을 넣어 봐요.

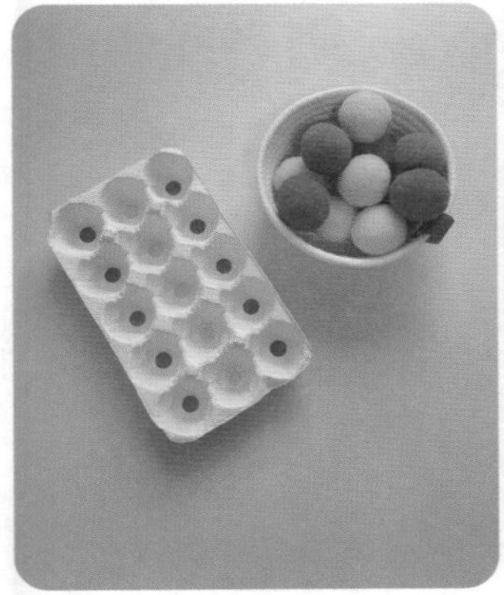
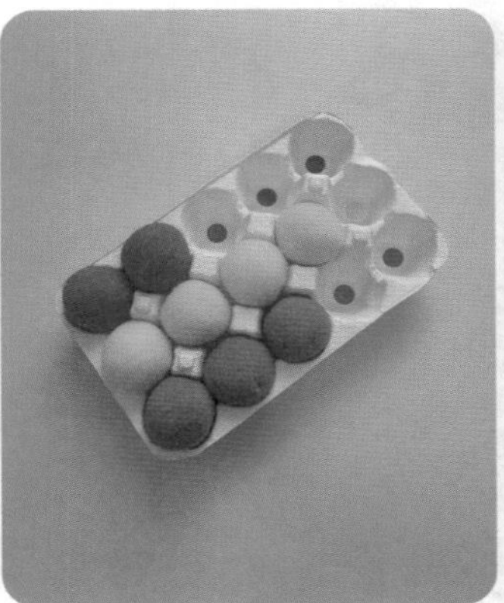
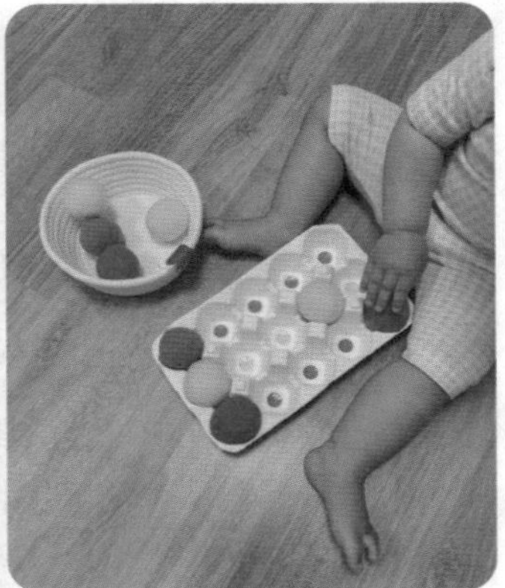

놀이팁

- 달걀판이 없다면 얼음 틀을 활용할 수 있어요.
- 놀이의 과정을 하루에, 한 번에 다 하지 않아도 괜찮아요. 오늘은 달걀판과 솜공을 자유롭게 탐색했다면, 내일은 스티커를 붙여 색 분류를 하는 식으로 아이의 관심과 흥미에 따라 놀이해요.

오볼 솜공 놀이

크고 작은 구멍이 뚫려 있는 오볼에 솜공을 넣고 빼며 놀이해요.

오볼은 '아기 첫 공'으로 불리는데요. 여러 개의 구멍이 뚫려 있어 아기들이 손가락을 넣어 쉽게 잡을 수 있고, 가볍고 유연해서 안전하게 놀이할 수 있어요. 오볼은 알록달록 여러 가지 색깔로 된 것, 딸랑이처럼 소리가 나는 것, 자동차나 동물 모양으로 된 것 등 모양이 다양해서 선택의 폭도 넓답니다. 하나쯤 구비해 두면 다양한 놀이에 활용할 수 있어요.

대상

13~24개월

준비물

오볼, 다양한 크기의 솜공

주요 경험 및 발달 효과

- 눈과 손의 협응, 소근육 조절 능력을 키워요.
- 대근육의 움직임을 조절하여 오볼 속 솜공을 꺼내요.
- 놀이를 통해 크고 작음, 안과 밖, 있고 없음 등의 개념을 경험해요.

이렇게 놀아요!

1. 오볼의 모양, 색깔, 소리, 구멍 등의 여러 가지 특성 등을 자유롭게 탐색해요.

   "공에 구멍이 뚫려 있네?"

   "구멍에 손가락을 넣으니 쏙 들어가네."

   "데굴데굴 엄마한테 공이 굴러왔어!"

2. 다양한 색깔과 크기의 솜공을 살펴보고 오볼 구멍에 솜공을 넣어요. 아기가 어려워하면 처음에는 오볼 구멍 위에 솜공을 올려 두고 손가락으로 눌러 넣는 것부터 시작해요.

   "노란 솜공이 구멍 안으로 쏘옥~!"

   "큰 공 안으로 들어갔네."

   "OO이가 손가락으로 꾸욱 눌렀더니 솜공이 들어갔어."

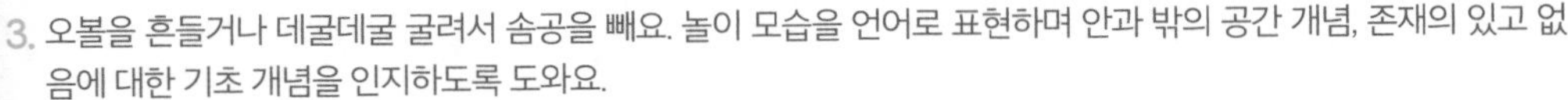

3. 오볼을 흔들거나 데굴데굴 굴려서 솜공을 빼요. 놀이 모습을 언어로 표현하며 안과 밖의 공간 개념, 존재의 있고 없음에 대한 기초 개념을 인지하도록 도와요.

   "공 안에 솜공이 가득 찼네.", "우아~ 공을 흔드니까 솜공이 밖으로 나왔어!"

   "공을 데굴데굴 굴려도 솜공이 나오네?", "이제 공이 하나도 없다!"

4. 오볼 속에 솜공을 넣고 빼기를 자유롭게 반복하여 놀이해요.

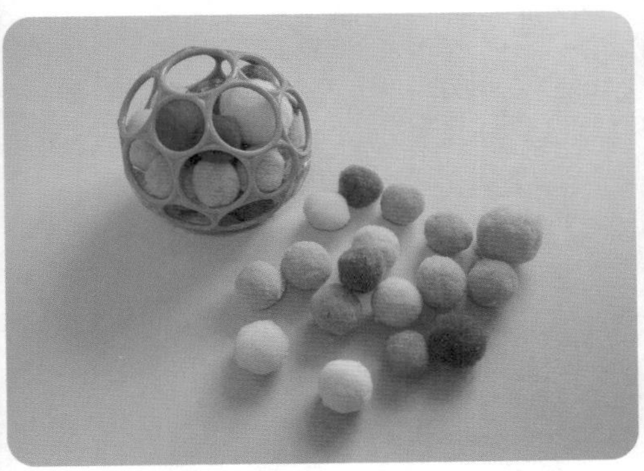

놀이팁

- 오볼 속에 넣을 솜공은 구멍의 크기와 비슷한 크기로 준비해요. 그래야 아기의 작은 힘으로도 솜공이 쏙 들어가고 밖으로 쉽게 빠지지 않아요.

빨대 탐색

빨대를 여러 가지 방법으로 탐색해요.

빨대는 색깔, 굵기, 길이, 무늬가 다양해서 여러 가지 놀이에 활용하기 좋은 재료예요. 이번 빨대 탐색은 늘 사용하던 빨대지만 많은 양의 빨대를 자유롭게 만져 볼 기회가 없던 아이들에게 흥미로운 시간이 될 거예요. 빨대 구멍에 손가락을 쏙 넣어 보기, 드르륵드르륵 빨대를 긁으며 소리 들어 보기 등 다양한 방법으로 즐겨요.

대상

13~24개월

준비물

빨대

주요 경험 및 발달 효과

- 빨대의 특성을 감각적으로 탐색해요.
- 색, 모양, 촉감 등에 대한 새로운 언어 표현을 듣고 말해요.
- 빨대를 쥐고 늘였다 줄였다, 구부렸다 폈다 하며 소근육을 다양하게 움직여요.

이렇게 놀아요!

1. 빨대 색깔, 모양, 촉감 탐색하기

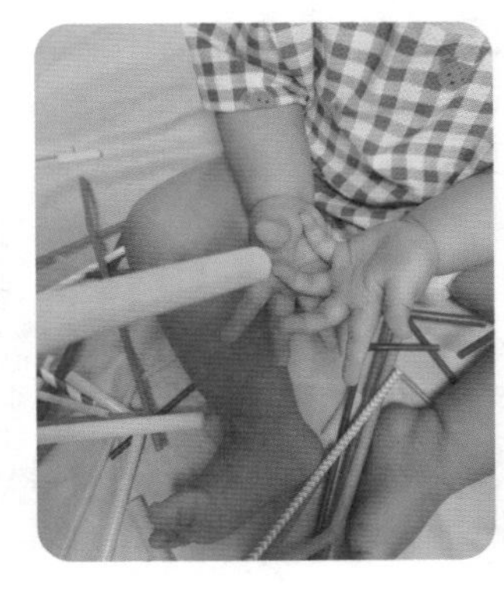

빨대를 사용한 경험을 떠올리며 아이의 관심과 호기심을 유도해요. 빨대의 색깔, 모양, 촉감에 대해 이야기를 나누어요.

"OO이가 우유 마실 때 사용하는 빨대네."

"빨대는 길쭉길쭉 기다란 모양이지."

"매끈매끈한 촉감이다."

2. 빨대 구멍 탐색하기

빨대의 구멍을 자유롭게 살펴보며 이야기를 나누어요. 굵기가 서로 다른 빨대를 준비하여 구멍의 크기를 비교하는 것도 재미있어요.

"빨대에 동그란 구멍이 있네."

"구멍에 손가락이 쏙 들어갔네?"

"OO이가 얇은 빨대 위에 굵은 빨대를 쏙! 끼웠네."

3. 빨대 소리 탐색하기

울퉁불퉁 빨대의 주름을 살펴보고 구부러지는 빨대의 특성을 탐색해요. 빨대의 주름 부분을 늘였다 줄였다, 구부렸다 폈다 반복하며 소리도 들어 봐요. 여러 개의 빨대를 바닥에 나란히 두고 손톱으로 긁을 때 나는 드르륵 소리도 재미있어요.

"(빨대 주름을 가리키며) 빨대에 주름이 있네. 한번 구부려 볼까?"

"길어졌다, 짧아졌다~!"

"(빨대를 손톱으로 긁으며) 드르륵드르륵 재미있는 소리가 나지?"

4. 빨대 바람 불기

빨대로 다양한 신체 부위를 향해 바람을 불어요. 바람을 세게 불기도 하고, 약하게 불기도 하며 세기를 조절해요. 촉감을 활용한 감각적 경험을 통해 아이의 감각 능력을 키울 수 있어요.

"빨대에서 후~ 바람이 나오네."

"머리카락이 간질간질~ 발바닥이 간질간질~!"

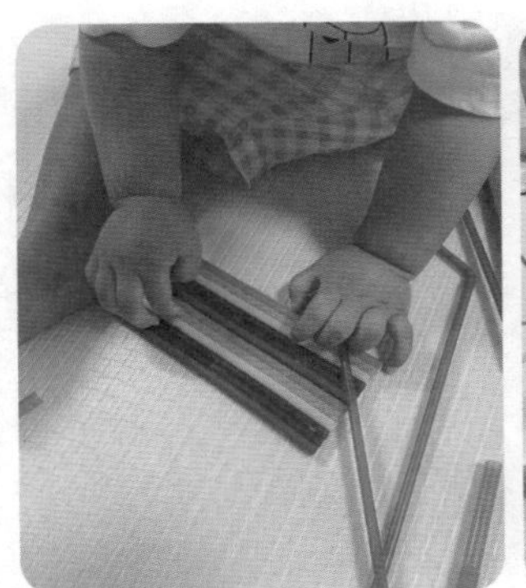

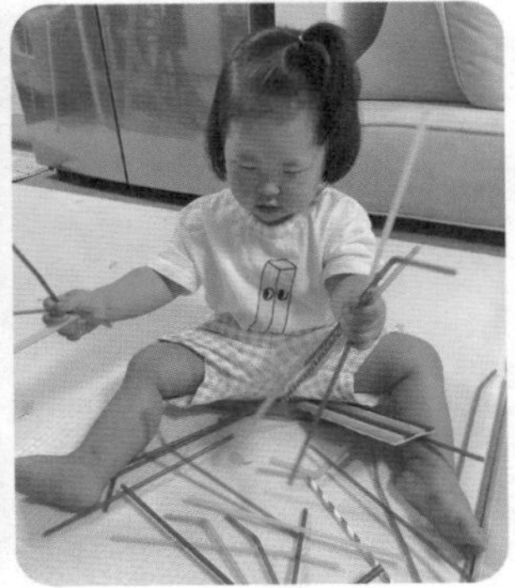

종이컵 빨대 꽂기

종이컵과 같은 색의 빨대를 구멍에 쏙 넣어 보는 놀이예요.

여러 가지 색깔에 관심을 갖기 시작한 우리 아기! 아기들이 서로 다른 색을 이해하고 색에 따라 대상을 분류할 수 있으려면 15~18개월 정도는 되어야 해요. 이번 놀이는 색에 대한 아이의 시각적 변별력을 기르고 세밀한 소근육의 발달을 자극할 수 있는 놀이예요. 작은 구멍에 빨대를 쏙쏙 넣으며 성취감도 느낄 수 있답니다.

대상

13~24개월

준비물

색깔 종이컵(빨강, 노랑, 초록, 파랑), 조각 빨대(빨강, 노랑, 초록, 파랑), 가위, 송곳, 눈 스티커(또는 사인펜)

주요 경험 및 발달 효과

- 여러 가지 색에 대한 감각을 길러요.
- 빨대의 색깔을 변별하여 분류해요.
- 구멍에 빨대를 넣으며 소근육 조절 능력을 키워요.

이렇게 만들어요!

1. 색 빨대를 미리 잘라 조각 빨대를 준비해요. 아이의 소근육 발달 정도에 따라 안전 가위 사용이 가능한 경우 아이와 함께 잘라도 좋아요. 가위로 빨대를 자를 때의 느낌, 가위로 자른 빨대가 튕겨 나가는 모습 등에 대해 이야기를 나누어요.
2. 색깔 종이컵에 송곳을 사용하여 다섯 개 정도의 구멍을 뚫어요. 놀기 전에 빨대를 미리 통과시켜 보고 구멍의 크기가 적당한지 확인해요.

이렇게 놀아요!

1. 색깔 종이컵에 조각 빨대를 자유롭게 담고 쏟아요. 이 시기의 아이들은 담고 쏟고, 꺼내고 다시 넣는 놀이를 좋아해요. 이런 놀이를 반복적으로 하며 숙달감을 느끼고 사물의 크기, 모양, 무게와 같은 물리적 특성을 경험해요.
2. 구멍이 뚫린 종이컵을 아이 스스로 탐색해요. 아이는 구멍을 만지고, 구멍을 통해 주변을 살펴보며 자유롭게 종이컵의 구멍을 살펴요.

   "종이컵에 작은 구멍이 뽕뽕 나 있네?"

3. 구멍 속에 빨대를 넣어요. 작은 구멍에 빨대를 쏙쏙 꽂아 넣으며 눈과 손의 협응력을 길러요.

   "종이컵의 구멍 안에 빨대를 넣어 볼까?"

   "빨대가 쏙! 하고 들어갔네?"

   "(종이컵을 뒤집으며) 빨대가 여기에 숨어 있었네!"

4. 색깔 종이컵에 같은 색의 빨대를 넣어요. 눈 스티커를 붙이거나 표정을 그려 주면 놀이에 대한 흥미와 호기심을 높이고 상상력을 자극할 수 있어요. 빨대 머리카락 만들어 주기, 빨대 음식 먹여 주기 놀이 등으로 자유롭게 상상하여 놀이해요.

   "꼬르륵~ 종이컵 친구가 배고픈가 봐. 냠냠 빨대를 먹여 줄까?"

   "뾰족뾰족 빨대 머리카락이 생겼네."

놀이팁

- 랩을 씌운 용기에 빨대 꽂기, 빨대 조각 아래 놀잇감 숨기고 찾기, 우산 위에 빨대 조각을 쏟으며 빨대 비 놀이하기 등 다양한 놀이를 해 봐요.

17

빨대 고슴도치

빨대를 꽂아 뾰족뾰족 고슴도치의 가시를 만들어요.

이번 놀이에 사용하는 점토, 빨대, 리가토니는 질감이 모두 달라요. 굵은 빨대와 파스타 면의 한 종류인 리가토니는 겉보기엔 비슷해 보이지만 빨대는 매끈매끈, 리가토니는 오돌토돌해서 촉감도 다르고 단단함의 정도도 다르답니다. 이렇게 다양한 특성의 재료를 함께 가지고 놀이하는 것은 감각 발달을 자극하고 창의성 발달에도 도움이 돼요.

대상

13~24개월

준비물

점토, 가는 빨대, 굵은 빨대, 리가토니(파스타 면)

주요 경험 및 발달 효과

- 점토, 빨대, 리가토니의 서로 다른 특성을 감각적으로 경험해요.
- 말랑말랑한 점토를 주무르고 누르며 정서적 안정감을 느껴요.
- 점토에 빨대, 리가토니를 자유롭게 꽂으며 눈과 손의 협응력을 키워요.

이렇게 놀아요!

1. 점토를 만지며 촉감 느끼기, 손가락으로 누르기, 발로 밟기, 동글동글한 모양 만들기, 손바닥으로 꾹 눌러 납작하게 만들기, 점토를 길게 만들어 점토 칼로 자르기, 찍기 틀로 찍어 보기 등 점토를 다양한 방법으로 탐색해요.

2. 모두 구멍이 뻥! 뚫려 있는 가는 빨대, 굵은 빨대, 리가토니를 살펴봐요. 구멍을 통해 주변을 살펴보고 구멍에 손가락을 끼워 보기도 하며 자유롭게 재료를 탐색해요.

3. 납작한 점토 위에 빨대와 리가토니를 자유롭게 꽂아요. 빨대를 꽂았던 자리에 어떤 자국이 남았는지도 살펴봐요.

   "빨대를 많이 꽂았네.", "빨대가 있던 자리에 동그란 자국이 생겼구나!"

4. 동글동글 타원형 점토에 눈알을 붙여 고슴도치를 만들어요. 고슴도치의 생김새를 떠올리며 얇은 빨대로 뾰족뾰족 가시를 표현해요.

   "고슴도치는 어떻게 생겼지?", "고슴도치 등에 뾰족뾰족 가시가 있어! 가시가 고슴도치를 지켜 준대."

5. 고슴도치의 뾰족뾰족 가시에 굵은 빨대, 파스타 면을 꽂아 자유롭게 꾸며요.

   "OO이가 고슴도치 가시를 만들어 줘 볼까?", "멋진 가시가 생겼네. 고슴도치가 OO이한테 '고마워!' 하고 인사하네."

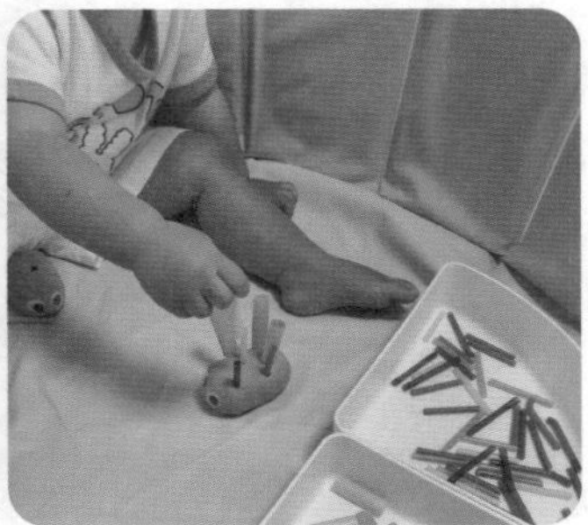

놀이팁

- 놀이에 사용한 리가토니는 속이 빈 튜브형의 파스타로, 튜브 끝이 사선이 아니라 직각으로 잘려 있어요. 리가토니는 굵어서 빨대 놀이에 함께 활용하기 좋아요.

빨대 비닐봉지 인형

바스락바스락 비닐봉지와 알록달록한 빨대로 인형을 만들어 놀아요.

비닐봉지는 어린 영아 시기부터 감각 놀이에 사용하기 좋은 재료예요. 무엇보다 재료 준비가 간편하고 바스락거리는 소리, 미끌미끌한 촉감, 모양이 쉽게 변하는 특성 등 재미있는 요소가 많지요. 투명한 비닐봉지 안에 알록달록한 빨대까지 넣으면 시각적으로도 매력적인 빨대 비닐봉지 인형이 뚝딱! 완성된답니다.

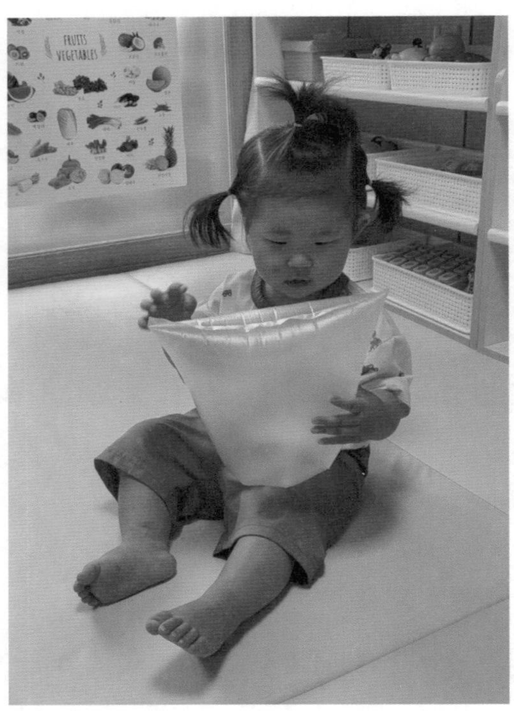

대상

13~24개월

준비물

비닐봉지, 빨대 조각, 끼적이기 도구 및 스티커

주요 경험 및 발달 효과

- 다양한 감각 기관을 활용하여 비닐봉지를 탐색해요.
- 자연스럽게 신체를 움직이고 즐기며 신체 발달을 촉진해요.
- 빨대 비닐봉지 인형을 노래에 맞춰 흔들며 리듬을 느껴 봐요.

이렇게 놀아요!

1. 비닐봉지 촉감 느끼기, 비닐봉지를 눈앞에 대고 주변 살펴보기, 까꿍 놀이, 비닐봉지 구기기, 비벼서 소리 듣기, 비닐봉지에 바람 넣어 공놀이하기 등 다양한 방법으로 비닐을 탐색해요.

   "비닐봉지는 투명해서 OO이 얼굴이 잘 보이네."

   "비닐봉지를 구기니까 어떤 소리가 나지? 부스럭부스럭 재미있는 소리가 나네."

   "비닐봉지에 바람을 넣었더니 꼭 풍선같이 되었어."

   "비닐봉지 풍선을 손으로 툭툭 쳐 볼까?"

   "비닐봉지 풍선을 발로 뻥! 차 보자."

2. 여러 색깔의 빨대 조각을 비닐봉지 안에 넣어요. 빨대 조각을 넣으며 눈과 손의 협응력을 길러요. 월령이 어린 경우 아이가 좋아하는 그림을 엄마가 그려 주고, 가능하다면 함께 그림을 그리거나 자유롭게 스티커를 붙여 비닐봉지를 꾸며요.

3. 비닐봉지에 바람을 넣고 꽉 묶어요. 빨대 비닐봉지 인형을 흔들며 빨대 조각의 움직임, 소리를 탐색해요. 아이가 좋아하는 노래에 맞춰 빨대 비닐봉지 인형을 흔들며 신체를 자유롭게 움직여요.

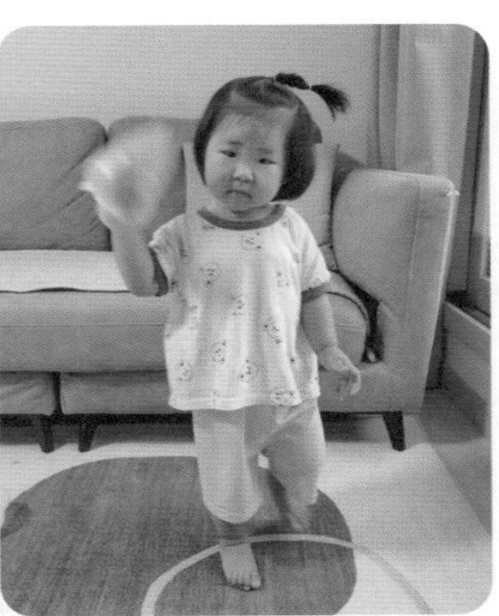

놀이팁

- 큰 비닐을 활용하여 비닐 인형을 만들면 아이들이 좋아하는 신체 놀잇감이 돼요. 큰 비닐을 허공에 대고 좌우로 흔들면 바람을 쉽게 넣을 수 있어요. 큰 비닐 풍선을 손으로 치고 발로 차며 자유롭게 신체 놀이를 해 봐요! 비닐의 크기만큼 아이들의 동작도 커지고 웃음소리도 커질 거예요.

색종이 탐색

아기의 감각을 자극하는 다양한 색종이 탐색 방법을 소개해요!

색종이는 만들기 재료로 자주 사용하는 놀잇감이에요. 무엇보다 아이들이 좋아하고 구하기도 쉬우며, 요모조모 다양하게 활용하기 좋다 보니 우리에게 가장 친근한 재료가 된 것이 아닌가 싶어요. 놀이의 시작은 역시 탐색! 알록달록한 색깔, 종이로 된 색종이의 특성을 생각하며 다양한 탐색 방법을 떠올려 봐요.

대상

13~24개월

준비물

색종이

주요 경험 및 발달 효과

- 색종이의 특성을 능동적으로 탐색해요.
- 알록달록한 색종이를 탐색하며 색 인지, 색 변별력을 길러요.
- 색종이 구기기, 던지기, 접기 등을 통해 대·소근육 조절 능력을 길러요.

이렇게 놀아요!

1. 색종이의 다양한 색깔 살펴보기

여러 색깔의 색종이를 탐색해요. 다양한 색깔을 경험하며 색의 차이를 인지하고 변별해요.

2. 색종이 소리 듣기

색종이를 펄럭펄럭 흔들어 보고 구겨도 보며 소리를 들어요.

"색종이를 펄럭펄럭 흔들어 볼까?"

"색종이를 구길 때는 어떤 소리가 날까?"

3. 색종이 공 만들기

색종이를 구겨 공 모양을 만들어요. 네모난 종이를 다양한 모양, 크기로 변형시키는 경험을 통해 관찰력을 키워요.

"색종이를 구겨 볼까? 꼭 공 모양 같네."

"색종이 공을 던져 볼까?"

4. 색종이 접기

색종이를 접어 크기가 작아지게 해 보고 모양도 바꿔 봐요.

"색종이를 접어 볼까? 색종이가 작아졌네!"

"네모난 색종이를 이렇게 접었더니 세모 모양이 되었네."

"오잉! 펼쳤더니 다시 네모 모양이 되었네!"

5. 색종이 찢기

색종이의 끝부분을 조금씩 찢어서 주면 아이 스스로 찢어 볼 수 있어요.

"색종이를 쭉쭉 찢어 볼까?"

"색종이를 아주 작게 찢었네."

놀이팁

- 여러 색깔의 색종이를 탐색하면서 주변에 같은 색 놀잇감이나 물건을 찾아봐요. 집 안 곳곳에 숨어 있는 같은 색깔의 사물을 찾아보며 관찰력을 길러요.

색종이 조각 놀이

여러 색깔의 색종이 조각으로 놀이해요.

간단한 재료, 간단한 준비로 아기의 대·소근육을 자극할 수 있는 색종이 놀이를 소개할게요. 준비물은 색종이와 쉬운 정리를 위한 놀이 매트! 색종이 조각을 작게 찢으며 소근육 조절 능력을 기르고 색종이 조각을 마음껏 날리고 잡아 보며 대·소근육을 활발히 움직여요. 알록달록한 꽃가루가 날리는 모습을 보며 색채 감수성, 심미감도 기를 수 있어요.

대상

13~24개월

준비물

색종이, 놀이 매트

주요 경험 및 발달 효과

- 색종이 조각으로 놀이하며 대·소근육을 조절해요.
- 여러 가지 색의 색종이로 놀이하며 색 인지 능력이 발달해요.
- 색종이를 찢어 보고 날려 보며 부정적인 감정을 해소해요.
- 색종이 조각이 날리는 모습을 보며 즐거움을 느껴요.

이렇게 놀아요!

1. 여러 색깔의 색종이를 탐색해요.

"여러 가지 색의 색종이가 있네."

"OO이는 초록색 종이를 잡았네."

2. 색종이를 자유롭게 찢으며 색종이 조각을 만들어요. 색종이 끝을 살짝 찢어 아이가 스스로 찢을 수 있도록 해요. 색종이를 찢을 때 다양한 의성어, 의태어를 들려주면 더욱 좋아요.

"색종이를 쭈욱쭈욱 길게 길게 찢어 볼까?"

"OO이가 색종이를 아주 작게 찢었네."

3. 색종이 조각을 속이 보이는 통 안에 담고 쏟아 봐요. 색종이 조각을 통에 넣고 흔들며 움직임을 살펴봐요.

4. 작게 찢은 색종이 조각을 하늘에 뿌려요. 알록달록한 색종이 조각들이 팔랑이며 떨어지는 모습은 아이의 시각을 자극해요.

"펄펄~ 눈이 옵니다~ 하늘에서 눈이 옵니다~!"

5. 하늘에서 떨어지는 색종이 조각을 잡아 봐요. 떨어지는 색종이 조각을 잡으려면 팔과 손의 신체 움직임을 조절해야 해요.

"색종이 조각을 잡아 볼까?"

"팔을 쭉 뻗어 보자!"

6. 손바닥에 색종이 조각을 올리고 입으로 후~ 불어요. 이 시기의 아이들은 아직 세게 불기는 힘들기 때문에 아기 손에 색종이 조각을 올리고 엄마가 후 불어 도와줘도 좋아요.

"바람을 후~ 불면 어떻게 될까?"

"바람을 세게 불어 볼까?"

"색종이 조각이 날아갔어!"

휴지 심 반지 끼우기

장갑으로 만든 손가락 모형에 휴지 심 반지를 끼우며 놀아요.

장갑에 반지를 끼우는 놀잇감은 영유아 기관에서 자주 사용하는 놀잇감이에요. 또예도 손가락 모형과 인사 나누기, 휴지 심 반지 탐색하기, 휴지 심 반지 넣고 빼기 등의 놀이를 모두 재미있게 했어요. 손가락 모형에 표정 스티커를 붙이면 아기의 관심과 흥미를 더욱 잘 유도할 수 있어요.

대상

13~24개월

준비물

휴지 심, 목장갑, 색종이, 휴지·양말 등 폭신한 재료, 휴지걸이, 고무줄, 가위

주요 경험 및 발달 효과

- 눈과 손을 협응하여 휴지 심 반지를 끼워요.
- 알록달록한 휴지 심 반지로 놀이하며 다양한 색을 경험해요.
- 색깔의 이름, 있고 없음, 많고 적음 등의 단어를 들으며 언어 발달을 자극해요.

이렇게 만들어요!

1. 손가락 모형 만들기

목장갑 속에 폭신한 재료를 통통하게 채워 넣어요. 손가락 부분은 휴지를 돌돌 말아 넣고, 손바닥 부분은 양말을 넣으면 좋아요. 휴지걸이에 목장갑을 끼우고 고무줄로 고정시켜 손가락 모형을 세우면 완성!

2. 휴지 심 반지 만들기

휴지 심에 여러 색깔의 색종이를 붙이고 고리 모양으로 잘라요. 색종이 뒷면에 접착 면이 있는 스티커 색종이를 사용하면 편해요.

이렇게 놀아요!

1. 휴지 심 반지를 살펴보며 색깔과 모양에 대해 이야기를 나눠요. 휴지 심 반지의 구멍을 요리조리 살펴보고 손가락도 쏙 넣으며 탐색해요.

   "이게 뭘까? 알록달록 색깔이 다양하네."

   "동글동글 구멍이 뽕 뚫려 있어."

   "구멍에 ○○이 손가락이 쏙 들어갔네."

2. "안녕!" 하고 인사를 나누며 새로운 놀잇감인 손가락 모형을 소개해요. "하이파이브!" 하고 손바닥을 맞대어 보기도 하며 호기심을 가지고 손가락 모형과 다양한 방법으로 인사를 나누어요.

   "(손가락 모형을 흔들며) 안녕! 나는 손가락 인형이야."

   "(손가락 모형 목소리를 내며) 나랑 손바닥 인사를 해 볼래? 짠! 하이 파이브!"

3. 손가락 모형에 휴지 심 반지를 끼워요.

   "○○이가 반지를 쏙쏙 끼워 주고 있네."

   "엄지손가락에는 반지가 많이 있어!"

4. 손가락 인형에 휴지 심 반지를 넣고 빼기를 반복하며 놀이해요.

놀이팁

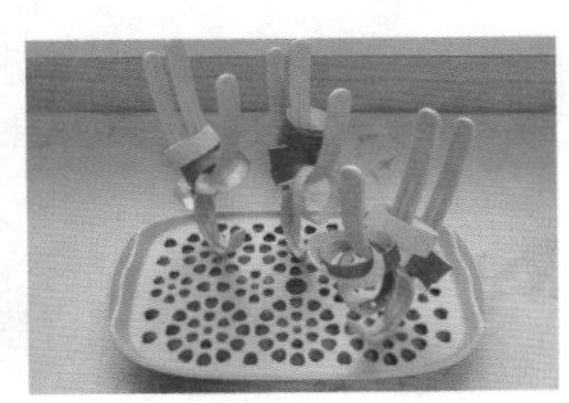

- 손가락 모형 만들기가 번거롭다면 젖병 건조대를 활용해 봐요.
- 월령이 높은 영아들은 휴지 심 반지를 끼우며 수 세기, 색깔 분류하여 끼우기, 일정한 패턴으로 끼우기 등을 시도하며 수학적 탐구 능력을 기를 수 있어요.

22

휴지 심 색공 넣기

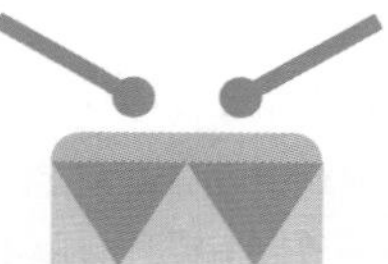

빨강, 노랑, 파랑 휴지 심에 같은 색의 솜공을 넣어요!

18개월이 지나면 색, 모양, 크기에 대한 관심이 많아지고 한 가지 속성을 기준으로 분류를 할 수 있어요. 이럴 때 색깔 휴지 심에 같은 색 솜공을 넣는 놀이를 함께하면 소근육 발달, 색 변별 능력, 사물을 범주화하는 초기 수학적 능력, 색이름 인지 등 여러 가지 발달을 자극할 수 있답니다.

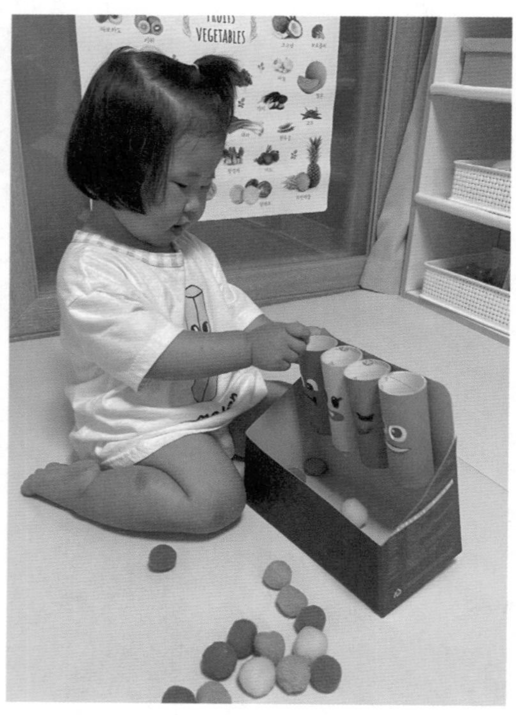

대상

13~24개월

준비물

색종이(빨강, 노랑, 초록, 파랑), 솜공(빨강, 노랑, 초록, 파랑), 휴지 심, 상자

주요 경험 및 발달 효과

- 색에 따라 솜공을 분류하며 색 변별 능력을 길러요.
- 소근육을 조절하여 휴지 심 속에 솜공을 넣어요.
- 솜공이 휴지 심을 통과하여 나오는 모습을 관찰하며 인과 관계를 경험해요.

이렇게 놀아요!

1. 네 개의 휴지 심 겉면을 각각 빨강, 노랑, 초록, 파랑 색종이로 감싸요.

2. 여러 색깔의 휴지 심을 자유롭게 살펴보며 탐색해요. 옆에서 아이의 행동을 언어로 표현하며 탐색 행동을 격려해요.

   "알록달록한 휴지 심이 있네.", "휴지 심에 동그란 구멍이 있구나.", "OO이가 휴지 심 구멍에 손가락을 쏙 넣었네!"

3. 색깔 휴지 심을 상자에 붙이고 휴지 심 색깔과 똑같은 색의 빨강, 노랑, 초록, 파랑 솜공을 제공해요.

4. 색깔 휴지 심 속에 똑같은 색의 솜공을 넣어요.

   "빨간색 휴지 심 속에 똑같은 색의 솜공을 넣어 볼까?"

   "노란색 솜공이 노란색 휴지 심 구멍으로 쏙 들어갔네?"

5. 휴지 심 구멍 속에 다양한 크기의 솜공 혹은 여러 가지 물건을 넣으며 모양, 크기를 비교해요.

   "휴지 심 구멍 안으로 어떤 물건을 넣어 볼까?"

   "길쭉한 블록이 구멍 안으로 쏙 들어가서 아래로 떨어졌네."

   "토끼 인형은 구멍보다 커서 안 들어가네."

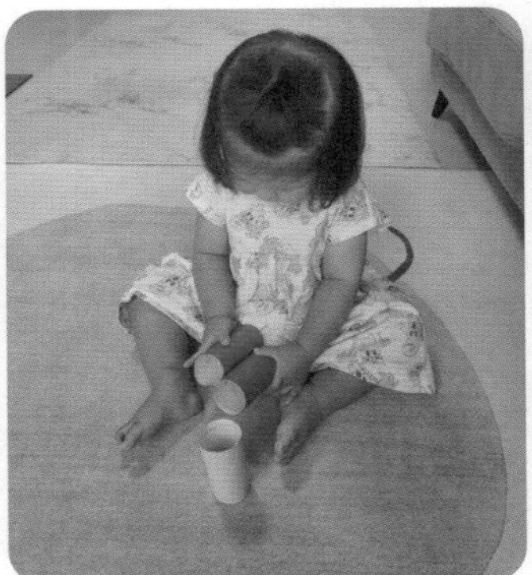
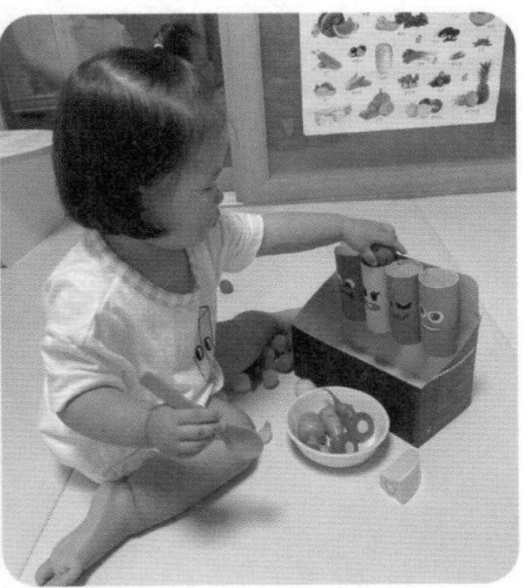

놀이팁

- 휴지 심 개수를 늘려 여러 색깔을 분류하는 놀이로 확장할 수 있어요. 다양한 색에 대한 경험은 아이의 표현력을 풍부하게 해요.
- 크기가 큰 솜공으로 시작하여 더 작은 솜공도 사용해 보고, 집게를 사용하여 솜공을 넣기도 하며 세밀한 소근육 조절 능력을 자극해요.

휴지 심 연 만들기

휴지 심에 습자지를 붙여 흔들흔들 바람에 움직이는 연을 만들어요.

아이들은 대부분 바깥 놀이를 참 좋아해요. 양말, 신발을 들고 오며 밖에 나가자는 표현을 자주 하는 또예를 위해 저도 날씨만 허락한다면 하루 한 번은 꼭 밖에 나가 놀이하는 시간을 가져요. 이럴 때 빈손으로 나가기보다는 간단한 놀잇감을 가지고 나가면 아이의 활발한 신체 움직임도 자극하고 실외 놀이 시간을 더욱 알차게 보낼 수 있답니다.

대상

13~24개월

준비물

습자지, 휴지 심, 막대

주요 경험 및 발달 효과

- 휴지 심 연이 바람에 날리는 모습을 보며 바람을 감각적으로 느껴요.
- 휴지 심 연을 들고 걷거나 뛰며 대근육 발달을 자극해요.
- 습자지를 길게 찢으며 소근육 조절 능력을 길러요.

이렇게 만들어요!

1. 하늘하늘한 습자지를 손으로 길게 찢어요. 윗부분을 살짝 찢어 틈을 내어 주면 아이가 양 끝을 잡고 찢어 볼 수 있어요.
2. 길게 찢은 습자지를 휴지 심에 붙이고 막대를 달면 완성! 아이가 좋아하는 그림을 그리거나 스티커를 붙여 주면 흥미를 유도할 수 있어요.

13~24개월

이렇게 놀아요!

1. 휴지 심 연을 손에 들고 흔들거나 입으로 후~ 바람을 불어요.

   "막대를 잡고 흔들흔들~ 종이가 움직이네."

   "입으로 후~ 불어 볼까? 휴지 심 연이 팔랑팔랑 움직이네."

   "엄마도 불어 볼게. 후~!"

2. 휴지 심 연을 가지고 밖으로 나가요. 휴지 심 연을 손에 들고 서서 바람에 의해 흔들리는 휴지 심 연의 모습을 살펴봐요.

   "휴지 심 연이 흔들리네."

   "바람이 부니까 연이 하늘하늘 움직이는구나."

3. 휴지 심 연을 들고 걷기, 뛰기 등 다양한 속도로 움직이며 휴지 심 연의 움직임을 탐색해요.

   "휴지 심 연이 OO이를 따라 나풀나풀 움직이네."

   "휴지 심 연을 들고 달려 볼까?"

4. 실외 놀이를 마친 후에는 집 안 창가에 휴지 심 연을 걸어 두고 바람에 흔들리는 모습을 살펴보아도 좋아요.

   "(휴지 심 연을 바라보며) OO이가 만든 연이 창문에 매달려 있네."

   "왔다 갔다 흔들흔들 움직이고 있어!"

밀가루 반죽 놀이

조물조물 밀가루 반죽으로 놀이하며 오감을 자극해요.

말랑말랑한 밀가루 반죽 놀이는 손의 감각을 자극해 소근육 발달과 두뇌 발달에 도움을 주는 것은 물론 정서 이완, 스트레스 해소에도 좋아요. 만지는 대로 변하는 밀가루 반죽의 특성은 아이들의 창의력과 사고력 발달에도 도움을 주지요. 점토와 클레이를 활용할 수도 있지만 집에서 만든 밀가루 반죽은 색소나 기타 화학 성분이 없어 안전하게 놀이할 수 있어요.

대상

13~24개월

준비물

밀가루, 물, 식용유, 소금, 찍기 틀

주요 경험 및 발달 효과

- 촉감을 활용하여 감각적 경험을 해요.
- 밀가루 반죽을 누르고 늘리고 뜯으며 손가락 힘을 길러요.
- 밀가루 반죽으로 놀이하며 긴장감을 해소하고 정서 안정을 이루어요.

이렇게 만들어요!

1. 밀가루와 물을 섞어 반죽해요. 물에 소금을 조금 녹여 사용하면 밀가루 반죽의 부패를 방지할 수 있어요.
2. 식용유를 한 스푼 넣으면 밀가루 반죽이 손에 달라붙지 않고 차지게 완성돼요.

이렇게 놀아요!

1. 밀가루 반죽을 만지며 촉감을 느껴요. 아이의 탐색 모습을 옆에서 지켜보며 눈 마주치기, 미소 짓기, 고개 끄덕이기 등의 비언어적 반응만 해 주어도 아이는 자신감을 가지고 탐색 행동을 이어 갈 수 있어요.

   "이게 뭘까? 만져 볼까?"

   "만져 보니 느낌이 어때?"

   "말랑말랑하다~!"

2. 밀가루 반죽 주무르기, 뜯기, 두드리기, 누르기, 늘리기 등 여러 방법으로 탐색하며 형태의 변화에 대해 이야기를 나누어요.

   "조물조물 밀가루 반죽을 주물러 보자."

   "밀가루 반죽을 뜯어 보고 있구나. 정말 작게 뜯었네."

   "길쭉길쭉 기다란 반죽이네. 엄마랑 같이 쭈욱 잡아당겨 볼까?"

3. 납작한 밀가루 반죽 위에 손가락 혹은 컵, 포크, 놀잇감, 찍기 틀 등을 사용하여 모양을 찍어 보고 어떤 모양이 나왔는지 살펴봐요.

   "손가락으로 꾹 눌러 볼까? 동그란 자국이 생겼네!"

   "어떤 모양이 있는지 살펴볼까?"

   "OO이는 어떤 모양을 찍어 보고 싶어?"

   "찍기 틀을 꾸욱 눌러 보자! 어떤 모양이 나올까?"

4. 납작한 밀가루 반죽 위에 빨대를 꽂고 촛불을 끄듯이 후~ 불며 생일 축하 놀이도 해 봐요.

놀이팁

- 밀가루 반죽이 상할 수 있으니 놀이가 끝난 후에는 냉장고에 보관해요. 냉장고에 넣은 밀가루 반죽은 차갑게 굳기 때문에 놀이하기 전에 미리 꺼내 두었다가 다시 조물조물 주물러서 놀이에 사용해요.

색 밀가루 풀 놀이

부드럽고 말랑말랑한 밀가루 풀 센서리 백의 촉감을 느껴요.

이전에 소개했던 센서리 백이 투명한 액체에 다양한 재료를 넣어 재료의 특성이나 움직임을 탐색하는 방식이었다면, 이번 센서리 백은 불투명한 밀가루 풀의 특성을 이용한 특별한 센서리 백이에요. 물컹물컹한 밀가루 풀 센서리 백을 자유롭게 탐색하고 여러 가지 방법으로 놀이하며 소근육 발달을 자극해 봐요.

대상

13~24개월

준비물

밀가루, 물, 식용 색소 혹은 물감, 지퍼 백

주요 경험 및 발달 효과

- 여러 가지 감각을 사용하여 밀가루 풀 센서리 백을 탐색해요.
- 팔과 손의 근육을 사용해 놀이하며 신체 발달을 자극해요.
- 손가락, 손바닥으로 자국을 남기며 시각적 변화를 인식해요.

이렇게 만들어요!

1. 냄비에 밀가루와 물을 넣고 섞어요. 약불에 두고 살살 저어 밀가루 풀의 농도를 맞춰요.
2. 밀가루 풀을 식혀 지퍼 백에 넣어요. 밀가루 풀의 양은 지퍼 백을 평평한 곳에 놓았을 때 얇게 펴질 정도면 적당해요.
3. 식용 색소 혹은 물감을 넣어 색을 더해요. 색이 퍼져 나가는 모습을 아기가 직접 볼 수 있도록 물감을 똑똑 떨어뜨려 섞지 않은 상태로 아기에게 제공해도 좋아요.

이렇게 놀아요!

1. 밀가루 풀 센서리 백을 만지고 주무르며 자유롭게 탐색해요. 자유롭게 탐색하는 모습을 언어로 표현해 주면 아기의 언어 발달을 자극할 수 있어요.

   "손가락으로 꾹 눌렀네.", "느낌이 어때? 말랑말랑 부드럽구나."

   "흔들흔들~ 밀가루 풀이 움직이고 있어."

2. 똑똑 떨어뜨린 물감 방울을 손으로 누르며 색이 퍼져 나가는 모습을 살펴봐요. 물감 방울이 밀가루 풀을 만나 나타나는 변화를 탐색해요.

3. 밀가루 풀 센서리 백을 손바닥으로 꾹 눌러 보기도 하고 손가락으로 쓱쓱 자국을 남겨 보기도 해요. 모양이 나타났다 사라지는 모습을 살펴봐요.

   "OO이 손바닥이 찍혔네.", "어? 점점 사라지네."

   "자동차가 지나간 자리에 자국이 남았네."

4. 숨바꼭질 놀이를 해 봐요. 그림이 위쪽으로 오도록 하여 지퍼 백 밑에 스티커를 붙여요. 밀가루 풀을 손가락 혹은 손바닥으로 쓱쓱 문질러 숨어 있는 그림을 찾아봐요.

   "어흥! 호랑이가 있었네. 또 누가 숨어 있을까?"

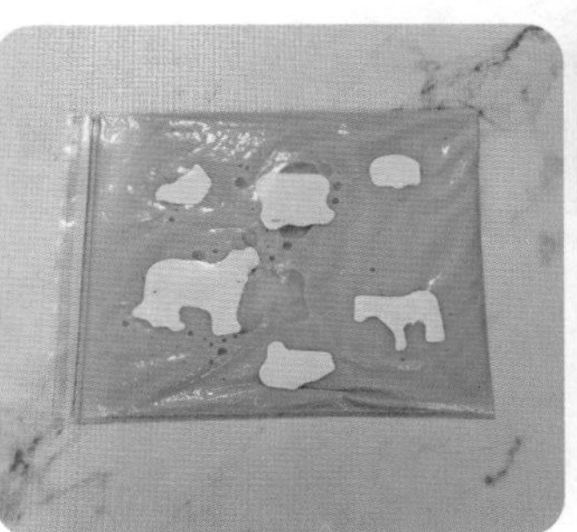

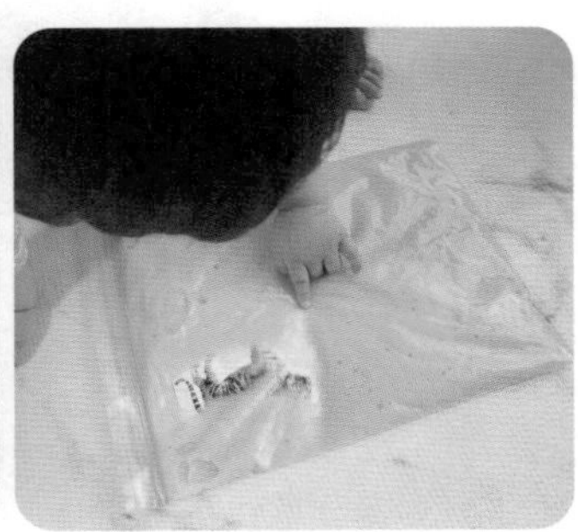

솜공 자석 놀이

동글동글한 솜공 자석을 자유롭게 붙이고 떼며 놀이해요.

저는 아일랜드 식탁 밑, 베란다 창문 등 집 안 곳곳에 또예가 놀이할 수 있는 공간을 만들어 놓았는데요. 집에서 아이 놀이 공간으로 활용하기 좋은 곳 중 하나가 바로 냉장고예요. 알록달록한 솜공에 자석만 붙여 주면 끝! 붙였다 뗐다 마음껏 놀이하면서 소근육 발달을 자극해요.

대상

13~24개월

준비물

솜공, 원형 자석, 펠트지, 눈알, 글루건, 가위

주요 경험 및 발달 효과

- 솜공을 만지며 소근육 운동 능력을 길러요.
- 길고 짧음, 많고 적음 등 기초적인 수학 개념을 형성해요.
- 솜공 자석으로 자유롭게 표현하며 상상력을 키워요.

이렇게 만들어요!

1. 글루건을 사용하여 솜공에 원형 자석을 붙여요. 그다음 펠트지를 동그랗게 잘라 자석이 빠져나오지 않도록 마감해요.
2. 몇 개의 솜공에는 눈알을 붙여 놀이의 재미를 더해요.

이렇게 놀아요!

1. 솜공 자석이 들어 있는 바구니를 냉장고 앞에 두고 아이가 관심을 보이면 함께 살펴보는 시간을 가져요.

   "동글동글 솜공이야.", "여기 빨간색 솜공도 있고 노란색 솜공도 있네.", "이 솜공에는 눈도 달려 있어."

2. 냉장고에 솜공 자석을 자유롭게 붙여요.

   "동글동글 솜공이 냉장고에 딱! 붙었네!", "붙었다! 뗐다! 붙었다! 뗐다!", "OO이가 솜공 자석을 다 떼어 내서 하나도 없네."

3. 솜공 자석을 짧고 길게 연결해요.

   "솜공을 여러 개 붙이니 뱀처럼 길어졌어.", "칙칙폭폭 땡~! 솜공 기차가 지나갑니다."

4. 눈알이 붙어 있는 솜공 자석을 더해 아이의 상상력을 자극해요.

   "이건 꼭 애벌레 같아. 꼬물꼬물 애벌레가 기어갑니다.", "이렇게 위로 붙이니 눈사람이 되었네."

5. 종이에 솜공이 쏙 들어갈 만한 동그라미들로 간단한 그림을 그려 냉장고에 붙여요. 동그라미 안에 솜공 자석을 붙여 모양을 완성해요.

놀이팁

- 자석은 삼키면 아주 위험하기 때문에 마감을 꼼꼼히 했더라도 놀이 중 아이가 자석을 입에 넣지 않도록 옆에서 지켜봐요. 또한 주기적으로 펠트지가 떨어지지 않았는지 확인해요.

자석 낚시

엄마표 자석 낚싯대로 놀잇감을 낚아요.

자석 하면 빠질 수 없는 놀이 중 하나가 바로 낚시 놀이예요. 일반적으로 판매하는 낚시 놀잇감에는 낚싯대에 긴 끈이 달려 있어 아직 대·소근육의 조절 능력이 부족한 이 시기 아기들이 놀이하기엔 어려울 수 있어요. 바로 이럴 때 엄마표 자석 낚시 놀잇감을 만들어 봐요. 아이와 함께 기다란 낚싯대로 자석이 달린 인형을 낚아 봐요!

대상

13~24개월

준비물

스펀지 막대, 자석, 펠트지, 클립, 바구니, 여러 놀잇감, 가위

주요 경험 및 발달 효과

- 낚시 놀이를 하며 신체 조절 능력과 집중력을 키워요.
- 낚싯대에 잡힌 여러 가지 놀잇감의 특성에 대해 이야기를 나눠요.
- 붙였다 뗐다 자석의 특성을 경험해요.

이렇게 만들어요!

1. 스펀지 막대를 적당한 길이로 잘라요. 스펀지 막대 끝부분에 원형 자석을 넣고 자석이 빠져나오지 않도록 펠트지를 붙여 마감해요.
2. 물고기 역할을 할 놀잇감을 모아요. 놀잇감에 클립을 꽂거나 붙여 준비해요.

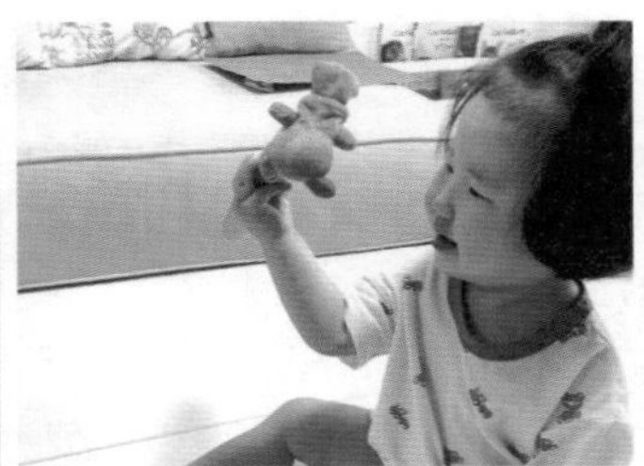

이렇게 놀아요!

1. 스펀지 막대 낚싯대를 살펴보고 놀잇감을 붙였다 떼어 보며 자석의 특성을 탐색해요.

   "낚싯대에 놀잇감이 찰싹 붙었네."

   "다시 한번 갖다 대 볼까? 어! 또 붙었다."

2. 낚시 놀이를 할 놀잇감들을 한곳에 모아요. 낚싯대를 놀잇감 주위에 갖다 대면 놀잇감이 낚싯대에 달라붙어요. 낚싯대에 철썩 달라붙은 놀잇감을 떼어 내어 바구니에 넣어요.

   "잡았다! 어떤 놀잇감이 잡혔나 볼까?"

   "바나나가 붙었네. 떼어 내서 바구니에 쏘옥~!"

   "이번에는 어떤 놀잇감이 붙을까?"

3. 낚싯대에 잡힌 놀잇감의 이름, 특성에 대해 이야기를 나누며 언어 발달을 자극해요.

   "우아! 이번엔 사과를 잡았네."

   "동글동글 빨간 사과를 냠냠!"

   "깡충깡충 작은 토끼 인형이네."

   "토끼 귀가 길쭉길쭉하네. 손가락을 끼워 볼까?"

놀이팁

- 색종이 비닐 물고기(288쪽)에 클립을 달아 자석 낚시 놀잇감으로 활용할 수 있어요.

28

마카로니 놀이

개방적 놀잇감인 마카로니를 가지고 다양한 놀이를 해요.

개방적 놀잇감은 놀이 방법이 정해져 있지 않아 아이의 의도, 흥미에 따라 자유롭게 변형 및 활용이 가능한 놀잇감이에요. 그러므로 아이의 자발적인 탐색을 유도하고 창의적 사고 능력을 향상시킨다는 장점이 있어요. 개방적 놀잇감의 대표적인 예로는 물, 모래, 점토 등이 있는데요. 마카로니도 그중 하나예요. 마카로니로 다양한 놀이를 하며 우리 아이의 사고를 자극해 봐요.

대상

13~24개월

준비물

마카로니, 주방 도구(그릇, 국자, 컵 등), 소꿉놀이 도구

주요 경험 및 발달 효과

- 마카로니의 특성을 여러 감각을 사용하여 탐색해요.
- 마카로니를 반복하여 담고 쏟으며 숙달감을 느껴요.
- 오감을 활용한 자유로운 놀이를 통해 정서적 안정감을 느껴요.

이렇게 놀아요!

1. 소량의 마카로니를 아기에게 주어요. 마카로니를 처음 접하는 경우 처음부터 많은 양을 주기보다는 적은 양부터 제공해요. 익숙해지면 더 많은 양을 더해 줘요.

2. 아기가 새로운 재료인 마카로니에 호기심을 가지고 자유롭게 탐색할 수 있도록 격려해요.

   "이게 뭘까? 한번 만져 볼까?", "느낌이 어때? (마카로니를 함께 만지며) 딱딱하네."

3. 그릇, 국자, 컵 등의 주방 도구 혹은 소꿉놀이 도구를 활용하여 마카로니를 담고 쏟아요. 물체를 반복하여 담고 쏟는 놀이는 아이의 소근육 발달과 공간 개념 발달을 자극해요.

   "그릇에 마카로니가 가득 찼네. 한번 쏟아 볼까?", "(마카로니를 쏟으며) 쏴아~ 마카로니가 떨어진다!"

   "냄비에 담겨 있는 마카로니를 작은 컵에 옮겨 볼까?"

4. 마카로니를 통에 담고 흔들어 소리를 들어요.

5. 마카로니 속에 손발을 숨기고 찾아봐요. 아기가 평소 좋아하는 작은 놀잇감을 숨기고 찾는 놀이도 재미있어요.

   "꼭꼭 숨어라. OO이 발이 어디로 숨었지? 찾았다!"

6. 장난감 자동차에 마카로니 싣기, 요리하는 흉내 내기, 동물 먹이 주기 등 마카로니를 활용한 다양한 상상 놀이로 확장해요.

놀이팁

- 담고 쏟기를 반복하다 보면 마카로니가 깨질 수 있어요. 깨진 조각은 날카로워 다칠 위험이 있으니 놀이 전후로 깨진 조각이 없는지 확인해요.

거울 놀이

거울 속 내 모습에 관심을 가지고 탐색해요.

아기들은 거울 보는 것을 참 좋아해요. 사실 아기들은 처음에는 거울 속 모습이 자신이라는 것을 알지 못하다가 18개월쯤이 되어서야 거울에 비친 자기 모습을 인식하기 시작해요. 또 자신의 움직임과 거울에 비치는 모습 사이의 연관성도 알게 되지요. 거울 놀이는 아이가 거울 속 자기 모습을 살펴보고 신체를 움직임으로써 자기를 인식하고 긍정적인 자아 개념 형성을 할 수 있도록 돕는답니다.

대상

13~24개월

준비물

거울, 스티커, 모자·스카프 등 소품

주요 경험 및 발달 효과

- 거울 속 내 모습에 관심을 가지고 움직여요.
- 여러 신체 부위를 가리키며 명칭을 듣고 말해요.
- 엄마, 아빠와 하는 거울 놀이를 통해 긍정적인 애착 관계를 형성해요.

이렇게 놀아요!

1. 엄마와 함께 거울 앞에 앉아요. 거울 속 엄마와 내 모습을 구별해요.

   "거울 속에 누가 있지?", "OO이랑 엄마가 보이네.", "안녕~ 하고 손 흔들어 인사해 볼까?"

2. 엄마와 함께 거울을 보며 거울에 비친 모습을 탐색해요. 엄마와 함께 웃어 보고, 하품도 해 보고, 메롱 혀도 내밀어 봐요.

3. '코코코 놀이'를 하며 눈, 코, 입을 찾아 가리키고, 신체 부위의 명칭을 듣고 말하며 얼굴을 탐색해요.

   "코코코~ 귀! 쫑긋쫑긋 귀는 어디 있지?"

   "엄마 눈은 어디 있나~ 요기!"

4. 거울을 보며 톡톡 로션을 발라요. 거울 속 아기의 모습과 움직임을 언어로 표현해요.

   "OO이 손등에 로션을 쭈욱~!", "쓱쓱 로션을 바르고 있네.", "손바닥으로 얼굴을 톡톡톡 쳐 볼까?"

5. 얼굴에 스티커를 붙이며 놀이해요. 아기는 피부가 연약해 스티커가 자극이 될 수 있으니 엄마 손등에 스티커를 먼저 붙였다 떼어 접착력을 약하게 해요.

   "OO이 코에 스티커가 붙었네.", "엄마 얼굴에도 붙여 보고 싶구나. 어디에 붙여 볼까?"

6. 모자, 스카프 등의 소품을 준비해요. 모자를 쓰거나 스카프를 두르며 거울 속 내 모습을 살펴봐요.

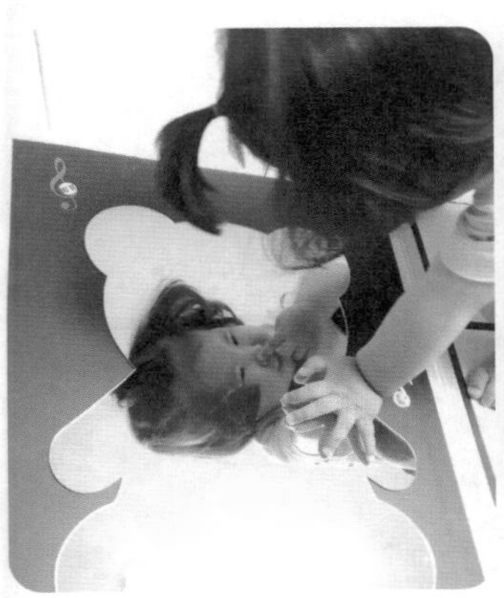

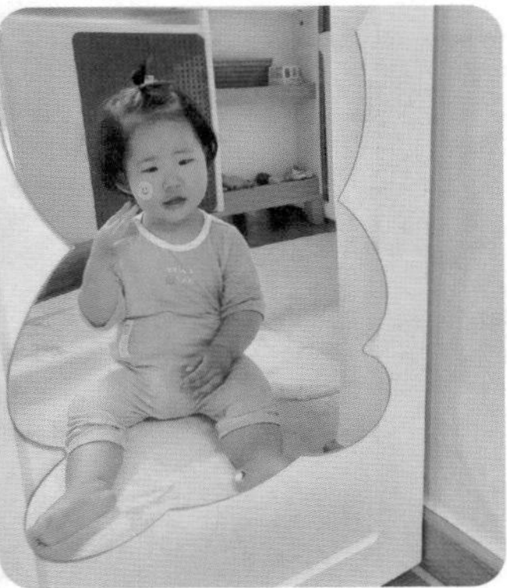

놀이팁

- 월령이 높은 영아들은 거울 위에 윈도우 마카로 끼적이기를 해 보는 것도 좋아요. 새로운 재료를 활용하여 자유롭게 표현해 보는 경험을 통해 아이의 소근육 조작 능력과 창의적인 표현 능력을 키울 수 있어요.

비밀 상자

비밀 상자 속 여러 가지 놀잇감을 하나씩 꺼내 보며 탐색하는 놀이예요.

예능 프로그램을 보면 사물이 보이지 않는 상태에서 손에 느껴지는 감촉만으로 어떤 물건인지 맞히는 게임이 종종 등장하는데요. 비밀 상자 놀이는 바로 그 게임의 아기 놀이 버전이에요. 비밀 상자 속 놀잇감을 손으로 만지며 촉감을 자극하고 어떤 놀잇감인지 꺼내어 이야기를 나누며 언어 발달을 도와요.

대상

13~24개월

준비물

상자, 펠트지, 작은 놀잇감, 칼

주요 경험 및 발달 효과

- 비밀 상자 속의 놀잇감을 촉감만으로 탐색하며 감각 능력을 길러요.
- 비밀 상자 속 물건에 호기심을 가지고 꺼내요.
- 놀잇감의 이름, 특성과 관련된 다양한 언어 표현을 듣고 말해요.

이렇게 만들어요!

1. 상자를 준비해요. 상자 뚜껑에 아기 손을 자유롭게 넣고 뺄 수 있을 정도의 크기로 구멍을 뚫어요.
2. 아기의 손이 통과할 때 다치지 않도록 구멍의 둘레를 마스킹 테이프로 마감해요.
3. 구멍 뚫린 상자 뚜껑에 펠트지를 붙여 상자 안이 보이지 않도록 해요.

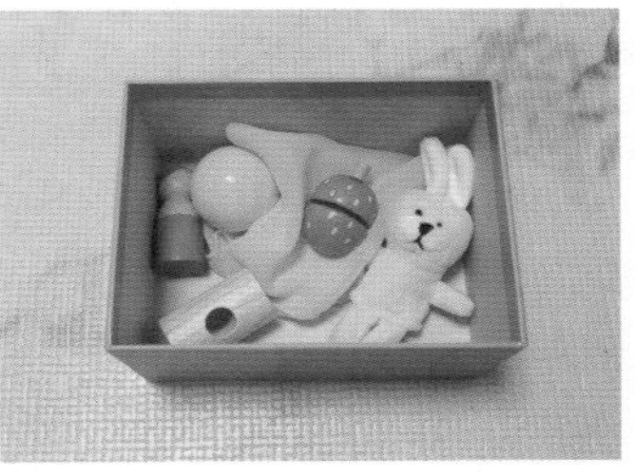

13~24개월

이렇게 놀아요!

1. 비밀 상자 속에 여러 가지 작은 놀잇감을 넣어 준비하고 아이가 관심을 보이면 함께 살펴봐요.

   "상자에 구멍이 뽕 뚫려 있네.", "구멍 안에 무엇이 들어 있을까?"

   "상자를 흔드니 소리가 나네."

2. 비밀 상자 속에 손을 넣어 놀잇감을 하나씩 꺼내요. 아이가 상자 안에 손을 넣는 것을 무서워하거나 거부하면 엄마, 아빠가 먼저 손을 넣어 놀잇감을 꺼내는 모습을 보여 주거나 상자 뚜껑을 열어 어떤 것이 들어 있는지 보여 준 뒤 다시 시도해요.

   "OO이가 상자 속에 손을 쏙 넣었네.", "이번에는 무엇이 나올까?"

3. 아기가 놀잇감을 꺼내면 놀잇감의 이름, 특성을 말로 표현해요.

   "야옹야옹~ 고양이 인형이 들어 있었네.", "부들부들~ 아주 부드럽네."

   "이번에는 말랑말랑한 공이 나왔어!"

4. 아기가 스스로 넣고 싶은 물건을 비밀 상자 속에 넣기도 하고 여러 가지 놀잇감을 반복적으로 넣고 빼며 놀이해요.

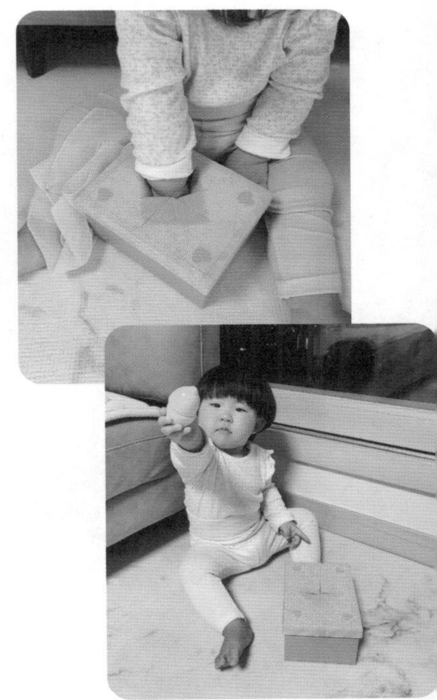

놀이팁

- 월령이 높은 영아들의 경우 "비밀 상자 속에서 동글동글한 공을 찾아볼까?" 하고 미리 사물 하나를 정한 뒤 비밀 상자 속에 손을 넣어 찾는 놀이를 해 볼 수 있어요.

물로 그림 그리기

색 도화지 위에 물을 사용하여 그림을 그려 보는 놀이예요.

아기와 물감 놀이 해 보셨나요? 물감이 옷에 묻을까 봐, 집 안 곳곳에 물감이 튈까 봐, 아기 씻기는 것이 부담스러워서 등등 여러 가지 이유로 아직 엄두를 내지 못했다면 이 놀이를 추천해요. 물을 사용하지만 물감 놀이와 같은 효과를 낼 수 있답니다.

대상

13~24개월

준비물

물, 쟁반, 색 도화지, 붓

주요 경험 및 발달 효과

- 물의 특성을 감각적으로 탐색해요.
- 팔과 손을 움직여 자유롭게 표현해요.
- 간단한 도구를 사용한 표현 활동을 경험해요.

이렇게 놀아요!

1. 적당한 크기의 쟁반에 물을 담아 준비해요. 물의 양은 쟁반의 바닥에 살짝 깔릴 정도면 충분해요.

2. 쟁반에 담긴 물을 탐색해요. 쟁반에 손을 넣어 물을 만져 보고 물의 촉감을 느껴요.

   "쟁반 안에 찰랑찰랑 물이 들어 있네.", "물을 만지니 느낌이 어때?", "손바닥으로 치니 찰싹 소리가 나는 것 같아!"

3. 물 탐색을 충분히 한 뒤 색 도화지를 제공해요. 손에 가볍게 물을 묻혀 색 도화지에 손가락, 손바닥을 찍어 보고 나타난 모양을 살펴봐요.

   "물을 묻혀 손바닥을 쿵! 찍어 볼까?", "종이 위에 OO이 손바닥 모양이 생겼네!", "손가락으로 콕콕 자국을 남겨 볼까?"

4. 붓을 들고 팔과 손을 자유롭게 움직여 물로 그림을 그려요. 붓은 얇고 긴 것보다는 두껍고 짧으면서 솔이 커다란 것이 좋아요.

   "물에 붓을 콕 찍어 볼까?"

   "붓으로 쓱쓱 종이 위에 그림을 그려 보자!"

   "붓이 지나가니 색깔이 변했네."

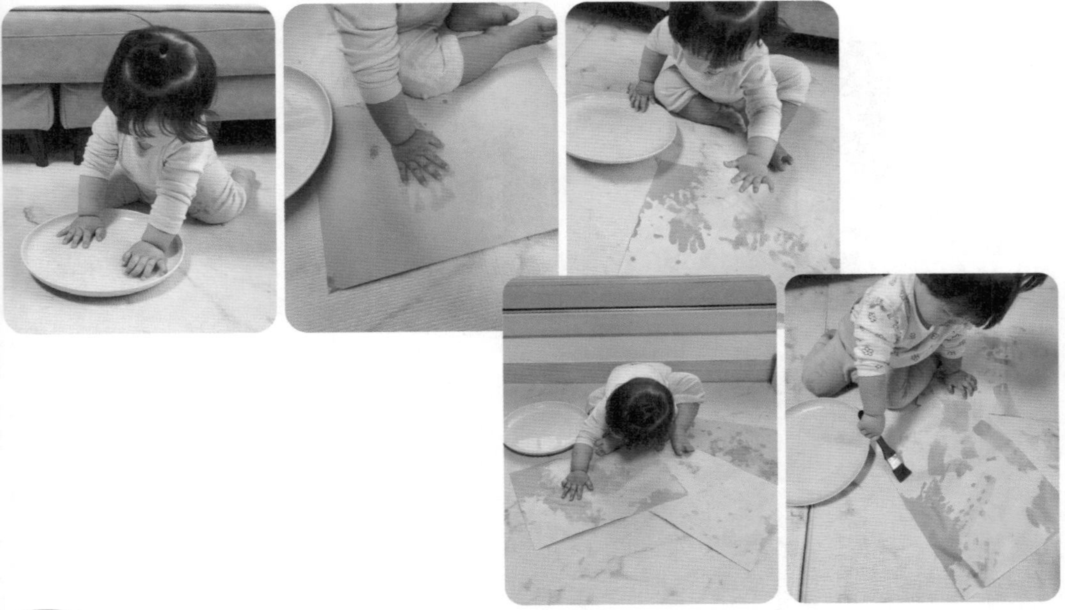

놀이팁

- 놀잇감에 물을 묻혀 도장처럼 꾹 찍어 보거나 분무기로 물을 뿌려 종이 위에 나타난 형태를 살펴보는 놀이로 확장해요. 물감이 아니라 물을 활용한 놀이이기 때문에 실내 공간에서 놀이 매트 없이 해도 부담이 없어 좋아요.

32

요거트 통 블록

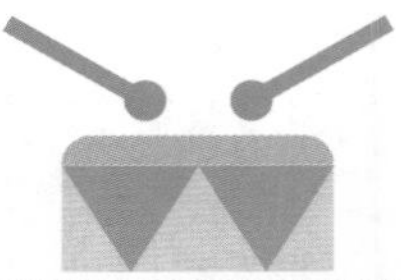

요거트 통으로 감각 블록을 만들어 놀이해요.

아기 간식으로 요거트를 먹이다 보면 쌓여 가는 요거트 통! 깨끗하게 씻고 말려서 블록 놀이에 활용해 봐요. 둥글둥글하고 매끈한 요거트 통은 뾰족한 부분이 없어 가지고 놀기 안전하고, 아기가 손으로 잡기에도 적당해요. 요거트 통 감각 블록을 쌓으며 눈과 손의 협응력 및 집중력을 기르고 높이 쌓은 블록을 무너뜨리며 긴장을 해소하고 즐거움을 느껴요.

대상

13~24개월

준비물

요거트 통 열 개, 속 재료(신문지, 방울, 쌀, 콩 등), 여러 질감의 재료(펠트지, 골판지, EVA폼 등)

주요 경험 및 발달 효과

- 감각 블록의 촉감, 재질, 소리 등을 탐색해요.
- 블록을 쌓고 무너뜨리며 신체 조절 능력을 길러요.
- 블록을 높이 쌓고 길게 연결하며 공간 지각 능력을 길러요.

이렇게 만들어요!

1. 요거트 통을 깨끗하게 씻어 말려요.
2. 요거트 통 안에 신문지를 구겨 넣어 무게감을 주거나 방울, 쌀, 콩 등을 넣어 청각적 자극을 더해요.
3. 다양한 질감의 재료를 사용하여 요거트 통의 뚜껑 부분을 막으면 완성!

이렇게 놀아요!

1. 요거트 통 블록의 촉감, 소리 등을 자유롭게 탐색해요.

   "요거트 통이 재미있는 놀잇감이 되었네.", "찰찰찰, 무슨 소리지?", "골판지가 오돌토돌하네."

   "OO이가 블록을 양손에 쥐고 탁탁 치고 있네!"

2. 요거트 통 블록을 쌓고 무너뜨려요.

   "요거트 통 블록을 높이 높이 쌓아 볼까?", "OO이가 손으로 치니까 와르르 무너졌네!"

   "무너질 때 딸랑딸랑 방울 소리가 나네?", "OO이가 블록을 위에 올렸구나!"

3. 요거트 통 블록을 옆으로 길게 연결해요.

   "요거트 통 블록을 하나 놓고, 또 놓고! 우아~ 점점 길어지네.", "요거트 통이 나란히 나란히~ 꼭 기차 같아. 칙칙폭폭!"

4. 요거트 통 블록으로 기차 놀이를 해요. 뚜껑을 막지 않은 요거트 통을 함께 제공하여 동물 친구들을 태워 보기도 해요.

   "기차에 어떤 동물 친구를 태워 줄까? 토끼를 태워 줬네.", "칙칙폭폭! 동물 기차 출발합니다."

놀이팁

- 우유 팩을 깨끗하게 씻고 말려 두 개를 겹쳐 끼우면 우유 팩 블록을 만들 수 있어요. 다양한 크기의 우유 팩 블록을 만들어 놀이해 봐요.

25~36개월

더 크게 성장하는 신나는 놀이

놀이 전에 꼭 알아야 할

25~36개월 아이의 발달 정보

✖ 신체 발달

[대근육] 두 돌 이전의 신체 발달이 급격한 양적 성장을 보였다면, 두 돌 이후는 균형 및 평형 감각을 기르고 움직이는 힘과 속도를 조절하는 등 질적 성장이 눈에 띄는 시기예요. 25개월경의 아기는 난간을 잡고 스스로 계단을 내려갈 수 있고, 30개월경에는 한 발을 들고 몇 초간 서 있거나 아무것도 잡지 않고 한 발씩 번갈아 가며 계단을 오를 수 있을 정도의 균형 감각이 발달해요. 운동 능력이 발달하면서 달리기, 빠르게 걷기를 능숙하게 하고 두 발 모아 깡충깡충 뛰기, 달리다가 멈추기, 장애물 피하기 등 신체를 자유롭게 조절하며 다양한 움직임을 할 수 있어요. 또한 그네 타기, 미끄럼틀 타기 등 기구를 활용한 신체 활동을 즐기지요. 30개월경에는 공을 던져 주면 가슴과 양팔을 이용하여 받을 수 있고, 36개월경에는 페달을 밟으며 세발자전거도 탈 수 있어요.

[소근육] 소근육 조절 능력 및 눈과 손의 협응 능력이 질적으로 향상되어 더욱 정교한 소근육의 움직임이 가능해지는 시기예요. 25개월경 손목의 움직임을 조절하여 뚜껑이나 문고리를 돌려서 열 수 있고, 30개월경에는 구슬 구멍에 끈을 끼우거나 단추를 스스로 풀 수 있어요. 또한 색연필, 크레파스 등의 도구를 쥐고 자신의 의도대로 끼적일 수 있고 세 돌 무렵에는 점선을 따라 선을 그리거나 동그라미, 세모, 네모 등 간단한 도형을 따라 그리는 것도 가능해요.

✖ 언어 발달

어휘력이 풍부해지고 문장력이 향상되면서 언어 표현 능력이 급격히 발달해요. 성인과 간단한 대화를 주고받을 수 있을 정도로 의사소통 능력이 발달하지요. 25개월경에는 마지막 말의 억양을 높여 질문 형태로 말할 수 있고, 30개월경에는 '나', '우리' 등의 대명사를 사용할 수 있어요. 또 "안 먹어.", "안 가." 같은 부정어와 "~했어요." 같은 과거형을 사용할 수 있지요. 33개월경에는 할머니, 할아버지, 언니, 오빠 등 여러 호칭을 정확하게 사용하며, 간단한 동요를 기억하여 흥얼거리기도 해요. 또한 그림책을 보면서 "아기가 뭐 하고 있지?" 하고 물으면 "자.", "먹어." 하고 그림책 속 상황이나 행동 등에 대해 적절하게 대답할 수 있어요.

두 돌 무렵 두 단어로 자기 의사를 표현하던 아기는 36개월경에는 서너 개의 단어를 조합하여 완전한 문장으로 말할 수 있는데 표현 어휘 수도 300개 이상으로 늘어나 수많은 문장 조합이 가능해요. 또 문장은 점차 기본적인 문법적 요소를 갖추게 되지요.

이 시기는 언어를 듣고 이해하는 능력 또한 급격히 발달해요. 25개월경에는 다섯 단어 이상의 긴 문장을 듣고 이해하고, 30개월경에는 '같다, 다르다'의 개념, '위에, 밑에, 안에' 등의 위치 개념과 간단한 비유 표현도 이해해요. 또한 세 돌경에는 '누구', '무엇', '어디'로 시작하는 의문사 질문에 대답할 수 있고, 두세 가지의 지시를 듣고 행동할 수 있으며, 약 500~900개의 수용 어휘를 습득하게 돼요.

✖ 사회·정서 발달

정서가 분화되어 기쁨, 웃음, 분노, 울음, 애정, 질투, 공포, 자부심, 죄책감 등 성인에게서 볼 수 있는 대부분의 정서가 나타나요. 감정의 기복이 심하고 강렬하게 표현하는 경향을 보이기도 하나, 점차 자기 통제 능력 및 감정 조절 능력이 발달하며 상황에 맞게 자신의 정서를 조절하게 돼요.

자신과 타인의 다양한 감정을 언어로 표현할 수 있고, 다른 사람의 감정을 이해하고 공감할 수 있으며, 슬퍼하는 또래를 위로하거나 도움을 제공하는 등 타인의 정서 표현에 맞는 행동을 나타내요. 또한 다른 사람을 의식하고 관심을 끌려고 행동하거나 칭찬을 받기 위해 자신의 감정이나 행동을 조절하는 등의 모습을 보이기도 해요.

이 시기는 또래 친구에게 관심을 가지고 함께 놀이하며 어울려 노는 방법을 배우는 시기예요. 또래에게 먼저 말을 걸거나 놀잇감을 나누어 주는 등 관심을 표현하기도 하고, 또래와 함께하는 놀이가 더 자연스럽게 이루어져요. 친구와 번갈아 공 주고받기, 차례대로 줄 서서 미끄럼틀 타기 등 간단한 규칙을 지키며 놀이에 참여해요. 또 여럿이 함께하는 놀이를 통해 새로운 사회적 기술을 배웁니다. 자주 만나는 친숙한 친구에게는 애착을 형성하여 특별히 좋아하는 친구가 생기기도 하고, 친사회적 행동과 소통이 점차 능숙해지는 모습을 보여요. 하지만 아직 자기 조절 능력이 미숙하고 자기중심적인 성향이 강해 또래 간 갈등이 빈번하게 생기므로 주변 어른의 도움이 필요해요.

✖ 인지 발달

주변 세계에 대한 지적 호기심이 넘치는 시기예요. 아이는 사물의 특성 및 속성에 관심을 가지고 능동적 탐색을 즐기며 "이게 뭐야?", "왜?"라는 끊임없는 질문을 통해 궁금증을 해결하려고 해요. 사물을 직관적으로 변별할 수 있으며, 27개월을 전후로 크고 작음(크기), 많고 적음(양), 길고 짧음(길이) 등에 대한 개념을 이해하여 비교할 수 있어요.

30개월경에는 부분과 전체의 관계를 인지하여 여섯 조각 정도의 퍼즐을 맞출 수 있지요. 또한 30개월을 전후로 하나, 둘, 셋까지의 수 개념을 인지하고, 수 세기가 가능하며, 사물을 시각적으로 비교하는 것에서 더 나아가 '사자-동물', '칫솔-치약' 등과 같이 사물의 속성 및 연관성에 따른 분류를 할 수 있어요. 36개월경에는 세 개의 사물을 크기나 길이순으로 놓는 등 서열화가 가능하고, '가장 많은, 가장 적은'과 같은 비교 개념을 이해할 수 있으며, 다섯 가지 이상의 색이름을 알고 색깔별로 물체를 분류할 수 있어요. 상징적 사고의 발달로 어떤 사물을 다른 사물로 대체하여 상상하거나 자신이 다른 사람인 것처럼 가장하는 등의 상상 놀이가 활발하게 나타나요. 초기 상상 놀이가 전화를 받는 흉내 내기, 아기 인형에게 음식 먹여 주기 등의 단순한 형태였다면, 이 시기의 상상 놀이는 더 복잡하고 정교한 모습이에요. 특히 병원놀이, 마트 놀이 등 일상생활에서 경험한 여러 주제가 나타나요. 또 다양한 상황과 역할을 놀이에서 표현하고 두 가지 이상의 연속적인 이야기가 있는 가상 행동도 나타나지요.

✖ 25~36개월 아이의 발달, 이렇게 도와요!

신체

신체 조절 능력 및 운동 기능의 발달로 다양한 신체 활동을 시도할 수 있어요. 잔디밭, 공원, 놀이터 등 실외 공간을 적극 활용하여 다양한 신체 움직임을 경험하게 해요. 낮은 언덕, 내리막길, 다양한 지형 등 안전하지만 적절한 수준에서 행하는 도전적인 놀이는 신체 활동을 촉진하고, 즐거움과 성취감을 느낄 수 있어요.

언어

그림책은 아이의 언어 발달을 촉진하는 가장 효과적인 수단이에요. 그림책 속 새로운 어휘와 다양한 문장 구조는 아이의 언어적 경험을 풍부하게 하지요. 그림책을 선택할 때는 아이의 일상생활과 밀접한 주제인지, 쉽고 간단한 줄거리인지, 그림이 내용을 명확하게 표현하고 있는지를 고려하여 선택해요.

사회·정서

또래에 대한 관심이 증가하고 함께 놀이하기를 즐기는 시기로 자연스럽게 친구와 만나 놀이할 기회를 주는 게 좋아요. 처음에는 공 주고받기, 함께 시소 타기 등 같은 놀잇감을 사용하거나 교대로 하는 놀이를 통해 함께 놀이하는 즐거움을 느끼게 해요. 이 시기는 자기중심적이고 사회적 기술이 부족하므로 친구와 놀이 중 갈등이 빈번하게 생길 수 있어요. 충분한 놀잇감을 준비하여 갈등의 요소를 줄이는 것도 도움이 돼요.

인지

상상력이 풍부해지며 소꿉놀이, 병원놀이 등 역할놀이를 즐기기 시작해요. 상상 놀이가 활발하게 일어나도록 다양한 역할놀이 소품과 놀잇감을 제공하고 놀이 속의 역할을 맡아 놀이 파트너가 되어 줘요. 아이의 월령이 어릴수록 실제 사물과 비슷한 소품의 사용이 상상 놀이 촉진에 도움이 된답니다.

01

호일 공놀이

호일 공놀이를 하며 다양하게 몸을 움직여요.

아이들은 정형화되지 않은 물체를 마음껏 만지고 변형하는 걸 좋아해요. 호일은 작은 힘으로도 변형이 잘되기 때문에 아기들이 다루기 쉬운 놀이 재료예요. 호일 공을 만드는 과정을 통해 물체의 크기, 촉감, 모양의 변화를 경험하며 아이의 과학적 사고를 자극할 수 있답니다. 호일을 구겨 만든 공으로 다양한 신체 놀이를 해 봐요.

대상

25~36개월

준비물

호일, 바구니

주요 경험 및 발달 효과

- 여러 가지 신체 놀이를 통해 대·소근육의 균형적 발달을 도와요.
- 눈과 각 신체 부분의 협응력을 길러요.
- 신체 움직임을 조절하여 대근육 기능을 연습해요.

이렇게 놀아요!

1. 호일 공 굴리기

호일을 뭉쳐 공을 만들고 데굴데굴 굴리며 호일 공의 모습을 관찰해요.

"두 손으로 꾹꾹 누르니 호일이 작아졌네. 동글동글 공 모양 같아."

"더 크~은 공을 만들어 볼까?"

2. 호일 공 따라가기

굴러가는 공을 따라가고, 따라가다 멈추어 보기도 하며 신체를 조절하는 능력을 길러요.

3. 호일 공 차기

호일 공을 발로 차요. 아직 신체 움직임이 능숙하지 않아 어려울 수 있으니, 호일 공에 발을 가져다 대거나 살짝 건드리는 것부터 시작해요.

"발로 뻥~ 하고 차 볼까?", "하나, 둘, 셋! 뻥! 호일 공이 데구루루 굴러가네."

4. 호일 공 주고받기

아기와 마주 앉아 호일 공을 굴려 주고받아요.

"(호일 공을 아기 쪽으로 굴리며) 데굴데굴~ OO이한테 호일 공이 굴러간다.", "OO이도 엄마한테 굴려 줘 볼까?"

5. 호일 공 던지기

빈 바구니 속에 호일 공을 던져서 넣어요. 처음에는 바로 앞에서 바구니 안에 공을 놓듯이 공을 넣어 보고, 익숙해지면 점차 먼 거리에서 공을 넣을 수 있도록 해요.

"공을 바구니에 쏙! 넣어 볼까?"

"골인! 공이 쏙 들어갔네!"

"좀 더 뒤에서 던져 볼까?"

놀이팁

- 호일 공의 크기가 너무 작으면 신체 놀이에 활용하기 어려우므로, 놀기에 충분한 크기로 만들어야 해요. 호일 탐색(92쪽) 후 찢어지고 구겨진 호일을 모아 두었다가 호일 공을 만드는 데 활용하면 좋아요.

호일 신체 놀이

호일로 즐기는 다양한 신체 놀이를 소개해요.

두 돌이 지난 아이들은 신체 각 부분의 명칭과 자신의 신체 움직임에 관심이 많아요. 이러한 관심은 건강한 신체 발달로 이어지는데요. 이때 신체와 관련된 다양한 놀이를 통해 자기 몸에 대한 긍정적인 인식을 갖고 우리 몸의 특성을 즐겁게 경험할 수 있도록 도와줘요.

대상

25~36개월

준비물

호일

주요 경험 및 발달 효과

- 손발의 감각을 사용하여 호일의 촉감을 느껴요.
- 신체에 대해 긍정적으로 인식해요.
- 자신의 신체에 관심을 가지고 신체 인식 능력을 길러요.

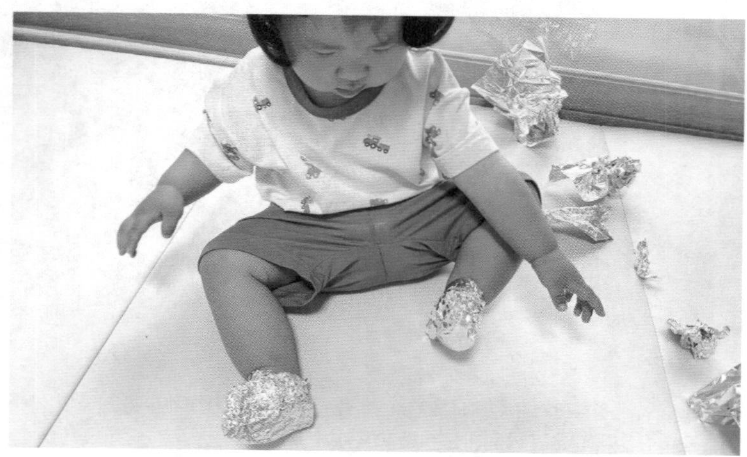

이렇게 놀아요!

1. 호일 길 걷기

호일을 길게 깔아 호일 길을 만들어요. 호일 길 위를 걸으며 발바닥으로 미끌미끌한 호일의 촉감을 느껴 보고 바스락바스락 소리도 들어요.

"반짝반짝 멋진 길이 있네."

"호일 길을 걸어 보니 어떤 느낌이야?"

2. 호일 장갑, 신발 놀이

호일로 아이의 신체 부위를 감싸 호일 장갑, 호일 신발을 만들어요. 부드럽고 까슬까슬한 호일의 촉감과 구겨질 때 나는 소리, 은빛으로 변한 손발 등 오감을 자극하는 재미있는 요소가 많아요.

"호일 속에 OO이 발이 꼭꼭 숨었네."

"반짝반짝 멋진 장갑이 생겼구나."

"호일 신발을 신고 걸어 볼까?"

3. 호일로 신체 꾸미기

호일을 길쭉한 모양으로 구겨 호일 목걸이, 호일 팔찌 등 신체를 꾸밀 물건을 만들어요. 호일로 만든 모자, 액세서리, 신발을 신고 거울 속 내 모습을 살펴봐요.

"호일이 기다란 모양이 되었네."

"호일로 무엇을 만들 수 있을까?"

"멋진 호일 목걸이네!"

놀이팁

- 호일 길 위에 자동차 굴리기, 모양 틀로 모양 등 여러 방법으로 자국을 남기는 놀이도 재미있어요.
- 호일 위에 매직펜이나 네임펜을 사용하여 손바닥이나 발바닥 등 신체 부위를 그려 보고 자유롭게 끼적이기를 해 봐요. 호일에 그림을 그리면 종이에 크레파스나 색연필로 그릴 때보다 훨씬 부드러운 느낌이 들기 때문에 아이들에게는 새로운 놀이 자극이 돼요.

호일 심 놀이

호일 심 속에 다양한 크기와 무게의 공을 넣어요.

호일 놀이를 실컷 하고 나니 어느새 호일 하나를 다 써서 호일 심이 생겼다고요? 다 쓴 호일 심과 호일 공을 가지고 공 넣기 놀이를 해 봐요. 호일 심은 휴지 심에 비해 단단하고 견고해서 공 넣기 놀이에 유용하게 활용할 수 있어요. 다양한 크기, 무게의 공을 추가로 더 준비하면 아이의 인지를 자극하는 재미있는 과학 실험이 이루어질 거예요.

대상

25~36개월

준비물

호일 공, 호일 심, 공

주요 경험 및 발달 효과

- 눈과 손을 협응하여 호일 심에 공을 넣어요.
- 사물을 의도적으로 탐색하며 탐구하는 태도를 길러요.
- 호일 심 속에 여러 가지 공을 넣으며 과학적 사고력을 키워요.

이렇게 놀아요!

1. 호일 심을 눈에 대고 주변을 살펴보거나 아이 귀에 호일 심을 대고 소곤소곤 귓속말을 나눠 봐요.

   "호일 심에 구멍이 뽕! 하고 뚫려 있네.", "호일 심 구멍으로 OO이 얼굴이 보여."

   "(호일 심을 귀에 대고 속삭이며) OO아, 엄마 목소리 들려?"

2. 호일 심을 바닥에 내려놓은 상태에서 호일 공을 넣은 후 호일 심을 들어 까꿍 놀이를 해요.

   "호일 심 구멍 안으로 공을 넣어 볼까?", "(호일 심을 들어 보이며) 까꿍! 공이 여기 있었네."

3. 호일 심을 벽에 붙인 뒤 호일 심 속으로 공을 굴려요. 공 굴리기 놀이를 할 때는 호일 공 외에도 폼폼이나 탁구공, 구슬 등 다양한 공을 함께 제공하면 더 좋아요. 아이는 여러 가지 공을 호일 심에 굴려 보고 공의 움직임을 관찰하면서 자신만의 실험을 해요.

   "호일 심에 탁구공을 넣었더니 아래로 툭! 떨어졌네!", "이번에는 어떤 공을 넣어 볼까?"

4. 호일 심 아래 종이컵을 받쳐 주거나 여러 개의 호일 심을 연결하여 공을 통과시켜 볼 수 있도록 하는 등 여러 가지 놀이 상황을 만들어요.

   "호일 심 안으로 공을 넣었더니 종이컵 안으로 쏙 들어갔네.", "호일 심을 하나 더 연결해 볼까?"

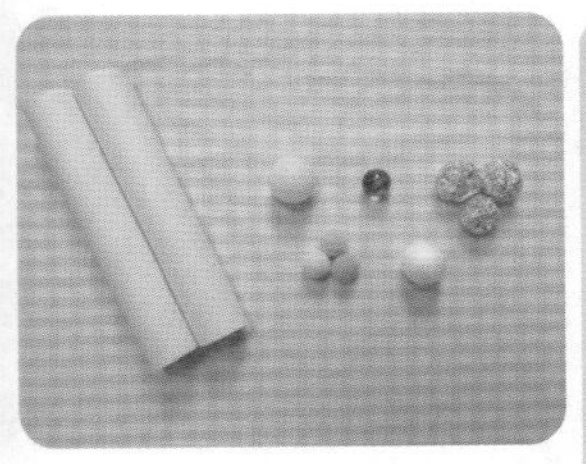

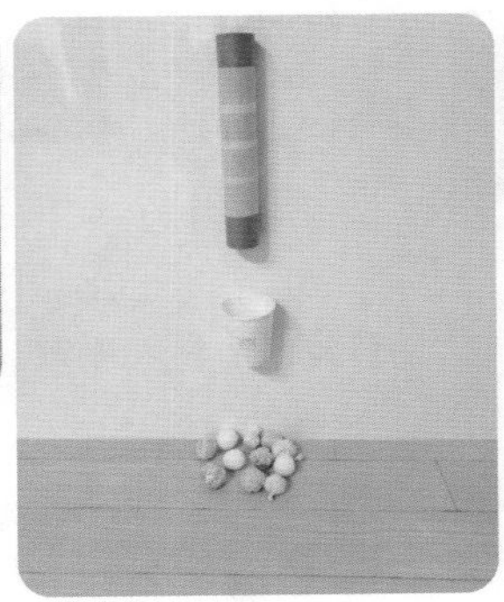

놀이팁

• 호일 심 뒷면에 자석을 붙인 후 자석 보드, 냉장고를 활용하여 놀이하면 호일 심을 이리저리 자유롭게 붙였다 떼며 놀이할 수 있어요. 자석은 단단히 고정하여 떨어지지 않도록 해요.

셀로판지 창문 놀이

물을 뿌리면 창문에 달라붙는 셀로판지의 특성을 이용한 색깔 놀이예요.

반짝반짝 햇빛 비치는 날 창가에서 하기 좋은 셀로판지 놀이를 소개해요. 셀로판지 창문 놀이는 햇빛이 잘 드는 창문, 셀로판지, 분무기만 있으면 할 수 있어 준비가 아주 간단해요. 놀이를 통해 빛과 색의 아름다움을 경험하며 아이의 감성을 키울 수 있어요. 창문에 붙인 셀로판지들은 물이 마르면 저절로 떨어져서 정리하기도 편하답니다.

25~36개월

준비물

동그라미·세모·네모 모양의 셀로판지와 여분의 셀로판지, 분무기, 물, 절연 테이프

주요 경험 및 발달 효과

- 여러 색깔의 셀로판지를 붙이며 심미감을 길러요.
- 분무기를 조작하며 소근육 힘을 키워요.
- 셀로판지 놀이를 통해 다양한 색깔과 모양을 탐색해요.

이렇게 놀아요!

1. 창문에 붙일 다양한 모양의 셀로판지와 아이가 스스로 찢고 구기고 잘라서 여러 가지 모양을 만들어 볼 수 있는 여분의 셀로판지를 함께 준비해요.

2. 창문에 분무기로 물을 충분히 뿌려요. 분무기를 처음 보는 아이는 셀로판지보다 분무기 자체에 더 큰 흥미를 보일 수 있어요. 그럴 때는 셀로판지 붙이기를 강조하기보다는 아이의 흥미를 따라 놀이를 이어 나가요.

3. 물을 뿌린 창문에 여러 모양의 셀로판지를 자유롭게 붙이고 떼어 봐요. 셀로판지를 겹쳐 다양한 색을 만들어 볼 수도 있어요.

   "어떤 셀로판지를 붙여 볼까?"

   "셀로판지가 창문에 딱 붙었네. 신기하다!"

4. 햇빛이 비치는 날에는 바닥에 셀로판지 색이 반사되어 알록달록한 멋진 색깔 그림자가 나타나요. 아이와 함께 관찰해요.

   "셀로판지와 반짝반짝 햇빛이 만나서 색깔 그림자가 생겼네."

5. 창문 위에 절연 테이프로 아이가 좋아하는 주제의 모양 틀을 만들어요. 셀로판지를 자유롭게 붙여 모양 틀 안을 꾸며요.

그림자

놀이팁

- 아이가 분무기를 좋아하면 분무기를 사용해 식물에 물 주기, 분무기에 물감 넣어 욕실 벽에 뿌려 보기, 사인펜으로 그림 그린 후 분무기로 물을 뿌려 번지는 모습 살펴보기 등 다양한 놀이에 활용해요.

놀이 영역

창의적 표현

셀로판지 막대 인형

조각 셀로판지를 붙여 알록달록한 셀로판지 막대 인형을 만들어요.

셀로판지 하면 이 놀이를 빼놓을 수 없지요! 셀로판지 막대 인형은 만드는 과정도 즐겁지만 완성된 막대 인형을 다양하게 활용하여 놀 수 있어 더욱 좋아요. 그림자는 항상 검은색이라고 생각했던 우리 아이가 알록달록한 색 그림자를 보고 깜짝 놀랄지도 모른답니다.

대상

25~36개월

준비물

검은색 도화지, 셀로판지, 손 코팅지, 막대, 가위

주요 경험 및 발달 효과

- 조각 셀로판지를 붙이며 눈과 손의 협응력을 길러요.
- 색 그림자를 탐색하며 새로운 시각적 경험을 해요.
- 다양한 색을 탐색하며 미적 감각을 길러요.
- 직접 만든 놀잇감으로 놀이하며 성취감을 느껴요.

이렇게 만들어요!

1. 어떤 주제로 막대 인형을 만들지 정해요.
2. 주제를 정했다면 검은색 도화지로 도안을 만들고 셀로판지를 붙일 다양한 크기와 모양의 구멍을 만들어요.
3. 손 코팅지의 끈적한 면이 위로 오도록 놓고 도안을 붙여요. 여러 색깔의 조각 셀로판지를 미리 잘라 두면 놀이 준비 끝! 조각 셀로판지의 크기는 아이의 소근육 발달 수준을 고려하여 결정해요.

이렇게 놀아요!

1. 미리 준비한 도안을 함께 살펴보며 이야기를 나누어요.

   "여기 나비가 있네.", "알록달록한 셀로판지를 붙여서 나비한테 멋진 날개를 만들어 줄까?"

2. 다양한 색의 조각 셀로판지를 붙여요. 작은 공간에는 적은 양, 넓은 공간에는 많은 양의 셀로판지를 붙여야 하기 때문에 셀로판지의 크기와 공간 사이의 관계를 탐색할 수 있어요.

   "이번에는 무슨 색을 붙여 볼까?", "여기는 셀로판지를 조금 붙였는데도 벌써 꽉 찼네."

3. 도안에 손잡이를 달면 완성! 아이스크림 막대, 나무젓가락 등 집에 있는 재료를 활용하여 붙여요.

4. 햇빛이 드는 창가에서 셀로판지 막대로 놀이해요. 색깔 막대를 들고 요리조리 움직이며 색깔 그림자를 탐색해요.

5. 햇빛이 없을 때는 방 안을 어둡게 하고 손전등을 비추면 색깔 그림자를 만날 수 있어요. 손전등을 가까이, 멀리 움직이며 그림자의 크기 변화를 관찰해요.

6. 셀로판지 막대를 활용하여 아이에게 짧은 이야기를 들려줄 수도 있고, 월령이 높은 아이라면 함께 간단한 이야기를 만들 수도 있어요. 이 과정을 통해 창의력, 상상력, 어휘력을 키울 수 있어요.

7. 산책길에 셀로판지 막대를 들고 나가요. 알록달록한 색깔 막대가 아이의 흥미와 호기심을 자극할 거예요.

놀이팁

- 안전 가위 사용이 가능한 경우 아이가 직접 셀로판지를 자르게 해 봐요.

놀이 영역

인지

풍선 정전기 놀이

무늬가 사라져 버린 동물 친구들! 정전기를 이용해 멋진 무늬를 만들어 줘요.

풍선을 머리에 쓱쓱 비벼 머리카락을 띄우는 정전기 놀이! 어릴 적에 한 번쯤은 다 해 본 적이 있을 거예요. '아이와 함께 정전기 놀이를 재미있게 할 수 있는 색다른 방법이 없을까?' 고민하다가 번뜩 떠오른 놀이예요. 집에 있는 그림책 중 동물의 무늬와 관련된 그림책을 찾아보고, 그림책 내용과 연계하여 놀이하면 더 좋아요!

대상

25~36개월

준비물

풍선, 색종이, 습자지, 가위

주요 경험 및 발달 효과

- 풍선 정전기 놀이를 통해 아이의 호기심을 자극해요.
- 동물의 생김새, 색, 무늬 등 다양한 특징에 관심을 가져요.
- 간단한 과학 놀이를 통해 아이의 사고력, 탐구력을 자극해요.

이렇게 만들어요!

1. 아이에게 친숙하면서도 정전기로 무늬를 표현할 수 있는 동물 친구를 떠올려 봐요. 저는 무당벌레와 거북이를 선택했어요. 적당한 크기로 풍선을 불고 무당벌레는 얼굴을, 거북이는 얼굴, 팔, 다리, 꼬리를 색종이로 만들어 붙였어요.
2. 동물 친구의 무늬가 될 모양 종이를 준비해요. 저는 무당벌레의 동그란 무늬는 검은색 습자지를, 거북이의 등 무늬는 노란색과 초록색 습자지를 이용하여 만들었어요.

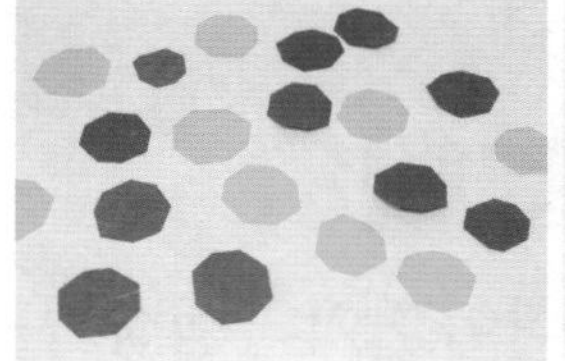

이렇게 놀아요!

1. 먼저 정전기를 탐색해 보는 시간을 가져 봐요. 풍선을 머리카락, 옷, 수건 등에 문질러 보고 어떤 변화가 일어나는지 살펴보며 이야기를 나눠요.

   "머리카락에 쓱쓱 풍선을 문질러 볼까?", "○○이 머리카락이 풍선을 따라 움직이네."

2. 풍선으로 만든 동물과 모양 종이를 소개해요. 간단한 이야기를 만들어 들려주며 아이의 흥미를 유도해요.

   "안녕! 나는 무당벌레야. 나한테는 원래 멋진 무늬가 있었는데 다 사라져 버렸어."

   "○○이가 나의 멋진 무늬를 다시 만들어 줄 수 있니?"

3. 풍선으로 만든 동물을 머리카락이나 옷에 문지른 뒤 모양 종이에 갖다 대며 어떤 변화가 생기는지 살펴봐요.

   "무당벌레를 옷에 쓱쓱 문지르고 동그란 무늬에 가져다 대면 어떻게 될까?"

   "무당벌레한테 멋진 무늬가 생겼네!", "고마워, ○○아."

4. 정전기에 습자지가 움직이는 모습을 반복적으로 관찰하며 놀이해요.

놀이팁

- 습자지 외에 작은 종이, 큰 종이, 두꺼운 종이, 얇은 종이 등 여러 종이를 추가로 제공해요. 어떤 특성의 종이가 정전기에 가장 잘 움직이는지 놀이를 통해 경험하면 자연스럽게 과학적 사고를 하게 될 거예요.

풍선 물감 놀이

물감과 풍선을 이용하여 아이의 상상력을 쑥쑥 키우는 풍선 물감 놀이를 해요.

'물감 놀이' 하면 어떤 도구가 떠오르나요? 붓, 팔레트, 물통 등을 가장 먼저 떠올렸나요? 놀랍게도 풍선으로도 재미있는 물감 놀이가 가능해요. 아이들에게도 풍선을 활용한 물감 놀이는 신선하고 새로운 놀이 자극이에요. 사물을 늘 사용하던 방식에서 벗어나 새롭게 활용하는 것은 아이의 창의적 사고를 자극한답니다.

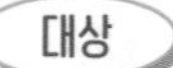

대상

25~36개월

준비물

풍선, 물감, 종이 접시, 전지

주요 경험 및 발달 효과

- 풍선을 활용한 새로운 물감 놀이에 호기심을 느껴요.
- 풍선 도장 놀이를 통해 다양한 색깔과 모양을 경험해요.
- 전지 위에 마음껏 풍선 도장을 찍으며 스트레스를 해소해요.

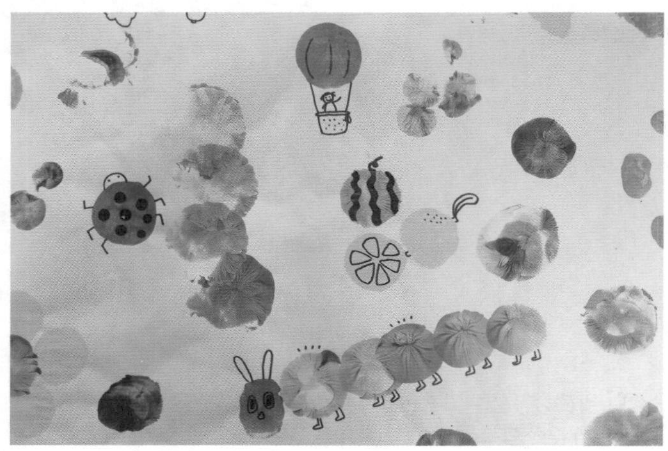

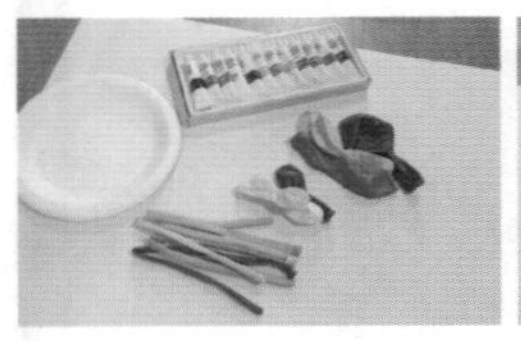

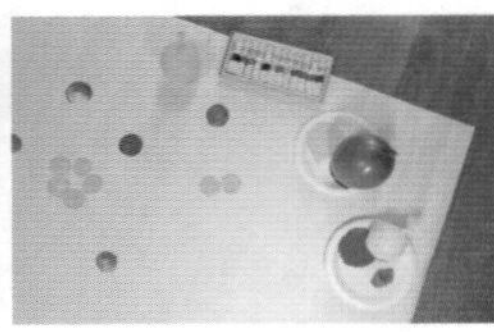
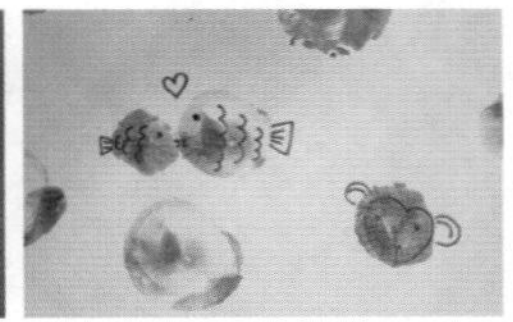

이렇게 놀아요!

1. 바닥에 전지를 붙여 고정시키고 종이 접시에 여러 색깔의 물감을 짜요. 풍선은 적당한 크기로 불어 여러 개 준비해요. 이때 풍선에 물을 조금 넣으면 풍선이 굴러가거나 바람에 날아가는 것을 방지할 수 있어요.

2. 새로운 물감 놀이 도구인 풍선을 소개하며 아이의 호기심을 자극해요.

3. 전지 위에 풍선 도장을 자유롭게 찍어요. 살짝 찍기, 꾹 눌러 찍기, 공처럼 이리저리 굴리기 등 여러 방법으로 풍선 도장을 찍어 보고 찍힌 모양을 살펴봐요. 이때 풍선 도장을 찍어서 나온 자국의 모양, 색깔, 아이의 동작 등을 그대로 말로 표현해 주며 아이의 놀이를 격려해요.

   "풍선에 물감을 콕 찍으면 어떤 모양이 나올까?", "꾹 눌러서 찍어 볼 수도 있네."

   "데굴데굴 굴리니 재미있는 모양이 나왔네."

   "OO이가 노란색 물감을 찍었네.", "우아~ 여러 가지 모양이 생기고 있어~!"

4. 여러 색을 묻혀 풍선 도장을 찍고 자유롭게 색을 탐색해요. 알록달록한 색깔을 보며 심미감을 길러요.

5. 풍선 물감 놀이를 마친 후 작품을 잘 말렸다가 동그라미를 이용해 그림을 그려요. 함께 모양을 살펴보며 생각나는 것을 자유롭게 말해 보고 그림으로 표현해요. 아이의 상상력, 창의력이 쑥쑥 자랄 거예요.

   "빨간 동그라미를 무엇으로 변신시켜 볼까?", "꼭지를 그리니 짠! 사과가 되었네."

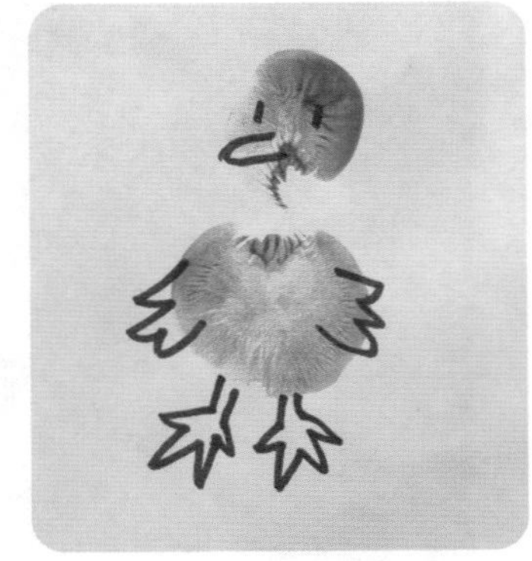

놀이팁

- 전지를 사용하면 아이가 공간의 제약 없이 자유로운 물감 놀이를 즐길 수 있어요. 전지 주변에 큰 비닐을 깔면 정리에 대한 부담도 덜 수 있어요.

풍선 농구

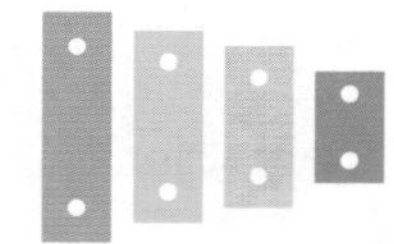

골대에 하트 풍선을 넣으며 아이와의 유대감을 높여요.

아이에게 하루에 몇 번이나 "사랑해!" 하고 말해 주나요? 하루하루 보내기 바빠 막상 마음만큼 자주 표현하지 못하는 분도 있을 거예요. 이 놀이를 할 때만큼은 마음껏 사랑하는 마음을 표현해 봐요. 아이도 엄마, 아빠가 자신을 얼마나 사랑하는지 한 번 더 느낄 수 있을 거예요.

대상

25~36개월

준비물

요술 풍선, 하트 풍선, 도화지, 색연필

주요 경험 및 발달 효과

- 스킨십을 통해 친밀감과 애정을 느껴요.
- 즐거운 놀이 경험을 공유하며 유대감을 형성해요.
- 골대에 풍선을 넣으며 목표물을 향해 신체를 조절해요.

이렇게 놀아요!

1. 도화지에 엄마, 아빠 얼굴을 그린 후 색연필, 사인펜 등 끼적이기 도구를 이용해 자유롭게 꾸며요. 함께 눈, 코, 입을 그리며 신체 부위의 이름을 듣고 말해요.

   "여기 엄마 얼굴이 있네. 같이 눈, 코, 입을 그려 볼까?", "OO이를 바라보는 반짝반짝 눈!"

   "킁킁! OO이 냄새를 맡는 코!", "쪽쪽! OO이한테 뽀뽀하는 입!"

2. 농구 골대는 긴 요술 풍선을 활용해서 만들어요. 긴 요술 풍선을 불어 하트 풍선이 들어갈 수 있는 크기로 모양을 잡아 준 뒤 서로 비틀어 꼬아 사진과 같은 모양을 만들어요. 꼭 팔을 동그랗게 하고 아이를 안아 주는 듯한 모양 같지요? 엄마, 아빠 그림을 벽에 붙이고 그 앞에 요술 풍선을 고정하면 농구대 완성!

3. 하트 풍선을 적당한 크기로 불어 풍선 골대에 쏙 넣어요. 풍선이 골대 안으로 들어갈 때마다 아이를 꼭 안으며 "사랑해!" 하고 말해요.

   "엄마, 아빠가 OO이를 꼬옥~ 안아 주는 팔 모양이랑 똑같네."

   "(풍선을 넣으며) OO아, 사랑해!"

놀이팁

- 초간단 놀이로 즐기고 싶다면 기다란 요술 풍선 대신에 엄마, 아빠 팔을 동그랗게 만들어 골대로 활용해요. 팔 안으로 풍선을 쏙 넣으며 놀이해요.

방울 풍선

딸랑딸랑 방울이 들어 있는 풍선으로 다양한 신체 놀이를 해요.

너무 덥거나 추운 날씨, 미세 먼지 등 여러 이유로 실외 놀이를 하지 못할 때 집에서 아이와 함께 즐길 수 있는 재미있는 신체 놀이를 소개해요. 끈에 매달린 풍선을 잡고 흔들어 보고 손으로 쳐 보고 발로 차 보기도 하며 온몸을 쓰기 때문에 신체를 균형 있게 발달시키기 좋아요.

대상

25~36개월

준비물

풍선, 방울, 리본 끈

주요 경험 및 발달 효과

- 풍선을 손으로 쳐 보고 발로 차 보며 고른 신체 발달을 도와요.
- 풍선의 움직임에 관심을 가지고 의도적으로 움직여요.
- 마음껏 신체를 움직이며 에너지를 발산해요.

이렇게 만들어요!

1. 풍선에 방울을 넣은 뒤 적당한 크기로 불어요.
2. 방울을 넣은 풍선에 리본 끈을 묶어 연결해요. 리본 끈이 너무 길면 위험할 수 있어요. 20~30cm 정도의 길이가 적당해요.

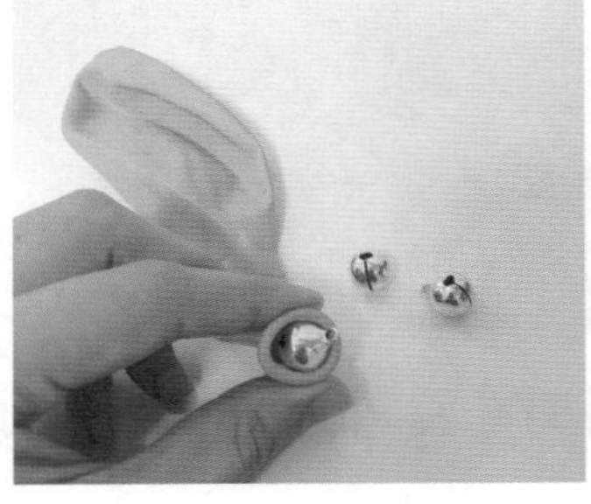

이렇게 놀아요!

1. 끈을 잡고 풍선을 흔들며 딸랑딸랑 방울 소리를 들어 보고 풍선의 움직임을 탐색해요. 아이가 끈을 잘 잡을 수 있게 리본 끈을 고리 모양으로 묶거나 머리 고무줄을 연결해도 좋아요.

   "딸랑딸랑~ 풍선을 흔드니까 소리가 나네."

   "(아이의 움직임을 바라보며) 그렇게 흔들 수도 있구나.", "둥실둥실 풍선이 움직이네."

2. 엄마, 아빠가 끈을 잡고 아이가 손이나 발로 자유롭게 풍선을 치며 놀이해요. 풍선의 움직임이 빠르지 않고, 끈을 달아 잡으면 풍선이 바닥으로 떨어지지 않기 때문에 아이가 반복적으로 풍선을 치며 놀이할 수 있어요.

   "손으로 풍선을 쳐 볼까?", "발로 뻥! 풍선이 높이 올라가네."

3. 풍선을 손목, 허리, 다리 등 원하는 위치에 묶고 꼬리잡기를 해요. 아이의 움직임에 따라 흔들리는 풍선의 움직임을 함께 살펴보며 상호작용을 해요.

   "풍선이 OO이를 따라오네."

   "OO이 풍선 꼬리 잡으러 간다~!"

놀이팁

- 놀이를 마친 뒤 방울 풍선을 천장에 매달아 두면 아이가 원할 때 자유롭게 놀이할 수 있어요.
- 방울 풍선은 재미있는 실외 놀잇감이 될 수 있어요. 풍선이 바람에 움직이는 모습을 살펴보고 신나게 달리기도 해봐요.

10

풍선 배드민턴

오늘 저녁 빠른 육퇴를 도와줄 신나는 신체 놀이를 소개해요.

25~36개월은 계단 오르내리기, 한 발로 서기, 두 발 모아 뛰기, 공 차기 등 운동 능력이 향상되고 움직임이 유연해지는 시기로, 다양한 신체 놀이를 시도하기 좋아요. 이리저리 굴러가고 통통 튀는 공과 달리 풍선은 천천히 움직이기 때문에 영아 신체 놀이에 활용하기 좋아요. 종이 접시로 라켓을 만들어 간단한 도구를 활용한 신체 놀이를 해 봐요.

대상

25~36개월

준비물

종이 접시, 아이스크림 막대, 풍선

주요 경험 및 발달 효과

- 도구를 활용한 신체 활동을 경험해요.
- 풍선의 움직임에 집중하여 풍선을 치며 눈과 대근육의 협응력을 길러요.
- 신체를 다양하게 움직이며 스트레스를 해소하고 즐거움을 느껴요.

이렇게 만들어요!

1. 종이 접시, 막대, 꾸미기 도구(끼적이기 도구, 스티커 등)를 함께 살펴봐요.
2. 종이 접시에 그림을 그리거나 스티커를 붙여 자유롭게 라켓을 꾸며요.
3. 종이 접시 뒤에 막대를 붙이면 배드민턴 라켓 완성!

   "종이 접시에 막대를 붙이니까 손잡이가 생겼네."

   "○○이 얼굴이 쏙 가려지네!"

   "○○이가 라켓을 흔드니 바람이 솔솔 나온다~!"

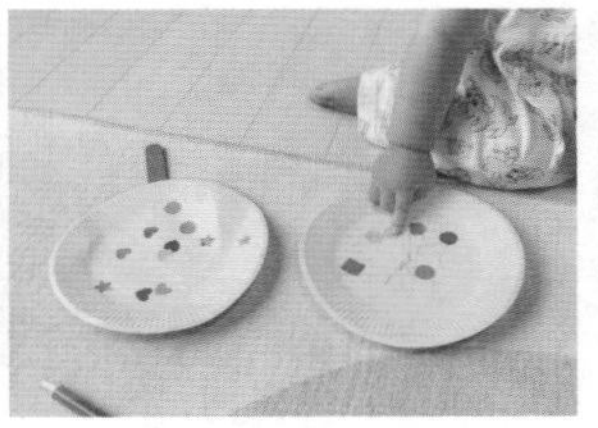

이렇게 놀아요!

1. 종이 접시 라켓으로 풍선을 쳐 봐요. 아이가 종이 접시 라켓으로 풍선 치기를 시도할 수 있도록 라켓 위에 풍선을 살짝 들고 있다 놓아요.

   "○○이가 만든 라켓으로 풍선을 쳐 볼까?", "우아~ 풍선을 위로 치니 둥둥 떠오르네."

2. 엄마, 아빠와 라켓으로 풍선을 쳐서 주고받아요. 한 번씩 번갈아 풍선을 주고받는 것은 아직 어려울 수 있어요. 아이의 운동 발달을 고려하여 놀이의 난이도를 조절해요. 아이가 풍선을 치는 중간중간 한 번씩 풍선이 땅에 닿지 않도록 올려 치는 정도로도 충분해요.

3. 라켓으로 풍선을 쳐서 멀리 보내기, 라켓 위에 풍선 올리고 걷기, 바람을 일으켜 풍선 골대에 넣기 등 아이와 함께 새로운 놀이 방법을 만들어요.

놀이팁

- 종이 접시 라켓의 막대 부분을 잡고 하는 놀이이므로 막대가 떨어지지 않게 단단히 붙여요.

풍선 로켓

풍선 속 공기가 줄어들며 풍선이 로켓처럼 날아가요.

'과학 놀이' 하면 어렵게 느껴지나요? 말랑말랑한 고무로 된 풍선을 만져 보고, 바람을 넣은 풍선이 커지는 모습을 탐색하는 것도 과학 놀이예요. 이번에 소개할 풍선 로켓은 작용 반작용의 원리를 이용한 놀이인데요. 아직은 과학적 원리를 이해하기 어렵겠지만 재미있게 과학 놀이를 즐기는 것만으로도 충분한 의미가 있답니다.

대상

25~36개월

준비물

빨대, 풍선, 손 펌프, 끈, 셀로판테이프

주요 경험 및 발달 효과

- 풍선 로켓을 만들며 소근육 조절 능력을 길러요.
- 풍선 로켓 놀이를 하며 과학적 사고를 자극해요.
- 풍선 로켓을 따라 움직이며 즐거움을 느껴요.

이렇게 놀아요!

1. 빨대를 5cm 정도 길이로 잘라 준비해요.

2. 빨대 구멍에 끈을 통과시킨 후 끈의 양쪽 끝을 의자에 팽팽하게 묶어요. 풍선 로켓이 발사되는 거리가 너무 짧지 않도록 충분한 길이의 끈을 사용해요. 한쪽 끈을 의자에 묶는 대신 아이가 잡고 있도록 해도 좋아요. 처음에는 무서워할 수 있으니 놀이를 반복한 후에 시도해요.

3. 풍선에 바람을 넣어요. 풍선에 공기가 들어갈 때 커지는 모습을 함께 살펴보며 이야기를 나누어요.

4. 풍선의 바람이 빠지지 않도록 끝부분을 손으로 잡고 있거나 빨래집게로 잠시 집어 둔 상태에서 셀로판테이프를 사용하여 풍선 옆면에 빨대를 붙여요.

5. 풍선을 잡고 있던 손을 놓으면 풍선 로켓이 앞으로 발사돼요.

   "풍선 속에 공기가 가득 들어 있어."

   "손을 놓으면 어떻게 될까?"

   "하나, 둘, 셋! 하면 손을 놓아 볼까?"

6. 풍선 로켓과 함께 달리기 경주를 해요.

   "풍선 로켓이랑 같이 저기까지 가 볼까? 준비! 출발!"

놀이팁

- 아이와 풍선 로켓 놀이를 하다 보면 부모님들은 풍선을 반복해서 불어야 하므로 힘들 수 있어요. 이때 손 펌프를 이용하면 공기를 쉽게 넣을 수 있어요.

종이 접시 빨래집게 놀이

빨래집게를 집어 머리카락을 꾸미며 소근육 힘을 길러요.

아이들은 일상에서 사용하는 다양한 생활 도구에 관심이 많아요. 입을 벌렸다 오므렸다 재미있게 움직이는 빨래집게는 아이들의 호기심 가득한 눈빛을 끌어내기에 충분하지요. 빨래집게로 머리카락뿐 아니라 동물의 다리, 털, 꼬리, 수염, 뿔 등 여러 가지를 표현할 수 있으니 다양하게 활용하여 놀이해요.

25~36개월

종이 접시, 빨래집게, 그리기 도구

주요 경험 및 발달 효과

- 소근육을 조절하여 빨래집게를 조작해요.
- 많고 적음, 길고 짧음, 간단한 수 세기에 관심을 가져요.
- 종이 접시에 빨래집게를 집어 자유롭게 표현해요.

이렇게 놀아요!

1. 빨래집게 놀이가 처음이라면 빨래집게의 특성을 탐색해요. 빨래집게 입을 벌리고 닫기, 옷을 집었다 빼기, 짧고 길게 연결하기 등 여러 가지 방법으로 빨래집게를 탐색해요.

   "빨래집게가 입을 아~ 하고 벌렸네! 빨래집게 입이 정말 크다!"

   "(빨래집게로 옷을 집으며) 빨래집게가 배가 고픈가 봐! 엄마 옷을 앙! 하고 먹었네."

   "빨래집게가 친구를 만나니까 점점 길어지네~!"

2. 종이 접시 얼굴을 소개해요. 눈, 코, 입을 함께 그려 보고 어떤 얼굴 표정인지 이야기를 나누어요.

   "동글동글 종이 접시가 꼭 얼굴 같네."

   "눈을 그려 볼까?", "하하하! 신나서 웃고 있네."

3. 빨래집게를 집어 머리카락을 꾸며요. 정해진 위치나 방법은 없어요. 아이가 자유롭게 빨래집게를 집어 표현할 수 있도록 격려해요.

   "빨래집게 위에 또 빨래집게를 집었네.", "지금 OO이 머리랑 비슷해!"

   "빨래집게를 턱에 집으니 수염 같구나.", "빨래집게를 많이 집으니 꼭 사자 같아."

4. 빨래집게를 여러 개 집어 길고 짧음을 표현해요.

   "종이 접시 친구의 머리카락이 점점 길어지네!", "빨래집게를 떼어 내니 짧은 머리카락이 되었어."

놀이팁

- 다리나 꼬리가 없는 동물 그림에 빨래집게를 집는 놀이도 할 수 있어요. 집게를 집은 동물 그림은 바닥에 세워 역할놀이에 활용해 봐요.

종이 접시 자동차 퍼즐

종이 접시로 만드는 초간단 자동차 퍼즐! 직접 만든 퍼즐을 맞춰 봐요!

퍼즐 놀이는 소근육 조절 능력은 물론 모양과 형태에 대한 변별력과 관찰력을 기르기에도 좋은 놀이예요. 25개월이면 서너 조각의 단순한 그림으로 된 퍼즐 맞추기가 가능하고 30개월이면 여섯 조각, 30개월 이상이 되면 전체 속에서 퍼즐 조각의 위치를 이해하게 되어 보다 많은 조각의 퍼즐 놀이가 가능하답니다.

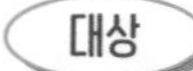

대상

25~36개월

준비물

종이 접시, 색종이, 가위

주요 경험 및 발달 효과

- 퍼즐을 잡고 맞추는 동작을 통해 손의 조작 능력이 발달해요.
- 퍼즐을 맞추며 공간에 대한 관찰 및 탐색을 해요.
- 스스로 생각하는 과정을 통해 문제 해결 능력을 키워요.

이렇게 만들어요!

1. 아이와 함께 어떤 자동차를 만들고 싶은지 이야기를 나눠요. 만들고 싶은 자동차의 모양을 생각하며 종이 접시를 잘라요.
2. 색종이로 창문, 바퀴를 만들어 붙여요.
3. 아이의 발달 수준에 따라 퍼즐 조각의 수를 결정하여 적당히 조각을 내면 자동차 퍼즐 완성!

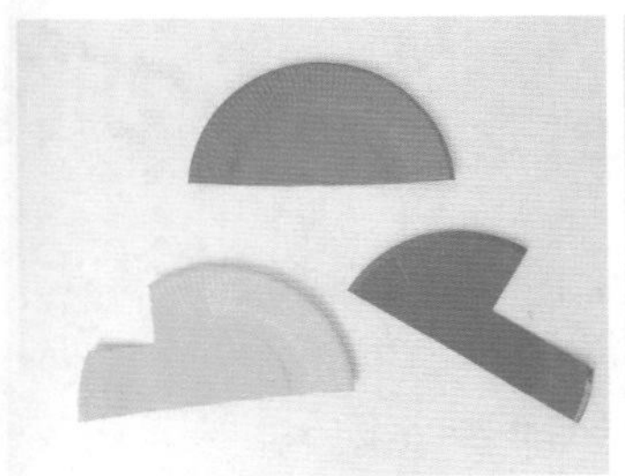

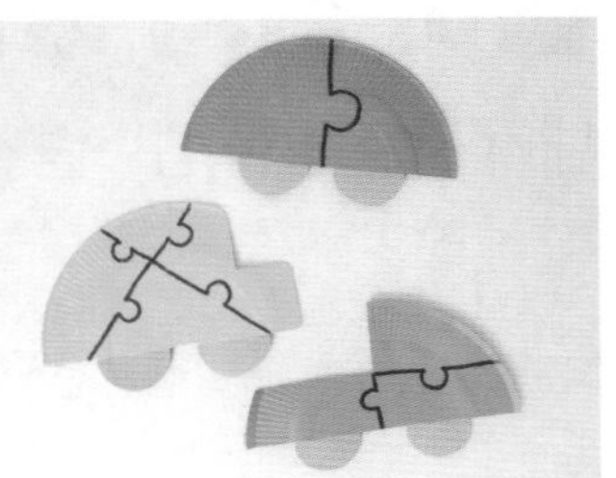

25~36개월

이렇게 놀아요!

1. 완성된 상태의 퍼즐을 살펴보며 전체 모습에 대해 이야기를 나누어요.

   "OO이랑 엄마가 함께 만든 자동차가 있네."

   "동글동글 바퀴도 있고 네모난 창문도 있구나."

2. 각각의 퍼즐 조각이 잘 보이도록 펼쳐 두고 하나씩 맞춰요. 퍼즐을 맞출 때 간단한 스토리를 만들어 이야기해 주면 아이의 언어 표현 능력 및 상상력을 자극할 수 있어요.

   "자동차를 타고 마트에 가야 하는데 자동차가 망가졌네."

   "OO이가 다시 자동차를 만들어 줄 수 있을까?"

   "두 조각을 연결하니까 자동차 창문이 고쳐졌네!"

   "자동차가 다시 출발할 수 있겠어! 부릉부릉 출발합니다~!"

3. 반복해서 퍼즐 조각을 맞춰요. 놀이 모습을 옆에서 지켜보며 결과보다는 노력의 과정을 칭찬하고 격려해요. 이 과정에서 아이는 성취감을 느끼고 끈기와 인내를 키울 수 있어요.

놀이팁

- 아이가 성취감을 느낄 수 있도록 아이 발달 수준에 적절한 퍼즐 조각 수를 고려하여 만들어요.

종이 접시 방울 탬버린

내가 만든 방울 탬버린을 흔들며 자유롭게 연주해요.

주변 사물을 흔들고 두드리며 다양한 소리를 만들어 내는 것을 좋아하는 아기들! 악기 놀이는 이러한 아이들의 욕구를 충족시키는 것은 물론 정서를 안정되게 하고 뇌 발달에도 긍정적인 자극을 줘요. 특히 탬버린은 한 손에 쥐고 흔들기, 두 손으로 두드리기, 한 손에 들고 다른 손으로 치기 등 다양하게 연주할 수 있어 아이의 표현력을 길러 주기 좋은 악기예요.

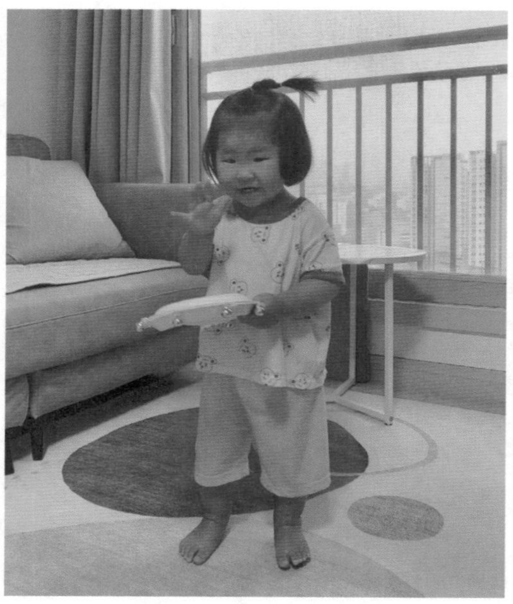

대상

25~36개월

준비물

종이 접시, 리본 끈, 방울, 펀치, 꾸미기 재료

주요 경험 및 발달 효과

- 손과 팔의 움직임을 조절하며 방울 탬버린을 연주해요.
- 방울 탬버린으로 소리와 동작을 자유롭게 표현해요.
- 악기를 연주하며 박자, 리듬의 변화를 느껴요.

이렇게 만들어요!

1. 종이 접시 두 개를 겹친 뒤 가장자리에 방울을 달 구멍을 뚫어요. 방울을 많이 달수록 더 풍성한 소리가 나요.
2. 종이 접시 구멍에 리본 끈을 묶어 방울을 달아요. 방울이 떨어지지 않게 꽉 묶어요.
3. 그리기 도구, 꾸미기 도구를 사용해 탬버린을 꾸며요.

이렇게 놀아요!

1. 탬버린을 흔들고 두드리며 소리를 탐색해요. 어떤 소리가 나는지 함께 이야기를 나누어요.

   "탬버린을 흔들어 볼까? 어떤 소리가 나니?"

   "OO이처럼 손바닥으로 두드릴 수도 있겠다."

2. 아이가 좋아하는 노래를 들으며 탬버린을 연주해요. 탬버린을 흔들고 두드리는 동작은 손과 팔의 힘을 동시에 조절하도록 하여 아이의 대·소근육 발달을 자극해요.

   "탬버린을 손바닥으로 두드려 볼까?"

   "짤랑짤랑~ 탬버린 흔드는 소리가 꼭 동전 소리 같네."

3. 느린 동요, 빠른 동요 등 다양한 리듬을 경험할 수 있는 여러 가지 동요를 들으며 탬버린을 연주해요. 탬버린을 흔들거나 두드리는 속도, 연주 방법에 따라 달라지는 탬버린의 소리를 들으며 자연스럽게 인과 관계를 인지하고 청각적 변별력을 키워요.

4. 노래에 맞춰 몸을 흔들며 탬버린을 연주해요. 악기를 통한 자유로운 표현은 아이의 정서 발달을 돕고, 창의력을 높여 줘요.

솜공 색 분류 센서리 백

센서리 백 속 솜공을 움직여 색깔을 분류해요.

센서리 백은 각기 다른 형태로 이 책에 여러 번 등장하는데요. 만들기 쉬우면서 작은 재료를 안전하게 탐색할 수 있고 소근육 발달에도 좋아 제가 좋아하는 놀이 방법 중 하나예요. 손에 무언가를 묻히기 싫어하는 아이들도 부담 없이 시도할 수 있는 감각 놀이지요. 솜공 외에도 작은 단추나 수정토, 스팽글 등 다양한 재료를 활용하여 놀이해 봐요.

대상

25~36개월

준비물

지퍼 백, 솜공(빨강, 노랑, 초록, 파랑), 알로에 젤, 흰색 도화지, 색연필

주요 경험 및 발달 효과

- 작은 솜공을 움직이며 세밀한 소근육 발달을 자극해요.
- 여러 가지 색에 관심을 가지고 색깔을 분류해요.
- 손끝 자극을 통해 두뇌 발달에 도움을 줘요.

이렇게 만들어요!

1. 흰색 도화지를 지퍼 백 크기에 맞춰 잘라요.
2. 흰색 도화지에 색깔을 분류할 수 있도록 빨강, 노랑, 초록, 파랑 동그라미를 그려요.
3. 지퍼 백 속에 알로에 젤과 함께 빨강, 노랑, 초록, 파랑 솜공을 넣어요. 내용물이 밖으로 나오지 않도록 지퍼 백을 잘 닫고 테이프로 한 번 더 밀봉해요.
4. 지퍼 백 뒷면에 흰색 도화지를 붙이면 색 분류 센서리 백 완성!

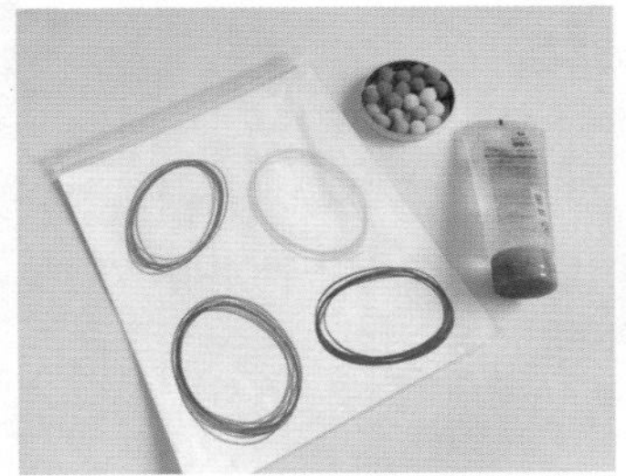
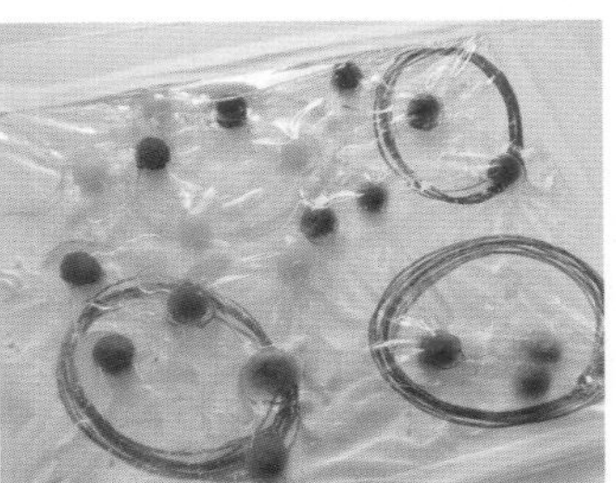

이렇게 놀아요!

1. 처음에는 도화지를 붙이지 않은 상태로 센서리 백을 제공해요. 자유롭게 지퍼 백 속 솜공을 이동시키며 탐색하는 시간을 가져요.

   "지퍼 백 속에 뭐가 들어 있지?", "미끌미끌 지퍼 백 속 솜공이 움직이네."

   "손가락으로 쓱쓱 밀어 볼까?", "손날로 쭈욱 밀어 볼까?"

2. 자유로운 탐색을 충분히 하고 난 뒤, 색 분류 동그라미가 그려진 흰색 도화지를 지퍼 백 뒷면에 붙여요. 색깔 동그라미 안에 같은 색 솜공을 넣으며 색을 분류해요.

   "솜공 친구들에게 알록달록한 색깔 집이 생겼네."

   "노란색 솜공을 노란색 집에 쏙 넣어 줄까?"

   "파란색 집 안에 파란 솜공 친구들이 모여 있구나."

놀이팁

- 지퍼 백에 젤을 넣을 때 적당한 양을 넣는 것이 중요해요. 젤의 양이 너무 적으면 솜공을 움직이기 어렵고 젤의 양이 너무 많으면 재료의 촉감을 느끼기 어려워요.

솜공 빗자루 놀이

쓱싹쓱싹 빗자루로 솜공을 청소해요.

아이들은 청소기, 밀대, 손걸레 등 청소 도구를 참 좋아해요. 또예도 돌 무렵부터 돌돌이로 바닥을 청소하고 물티슈로 곳곳을 닦았는데요. 이번 놀이는 모방 행동을 좋아하고 무엇이든 스스로 하고 싶은 아이들을 위한 놀이예요. 색종이 분수 놀이, 종이컵 폭죽놀이 후에 재미있게 정리할 수 있는 방법으로 추천합니다.

대상

25~36개월

준비물

미니 빗자루, 쓰레받기, 솜공

주요 경험 및 발달 효과

- 대근육의 힘과 방향을 조절하며 빗자루질을 해요.
- 어른의 행동을 관찰하고 놀이를 통해 모방해요.
- 생활 도구를 활용한 놀이를 경험해요.

이렇게 놀아요!

1. 새로운 놀잇감인 빗자루와 쓰레받기를 아이가 볼 수 있는 곳에 두고 아이가 관심을 보일 때 자유롭게 탐색하게 해요. 엄마, 아빠가 빗자루를 사용하는 모습을 본 경험이 있다면 함께 이야기를 나눠요.

   "이건 빗자루와 쓰레받기야.", "빗자루엔 솔이 달려 있어."

   "솔을 만져 볼래? 느낌이 어때?", "엄마가 빗자루로 바닥을 쓸어 청소했었지?"

2. 집 안 곳곳을 청소하는 흉내를 내요.

   "쓱쓱 빗자루로 청소해 볼까?", "이쪽에 먼지가 있는 것 같은데, 청소해 주세요~!"

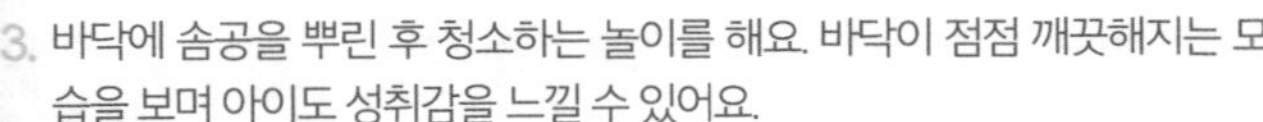

3. 바닥에 솜공을 뿌린 후 청소하는 놀이를 해요. 바닥이 점점 깨끗해지는 모습을 보며 아이도 성취감을 느낄 수 있어요.

   "솜공이 잔뜩 떨어져 있네! 빗자루 출동!", "쓱쓱 빗자루로 솜공을 쓸어 보자!", "빗자루가 지나간 길이 깨끗해졌네."

4. 바닥에 마스킹 테이프로 네모난 모양의 목표 지점을 만들어요. 빗자루로 솜공을 네모 모양 안에 넣어요.

   "여기 아직 집에 못 간 솜공이 잉잉! 울고 있어.", "솜공을 네모난 집 안으로 쏙쏙 넣어 보자."

놀이팁

- 이 놀이는 아이가 즐겁게 청소를 흉내 내는 놀이예요. 깨끗하게 하는 것이 주목적이 아니라는 점을 기억해요.

17

빨대 비닐장갑 까꿍 인형

빨대를 후~ 불면 비닐장갑 인형이 뽕! 하고 튀어나와요.

아이들은 자기 행동으로 인해 사물의 상태가 변하는 것을 흥미로워하고 이를 반복하여 탐색하는 것을 좋아해요. 입으로 후~ 불 때마다 짠! 하고 나타나는 비닐장갑 인형은 이런 아이의 욕구를 채워 주는 좋은 놀잇감이에요. 비닐장갑 인형을 약하게, 세게 불어 보며 인형의 크기 변화를 경험하는 것은 탐구하는 태도를, 비닐장갑으로 놀잇감을 만드는 경험은 사고의 유연성을 기를 수 있어요.

대상

25~36개월

준비물

비닐장갑, 빨대, 꾸미기 재료, 종이컵, 고무줄, 송곳

주요 경험 및 발달 효과

- 새로운 재료를 활용한 단순한 미술 활동을 경험해요.
- 비닐장갑이 커지고 작아지는 변화를 탐색해요.
- 빨대를 부는 행동은 입 주변 근육을 자극하여 언어 발달을 도와요.

이렇게 만들어요!

1. 비닐장갑을 어떤 모양으로 꾸밀지 이야기를 나눠요. 비닐장갑의 손가락 부분을 활용하여 닭, 토끼, 곰 등의 동물 표현도 할 수 있어요.
2. 다양한 꾸미기 재료를 가지고 비닐장갑을 꾸며요. 매직펜으로 쓱쓱 그림을 그려도 좋고 스티커를 붙여도 좋아요.
3. 종이컵 아랫부분에 빨대를 끼울 작은 구멍을 뚫은 뒤 빨대를 안쪽으로 꽂아요. 비닐장갑의 손목 부분을 종이컵 입구를 덮듯이 끼우고 고무줄로 고정해요. 이때 아이가 빨대를 불면 비닐장갑 인형의 앞면을 볼 수 있도록 위치를 조정해요.

이렇게 놀아요!

1. 비닐장갑을 종이컵 안쪽으로 넣어 꼭꼭 숨겨요. 입으로 빨대를 후~ 불면 뿅! 하고 인형이 튀어나와요.

   "깡충깡충 토끼가 어디 갔지? 종이컵 안에 꼭꼭 숨었나 봐."

   "엄마가 토끼가 나타나게 해 볼게. 후~!"

   "우아~ 토끼가 나타났다!"

2. 반복하여 빨대를 불며 놀이해요. 비닐장갑이 커지고 작아지는 모습을 탐색해요.

   "후~ 빨대를 불었더니 토끼가 커졌네."

   "어? 다시 작아졌구나. OO이가 다시 빨대를 불어 볼까?"

놀이팁

- 어린 월령의 아이들은 풍선처럼 바람을 넣은 상태에서 가지고 놀이할 수도 있어요. 비닐장갑에 빨대를 끼워 바람을 불고 셀로판테이프로 붙여 주면 비닐장갑 풍선 완성!

빨대 목걸이

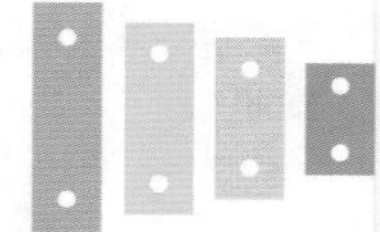

끈에 빨대와 모양 종이를 끼워 나만의 목걸이를 만들어요.

영유아 놀이 하면 빠질 수 없는 놀이 중 하나가 실 꿰기 놀이예요. 실 꿰기 놀이는 작은 구멍에 맞추어 끈을 넣어야 하기 때문에 눈과 손의 협응력과 소근육 발달을 돕고 집중력을 키워 줘요. 작은 손을 꼬물꼬물 움직여 열심히 만든 목걸이를 목에 걸고 거울을 보면 성취감도 느낄 수 있어요.

25~36개월

두꺼운 끈, 셀로판테이프, 빨대, 모양 종이, 펀치, 가위

주요 경험 및 발달 효과

- 끈에 빨대를 끼우며 손가락 근육을 발달시키고 집중력을 길러요.
- 다양한 색과 모양을 경험하며 미적 감각을 길러요.
- 자유로운 표현을 통해 만족감과 성취감을 느껴요.

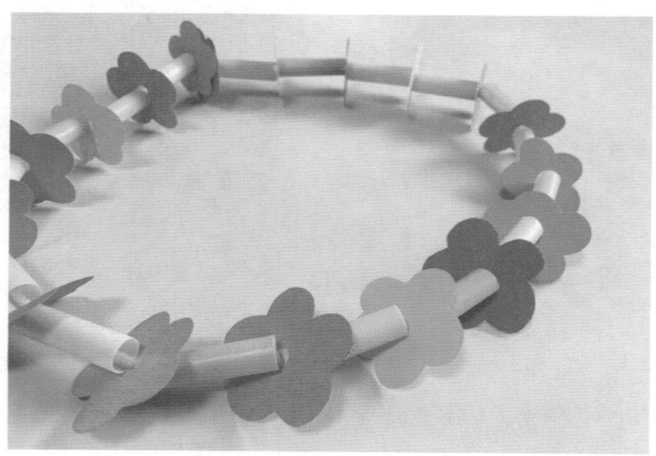

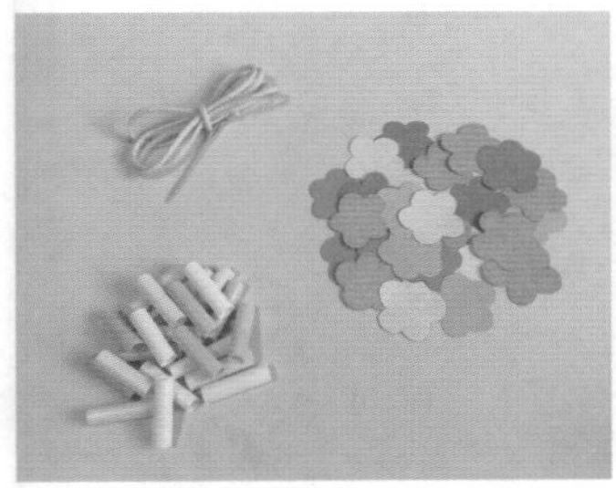

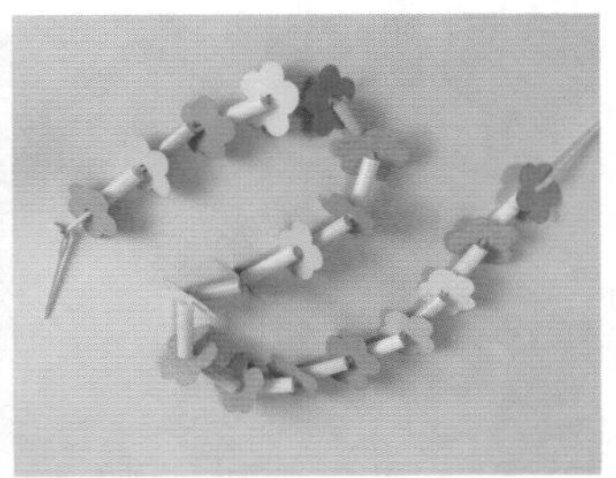

이렇게 놀아요!

1. 가위를 사용해 다양한 색깔의 빨대를 잘라요. 가위로 빨대를 자를 때의 느낌이 어떤지, 빨대가 잘리며 튕겨 나가는 모습이나 그때 나는 소리 등에 대해 이야기를 나눠요.

   "가위로 싹둑 빨대를 잘라 볼까?", "빨대를 자르니까 팅! 하고 튕겨 나가네.", "와~ 저기 멀리까지 갔어!"

2. 미리 준비해 둔 모양 종이에 펀치로 구멍을 뚫어요.

3. 실 꿰기 놀잇감을 보면 물체를 끼우기 쉽도록 대부분 끝에 작은 나무 막대가 연결되어 있어요. 끈을 그대로 사용하면 빨대와 종이를 끼우기 어렵기 때문에 끝에 셀로판테이프를 감아 단단한 부분을 만들어요.

4. 두꺼운 끈에 빨대와 모양 종이를 자유롭게 끼워요. 빨대와 모양 종이를 번갈아 끼우며 간단한 규칙성을 경험해요.

   "무슨 색 빨대를 끼울까?", "다음에는 어떤 모양을 끼울까?", "빨대 다음에 종이를 끼웠네."

5. 끈을 묶어 주면 빨대 목걸이 완성! 내가 만든 목걸이를 목에 걸고 거울을 봐요.

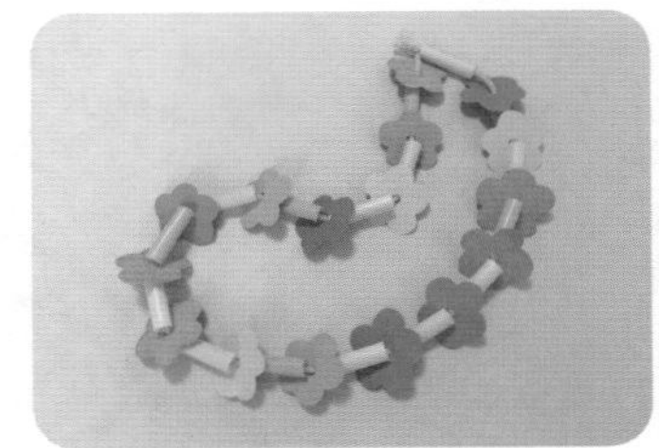

놀이팁

- 펀치를 사용해 생긴 동그라미 종잇조각도 좋은 놀이 재료가 될 수 있어요. 풀로 그림을 그리고 알록달록한 작은 동그라미 종잇조각을 그 위에 뿌리면 멋진 작품이 완성돼요.

빨대 로켓

빨대로 하늘을 날아가는 로켓을 만들어요.

이번 놀이는 입으로 후 불면 하늘 위로 날아가는 빨대 로켓이에요. 빨대 로켓을 반복해서 날리면 입으로 부는 힘의 세기, 로켓의 움직임 등을 탐색할 수 있어요. 날아가는 빨대 로켓을 따라 몸을 움직이며 에너지를 발산하고 스트레스를 해소할 수도 있지요. 벌써부터 까르르 웃음소리가 들리는 것 같지 않나요?

25~36개월

준비물

그림을 그릴 종이 혹은 스티커, 가는 빨대, 굵은 빨대, 테이프, 가위

주요 경험 및 발달 효과

- 빨대 로켓을 날리기 위해 힘차게 후~ 불며 폐활량을 키워요.
- 빨대 로켓을 따라 몸을 움직이며 즐거움을 느껴요.
- 굵은 빨대 안에 일반 빨대를 끼우며 소근육 발달을 자극해요.

이렇게 만들어요!

1. 어떤 주제의 빨대 로켓을 만들지 아이와 함께 정해요. 비행기, 로켓, 새, 아이가 좋아하는 캐릭터 등 무엇이든 좋아요. 엄마, 아빠가 그림을 그리고 아이와 함께 색칠하거나 스티커를 활용해도 좋아요.

   "엄마랑 슈웅~ 날아가는 놀잇감을 만들자."

   "OO이가 좋아하는 짹짹 새를 그려 볼까?"

   "새를 무슨 색으로 칠할까? OO이는 파란색으로 색칠하고 싶구나."

2. 굵은 빨대를 5cm 정도 길이로 자른 후 한쪽 끝부분을 테이프로 막고 그림을 붙여요.

3. 굵은 빨대 안에 일반 빨대를 끼우면 빨대 로켓 완성!

   "새를 빨대에 끼워 볼까?", "쏙! 들어갔네."

25~36개월

이렇게 놀아요!

1. 빨대 로켓을 입으로 후 불어요. 이 시기의 아이들은 세게 부는 것이 어려울 수 있어요. 아이의 시도를 칭찬하고 격려해요.

   "빨대를 후~ 하고 불면 어떻게 될까?"

   "하나, 둘, 셋! 후~!"

   "우아! 새가 날아간다!"

2. 반복해서 빨대 로켓을 불며 로켓이 날아가는 모습을 살펴봐요. 빨대 로켓을 살살 불어 보고 세게 불어 보며 앞으로 나아가는 속도나 거리 등의 차이를 경험해요.

3. 여러 개의 빨대 로켓을 만들어 어떤 로켓이 가장 멀리 날아갔는지 이야기를 나누며 놀이하는 것도 재미있어요. 누구의 빨대 로켓이 가장 멀리 날아가는지 경쟁하기보다는 어떤 빨대 로켓이 멀리 날아갔는지에 초점을 맞춰요.

   "비행기보다 새가 더 멀리 날아갔네."

색종이 분수

입으로 바람을 불면 색종이 조각이 훨훨 날아가요!

비눗방울 놀이, 생일 축하 놀이, 나팔 불기처럼 입으로 부는 놀이는 아이의 언어 발달을 자극해요. 입술과 호흡을 사용하여 입으로 후후~ 부는 행동은 아이의 구강 근육 발달을 자극하고 발성 및 발음 기관 발달에 도움을 주지요. 또 폐활량을 강화시켜 아이의 건강한 신체 발달에도 긍정적인 영향을 줘요. 간단한 재료로 우리 아이 언어 발달을 자극하는 놀잇감을 만들어 봐요.

대상

25~36개월

준비물

종이컵, 색종이, 빨대, 칼, 가위

주요 경험 및 발달 효과

- 입으로 바람을 일으켜 색종이를 날려요.
- 간단한 미술 활동을 경험해요.
- 색종이 조각이 날리는 모습을 보며 색채 감수성을 키워요.

이렇게 만들어요!

1. 종이컵에 십자 모양으로 칼집을 내요. 빨대가 쏙 들어갈 수 있는 크기면 적당해요.
2. 빨대를 꽂은 종이컵에 색종이 조각을 넣으면 색종이 분수 완성!

이렇게 놀아요!

1. 여러 색깔의 색종이를 손으로 찢거나 가위로 자르며 놀이해요. 놀이 후 색종이 조각을 모아요.
2. 종이컵에 색종이 조각을 넣어요. 얇고 작은 색종이 조각을 다루는 경험은 아이의 소근육 발달을 도와요.
3. 엄마, 아빠가 먼저 빨대를 후~ 세게 불어 색종이 조각이 퍼져 나가는 모습을 보여 줘요. 색종이 조각이 날리는 모습을 살펴보며 다양한 표현을 해요.

   "펄펄~ 색종이 눈이 내리네."

   "색종이 조각이 나풀나풀 움직이네."
4. 색종이 분수를 직접 불며 색종이 조각을 날려요.

놀이팁

- 색종이 분수가 잘 나오도록 하는 방법

  ① 빨대를 깊숙이 넣지 않고 종이컵 구멍 끝에 걸리도록 하기

  ② 빨대가 위쪽을 향하도록 살짝 사선으로 불기

  ③ 색종이를 꽉꽉 채우지 말고 여유 있게 반 정도만 채우기

- 색종이 조각을 보자기 위에 올린 후 엄마, 아빠와 함께 잡고 흔드는 놀이도 해 봐요. 함께 놀이하는 즐거움을 느껴 보고 다양한 움직임을 경험하며 신체 조절 능력을 기를 수 있어요.

21

색종이 모자이크

색종이 조각을 자유롭게 붙이며 창의적으로 표현해요.

앞서 소개한 색종이 분수 놀이를 하고 나면 작은 색종이 조각이 많이 생겨요. 그냥 버리기는 아까운 알록달록한 색종이 조각으로 아이의 심미적 감수성을 키우는 표현 활동을 해 봐요. 끈적한 코팅지 위에 여러 색깔의 색종이 조각과 다양한 재료를 붙이며 소근육 조절 능력을 기르고, 자유로운 표현을 통해 여러 모양을 만들며 상상력과 창의력을 키워요.

대상

25~36개월

준비물

색종이, 손 코팅지, 마스킹 테이프, 여러 가지 꾸미기 재료(스팽글, 단추 등), 가위

주요 경험 및 발달 효과

- 색종이를 찢거나 자르며 손의 힘을 길러요.
- 다양한 재료의 색, 모양, 질감을 탐색해요.
- 재료를 자유롭게 붙이며 창의적 표현 능력을 키워요.

이렇게 놀아요!

1. 색종이를 손으로 찢거나 가위로 자르며 놀이해요. 놀이 후 색종이 조각을 모아요.

2. 손 코팅지의 끈적끈적한 부분이 위로 오도록 하고 움직이지 않도록 마스킹 테이프로 고정해요. 손 코팅지에 손가락을 붙였다 떼며 새로운 느낌을 탐색해요.

   "OO이 손가락이 딱! 붙었네."

   "끈적끈적 재미있는 느낌이구나."

3. 손 코팅지 위에 색종이 조각을 자유롭게 붙여요. 다양한 색깔, 크기, 모양의 색종이를 붙이며 자유로운 표현을 경험해요.

   "색종이를 어떻게 붙여 볼까?"

   "OO이는 아주 작은 색종이를 붙였구나."

   "파란색도 붙이고 노란색도 붙였네."

   "색종이를 연결해서 붙이니 칙칙폭폭 기차 같다."

4. 색종이 조각 외에 손 코팅지에 붙일 수 있는 다양한 꾸미기 재료를 함께 준비하여 붙여요.

   "어떤 걸 붙여 볼까?"

   "반짝반짝 동그라미 스팽글을 붙였네."

   "여러 가지 재료들이 함께 붙어 있으니 더 멋진걸?"

놀이팁

- 놀이 후 손 코팅지의 가장자리에 골판지를 붙여 틀을 만들면 멋진 콜라주 액자가 완성돼요. 아이의 놀이 공간에 전시해 두면 스스로 만든 작품을 보며 성취감을 느낄 거예요.

22

휴지 심 볼링

공을 굴려 휴지 심 핀을 쓰러뜨려 보는 놀이예요.

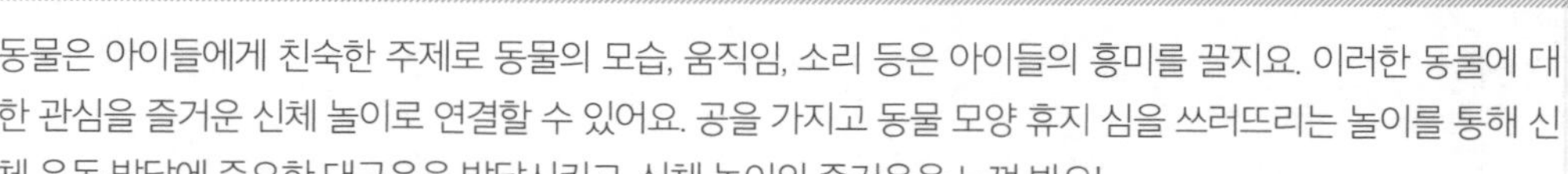

동물은 아이들에게 친숙한 주제로 동물의 모습, 움직임, 소리 등은 아이들의 흥미를 끌지요. 이러한 동물에 대한 관심을 즐거운 신체 놀이로 연결할 수 있어요. 공을 가지고 동물 모양 휴지 심을 쓰러뜨리는 놀이를 통해 신체 운동 발달에 중요한 대근육을 발달시키고, 신체 놀이의 즐거움을 느껴 봐요!

대상

25~36개월

준비물

휴지 심, 공

주요 경험 및 발달 효과

- 대근육을 조절하여 목표물을 향해 공 굴리기를 시도해요.
- 다양한 동작을 시도하며 신체 발달을 자극해요.
- 휴지 심 볼링 핀을 쓰러뜨리며 스트레스를 해소해요.

이렇게 만들어요!

- 휴지 심 여러 개를 준비해요. 휴지 심에 동물 그림을 그리거나 붙여서 볼링 핀을 완성해요.

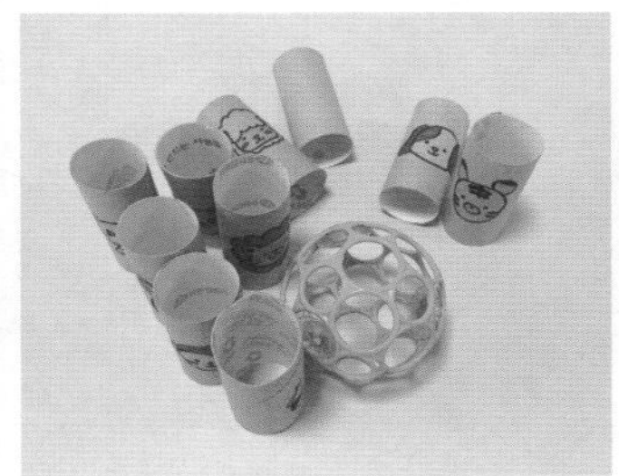

이렇게 놀아요!

1. 휴지 심 볼링 핀을 살펴보며 각 동물의 특성에 대해 이야기를 나누어요.

   "동물 친구들이 많이 있네. 어떤 동물들이 있나 살펴볼까?"

   "입이 큰 악어도 있고, 줄무늬가 쭉쭉 있는 얼룩말도 있네."

2. 휴지 심 볼링 핀을 자유롭게 탐색해요.

   "휴지 심을 데굴데굴~ 코끼리가 데굴데굴 굴러가네."

   "원숭이 위에 깡충깡충 토끼가 올라갔네."

3. 휴지 심 볼링 핀을 자유롭게 무너뜨려요.

   "(휴지 심을 세우며) 동물 친구들을 이렇게 세워 볼까?"

   "(휴지 심을 손으로 치며) 오잉! 기린이 쓰러졌네."

4. 공을 굴려 볼링 핀을 무너뜨려요.

   "공을 굴려 볼까? 와~ 잘 굴러가네.", "공을 굴려 볼링 핀을 맞춰 볼까?", "공이 데굴데굴 굴러가서 휴지 심을 무너뜨렸네."

놀이팁

- 처음에는 엄마, 아빠가 세워 준 볼링 핀을 쓰러뜨리며 놀이하다가 이후에는 함께 볼링 핀 세우기에 참여하게 해요. 바닥에 휴지 심 지름 크기와 같은 색지를 붙여 볼링 핀을 세울 위치를 표시해 주면 아이 스스로 볼링 핀을 세울 수 있어요.

휴지 심 퍼즐

돌돌돌~ 휴지 심을 돌려 그림을 완성해요.

영유아 퍼즐은 꼭지 퍼즐, 조각 퍼즐, 자석 퍼즐, 겹 퍼즐 등 여러 형태가 있어요. 휴지 심으로도 간단한 두세 조각 퍼즐을 만들 수 있지요. 휴지 심을 쌓거나 빙글빙글 돌려 퍼즐을 만들어 봐요. 처음에는 새로운 방법의 퍼즐 맞추기를 어렵게 느낄 수 있으니 단순한 그림부터 시작해 봐요.

대상

25~36개월

준비물

휴지 심, 단순한 그림 도안, 칼

주요 경험 및 발달 효과

- 퍼즐 조각을 탐색하며 모양의 시각적 변별력을 길러요.
- 부분과 전체의 관계를 경험해요.
- 휴지 심을 쌓거나 돌려서 그림을 완성해요.
- 퍼즐을 완성하는 경험을 통해 성취감을 느껴요.

이렇게 만들어요!

1. 휴지 심에 붙일 단순한 그림 도안을 준비해요. 엄마, 아빠가 직접 그려도 좋아요.
2. 휴지 심에 준비한 그림을 붙이고, 두세 등분으로 적당히 자르면 완성!

이렇게 놀아요!

1. 휴지 심 퍼즐을 살펴봐요. 그림이 완성된 형태와 조각으로 나눠진 형태를 자유롭게 탐색해요.

   "(퍼즐 조각을 가리키며) 여기에는 꽃 얼굴이 있고 또 다른 조각에는 꽃 줄기가 있네."

   "세 개를 합치니 꽃 그림이 완성됐어!"

2. 키친타월 심, 호일 심, 휴지걸이 등에 퍼즐 조각을 끼우고 돌돌 돌려서 그림을 완성해요. 휴지 심 퍼즐 조각의 지름이 더 넓어 고정이 되지 않는다면 키친타월 심에 신문지를 감아 두께를 조절해요.

   "어떻게 해야 꽃 그림을 다시 만들 수 있을까?", "퍼즐 조각이 빙글빙글~ 토끼가 보이네."

   "퍼즐을 다시 돌리니까 토끼가 어떻게 됐지?"

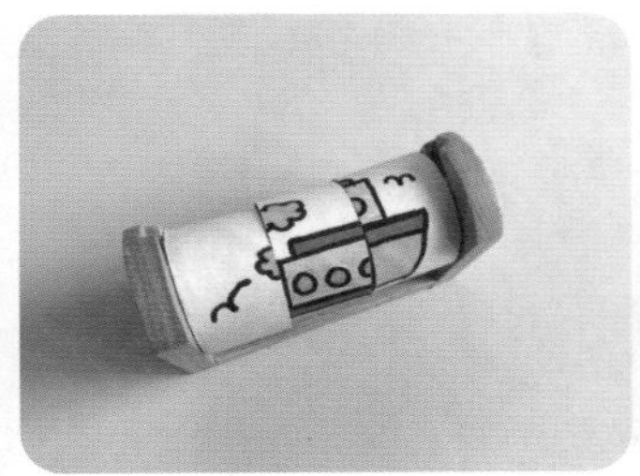

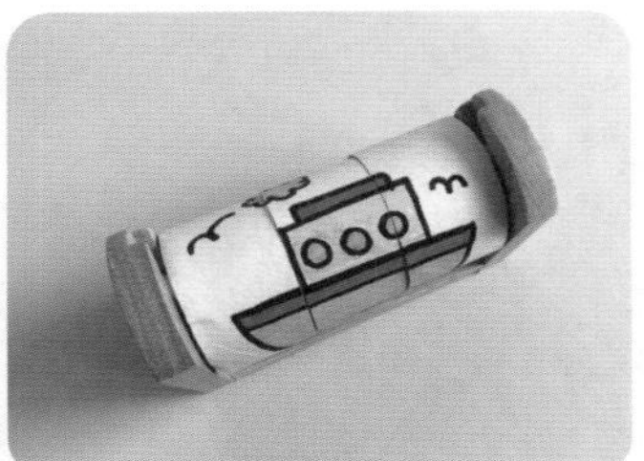

놀이팁

- 휴지 심이 너무 작아 아이가 조작에 어려움을 느낀다면 박스 테이프 심을 활용하여 커다란 퍼즐을 만들어 볼 수도 있어요.
- 전체 퍼즐 조각 중 몇 개의 조각을 고정시키면 난이도를 조절할 수 있어요.

휴지 심 표정 인형

휴지 심 표정 인형을 돌리며 여러 감정에 관심을 가져요.

이 시기의 아이들은 즐거움, 슬픔, 화남 등 자신의 여러 가지 감정을 인식하고 말과 행동으로 나타낼 수 있어요. 다른 사람이 나타내는 감정에도 관심을 가지고 공감할 수 있지요. 휴지 심 표정 인형을 통해 자신의 다양한 감정을 긍정적으로 받아들이고 감정을 표현하는 방법에 대해 이야기 나누는 기회를 만들어 봐요.

25~36개월

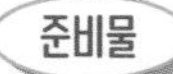

휴지 심 두 개, 바닥용 단단한 종이, 네임펜, 칼

주요 경험 및 발달 효과

- 신체 각 부분의 명칭을 듣고 말해요.
- 다양한 표정을 지으며 얼굴의 움직임을 살펴봐요.
- 다양한 표정과 감정에 관심을 가지고 언어로 표현해요.

이렇게 만들어요!

1. 휴지 심에 표정을 제외한 나머지 부분의 그림을 그린 후 얼굴 부분을 칼로 잘라요.
2. 휴지 심 표정 인형을 만들려면 휴지 심 안에 다른 휴지 심을 넣어야 해요. 두 휴지 심의 지름이 같으면 휴지 심이 잘 돌아가지 않기 때문에 안쪽에 넣을 휴지 심을 세로로 잘라 둘레를 조절해요.
3. 안에 넣은 휴지 심을 쉽게 돌릴 수 있도록 밑면에 단단한 종이를 붙여요.
4. 두 심을 겹쳐 넣은 뒤 안쪽 휴지 심을 돌려 가며 표정을 그려요. 네임펜으로 웃는 얼굴, 화난 얼굴, 슬픈 얼굴, 놀란 얼굴 등 다양한 표정을 그리면 완성!

이렇게 놀아요!

1. 거울에 비친 내 모습에 관심을 가지고 눈, 코, 입 등을 살펴봐요. 눈을 깜박깜박, 입을 오물오물, 코를 찡긋찡긋 움직여 보고 신체 명칭에 관심을 가져요.

   "OO이 반짝반짝 예쁜 눈을 깜박깜박해 볼까?", "코코코코코코 입! OO이 입이 어디 있지?"

2. 엄마와 함께 거울을 보며 웃는 표정, 우는 표정, 화난 표정 등 다양한 표정을 지어요.

   "슬플 땐 어떤 표정일까?", "즐겁고 행복한 표정을 지어 볼까?", "방긋! 웃는 표정이네."

3. 휴지 심 인형을 소개하고 휴지 심 인형을 돌리며 여러 가지 표정을 살펴보며 이야기를 나누어요.

   "휴지 심 인형의 표정이 어때?", "휴지 심 인형이 즐거운 일이 있나 봐."

   "휴지 심 인형이 잉잉 울고 있어. 속상한 일이 있나 봐.", "OO이가 '울지 마~' 하고 이야기해 줄까?"

놀이팁

- 휴지 심 표정 인형을 역할놀이에 활용해 봐요. 보통 인형은 한 가지 표정을 짓고 있지만 휴지 심 표정 인형은 얼굴 표정을 바꿀 수 있어 놀이를 하며 다양한 기분, 표정에 대한 이야기를 나눌 수 있어요.

휴지 심 모양 도장

다양한 모양의 휴지 심에 물감을 묻혀 종이에 찍는 놀이예요.

쉽게 구겨지는 휴지 심의 특성을 활용한 재미있는 도장 놀이를 소개해요. 휴지 심을 가지고 동그라미, 세모, 네모 등 다양한 모양을 만들어 보고 물감을 묻혀 종이 위에 도장을 콕콕 찍어 봐요. 종이라는 한정된 공간 위에 도장을 찍으며 대·소근육 조절 능력과 공간 지각 능력을 키워요.

대상

25~36개월

준비물

휴지 심, 물감, 가위

주요 경험 및 발달 효과

- 도장을 찍어 나타나는 다양한 색과 모양을 탐색해요.
- 손의 힘을 조절하여 도장을 찍어요.
- 자유로운 표현을 하며 긴장을 해소하고 정서적 안정감을 느껴요.

이렇게 만들어요!

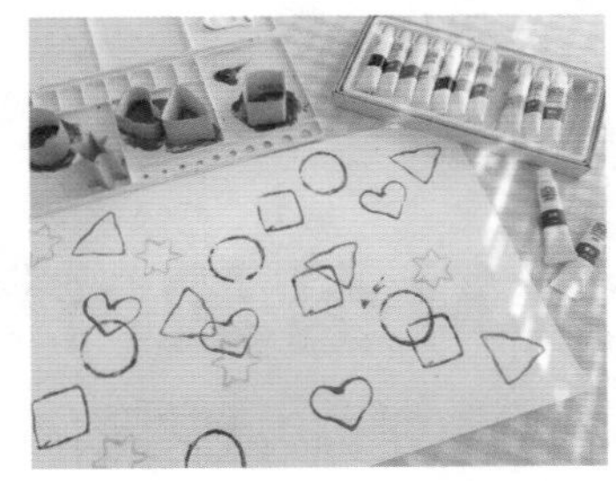

1. 휴지 심을 손에 쥐기 쉽게 적당한 길이로 잘라요. 두세 등분 정도면 적당해요.
2. 잘 구겨지는 휴지 심의 특성을 이용하여 세모, 네모, 하트, 별 등 다양한 모양을 만들어요.

이렇게 놀아요!

1. 여러 가지 모양의 휴지 심 도장을 살펴봐요.

   "어떤 모양이 있나 살펴볼까?"

   "동글동글 동그라미도 있고, 뾰족뾰족 세모도 있네."

2. 종이 위에 원하는 색의 물감을 찍어 자유롭게 휴지 심 모양 도장을 찍어요.

   "힘을 줘서 꾸욱! 찍어 보자."

   "와! 별 모양이 찍혔네."

   "이번에는 노란색 물감을 골랐구나."

3. 도장이 찍혀 나온 자국의 모양, 색깔, 아이의 동작 등을 읽어 주며 자유로운 표현을 격려해요.

   "OO이가 두 손으로 도장을 꾹 눌렀네."

   "노란색 별 옆에 파란색 네모가 생겼네."

   "그림 위에 또 도장을 찍으니 모양들끼리 만났구나!"

놀이팁

- 간단한 기본 도형 외에도 휴지 심으로 다양한 모양 표현이 가능해요. 휴지 심을 가지고 여러 가지 꽃 모양을 표현한 놀이도 참고해 봐요.

휴지 심 에어 캡 물감 놀이

휴지 심에 에어 캡을 감싸 도장을 만들어 재미있는 모양을 표현해요.

0~12개월 놀이에서 자유롭게 가지고 놀 수 있는 방식의 에어 캡 물감 놀이를 소개했는데요. 이제 직접 물감을 사용할 수 있을 만큼 자란 우리 아이를 위한 업그레이드 형태의 놀이를 소개할게요. 휴지 심에 에어 캡을 감싸 주기만 하면 완성! 새로운 도구인 에어 캡 도장과 롤러를 활용해 물감 놀이를 하며 아이의 상상력과 창의력을 자극해요.

25~36개월

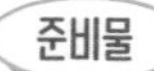

휴지 심, 에어 캡, 물감, 고무줄, 막대 또는 돌돌이

주요 경험 및 발달 효과

- 에어 캡의 촉감을 감각적으로 탐색해요.
- 도장을 찍고 롤러를 굴리며 팔과 손의 힘을 조절해요.
- 새로운 도구를 활용한 표현 활동을 경험해요.

이렇게 만들어요!

1. 에어 캡 도장

휴지 심의 구멍을 에어 캡으로 감싸고 고무줄을 감아 에어 캡 도장을 만들어요. 휴지 심은 잘 구겨져서 다양한 모양을 만들 수 있기 때문에 동그라미 외에도 세모, 네모 등의 에어 캡 도장을 만들 수 있어요.

2. 에어 캡 롤러

휴지 심 면을 에어 캡으로 감싸고 손잡이를 붙이거나 돌돌이에 끼워 에어 캡 롤러를 만들어요.

이렇게 놀아요!

1. 에어 캡을 활용한 놀이가 처음이라면 물감 놀이를 하기 전에 에어 캡 탐색을 먼저 해 보는 것을 추천해요. 손가락으로 에어 캡을 터뜨려 보기도 하고, 바닥에 깔거나 벽에 붙여 두고 손바닥, 발바닥, 엉덩이 등 여러 신체 부위를 사용해 터뜨리기 놀이도 해 봐요. 에어 캡의 질감과 소리를 감각적으로 탐색할 수 있어요.

2. 물감을 묻혀 에어 캡 도장을 찍어요. 에어 캡 도장을 찍어 나타난 올록볼록 재미있는 질감을 탐색해요. 에어 캡 모양이 잘 나타날 수 있게, 물감의 농도를 너무 묽지 않게 조절해요.

   "뽁뽁이 도장을 쿵! 어떤 모양이 생겼을까?", "동글동글 작은 동그라미들이 찍혔네."

3. 물감을 묻힌 에어 캡 롤러를 자유롭게 굴려 보고 나타난 모양을 살펴봐요.

   "롤러에 어떤 색을 묻힐까?"

   "데굴데굴 굴러가면서 모양이 나오네?"

   "한 번에 주욱~ 동글동글 모양이 많이 생겼네!"

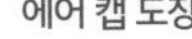

에어 캡 도장

에어 캡 롤러

놀이팁

- 에어 캡 위에 사인펜, 매직펜 등을 사용하여 그림을 그려 보는 것도 재미있어요. 에어 캡 위에 그림을 그리면 종이와는 다른 특별한 질감을 느낄 수 있어 아이의 감각 발달을 자극해요.

27

휴지 심 자동차

휴지 심 자동차로 자동차 놀이를 해요.

자동차 놀이가 영아기 상상 놀이의 '꽃'이라고 말할 정도로, 아이들은 자동차를 활용한 놀이를 정말 좋아해요. 자동차 굴리기, 인형 태워 주기, 주차하기, 기름 넣기, 세차하기 등등 여러 가지 상황을 만들어 다채롭게 놀이할 수 있어요. 이 과정에서 신체, 언어, 사회·정서 등 다양한 영역의 발달을 자극할 수 있답니다.

대상

25~36개월

준비물

휴지 심, 모형 바퀴, 색종이, 칼, 가위, 꾸미기 재료(솜공, 스팽글, 빨대 등), 절연 테이프

주요 경험 및 발달 효과

- 다양한 재료를 활용한 간단한 만들기를 경험해요.
- 일상생활에서의 경험을 놀이로 표현해요.
- 스스로 만든 자동차로 놀이하며 성취감을 느껴요.

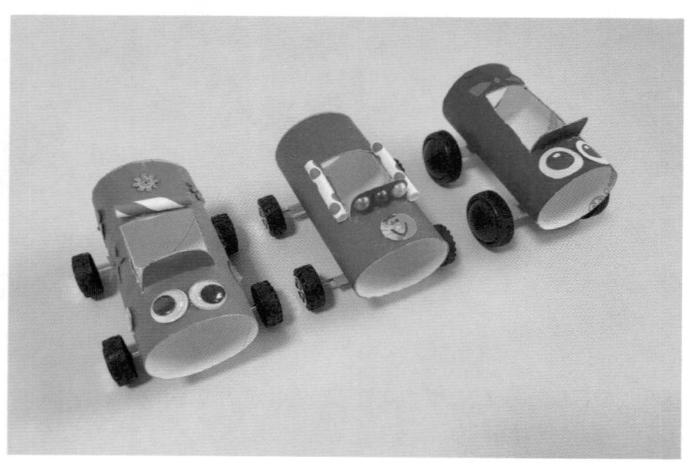

이렇게 만들어요!

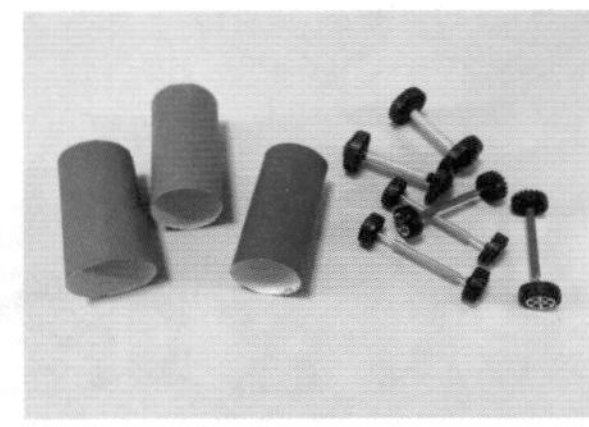

1. 색종이로 휴지 심 전체를 둘러싸서 붙인 뒤, 휴지 심에 구멍을 내어 작은 인형을 태울 수 있는 운전석을 만들어요.
2. 바퀴를 만드는 방법은 여러 가지가 있어요. 모형 바퀴를 사용하면 실제로 바퀴가 굴러가는 자동차를 만들 수 있어요. 빨대에 모형 바퀴의 막대를 통과시키고 양쪽에 바퀴를 끼운 후 휴지 심에 빨대를 붙여요. 모형 바퀴가 없다면 솜공, 병뚜껑, 단추 등 동그란 모양의 재료를 이용해 바퀴를 만들어요.
3. 다양한 꾸미기 재료를 활용하여 아이와 함께 휴지 심 자동차를 꾸며요. 평소 색종이 같은 평면 재료를 많이 사용했다면 솜공, 빨대, 스팽글 같은 입체 재료도 함께 제공해요.

이렇게 놀아요!

1. 놀이 시작 전, 도로 테이프나 절연 테이프를 사용해 자동차 도로, 주차장 등을 만들어요. 간단한 준비로 아이의 놀이를 더 풍부하게 만들 수 있어요.
2. 내가 만든 휴지 심 자동차를 바닥에 굴리며 놀이해요. 데굴데굴 굴러가는 자동차 바퀴의 움직임을 살펴봐요.

   "부릉부릉~ 출발합니다.", "자동차를 슝~ 밀어 볼까?"

3. 작은 인형을 자동차에 태우고 자동차 길 위를 움직여 봐요.

   "OO이 인형을 태워 볼까?", "어디로 출발할까요? 부릉부릉~ 어린이집으로 출발합니다."

4. 자동차를 타고 할머니 댁에 갔던 일, 주유소에 가서 기름을 넣었던 일, 세차장에 갔던 일 등 자동차와 관련된 여러 가지 경험을 놀이를 통해 표현해요.

놀이팁

- 모형 바퀴는 물감 놀이, 밀가루 반죽 놀이에 사용해도 재미있어요. 바퀴를 굴려 보며 바퀴의 움직임에 따른 흔적을 탐색해요.

휴지 심 미용실

휴지 심 인형의 머리카락을 자르며 미용실 놀이를 해요.

이 시기의 아이들은 자신이 일상에서 경험한 일을 흉내 내어 표현하는 것을 좋아해요. 익숙하게 본 행동을 단순하게 따라 하는 모방 놀이에서 시작하여 점차 복잡한 역할놀이로 발전해 가지요. 역할놀이는 언어, 사회성, 정서 발달뿐 아니라 아이의 상상력, 창의력 발달에도 도움을 주기 때문에 다양한 역할놀이를 경험할 수 있도록 지원해 주는 게 좋아요.

대상

25~36개월

준비물

휴지 심, 색종이, 가위, 양면테이프, 매직펜 또는 얼굴 스티커

주요 경험 및 발달 효과

- 인형의 머리카락을 자르며 소근육 조절 능력을 길러요.
- 눈으로 보고 경험한 것을 모방하여 놀이로 표현해요.
- 가위, 빗, 머리카락 등 미용실과 관련된 언어를 듣고 말해요.

이렇게 만들어요!

1. 휴지 심 윗부분에 양면테이프를 붙이고, 그 위에 색종이를 두르며 붙이세요.
2. 휴지 심에 얼굴을 그리거나 스티커를 붙여 꾸며요. 색종이는 미리 세로 방향으로 길게 잘라 휴지 심 인형의 머리카락을 만들어요.

이렇게 놀아요!

1. 엄마와 함께 미용실에 가서 머리카락을 잘랐던 경험에 대해 이야기를 나눠요.

   "OO이랑 엄마랑 같이 미용실에 가서 싹둑싹둑 머리카락을 잘랐지."

2. 휴지 심 인형을 소개하며 이야기를 나누어요.

   "휴지 심 인형도 머리카락을 싹둑 자르고 싶대."

   "어떻게 잘라 주면 좋을까?"

3. 가위를 사용하여 휴지 심 인형의 머리카락을 잘라요.

   "조심조심 가위로 머리카락을 잘라 보자!"

4. 미용실과 관련된 구체적인 상황을 적절히 제시하며 상상 놀이를 해요.

   "안녕하세요. 손님! 머리 자르러 오셨나요?"

   "여기 앉으세요. 어떻게 잘라 드릴까요?"

   "다 잘랐습니다. 거울 보여 드릴게요. 마음에 드세요?"

놀이팁

- 색종이 외에 다양한 재료를 활용하여 휴지 심 인형의 머리를 표현해 봐요.
- 털실을 사용하면 머리카락을 묶거나 땋는 등 더 다양한 헤어스타일 연출이 가능해요.

29

전분물 놀이

전분 가루에 물을 섞어 고체도 되고 액체도 되는 재미있는 전분물 놀이를 해요.

전분과 가장 잘 어울리는 의성어는 뽀드득뽀드득! 밀가루와는 다른, 새로운 촉감이지요. 전분에 물을 섞어 만든 반죽은 고체와 액체의 성질을 동시에 가지고 있어요. 이를 점탄성(점성과 탄성)이라고 하지요. 가만히 두면 딱딱해지고 손으로 만지면 액체로 변해 주르륵 흘러내려 재미있는 촉감 놀이를 할 수 있답니다.

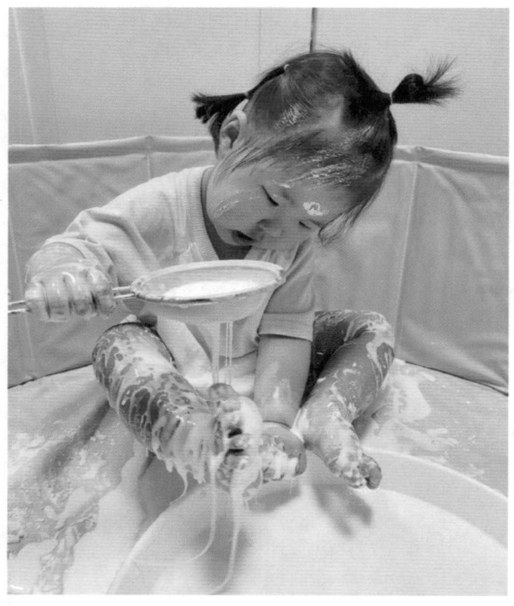

대상

25~36개월

준비물

전분, 물, 놀이 매트, 넓적한 통, 체

주요 경험 및 발달 효과

- 전분, 전분물의 촉감을 감각적으로 탐색해요.
- 전분에 물을 섞으며 물질의 변화에 관심을 가져요.
- 전분물의 특성을 탐색하며 소근육 힘을 길러요.

이렇게 놀아요!

1. 물을 섞기 전에 전분 가루를 탐색해요. 눈길을 밟는 듯한 뽀드득뽀드득 소리가 재미있어요.

   "여기 하얀 가루는 전분이야.", "손바닥으로 꾹꾹 누르니 뽀드득 소리가 나네."

2. 전분에 물을 섞으며 전분물이 되는 과정을 탐색해요. 점탄성을 잘 느끼려면 농도 조절이 중요해요. 물의 양이 너무 많지 않도록 하고, 손으로 전분물을 들어 올렸을 때 살짝 흘러내리는 정도가 적당해요.

   "전분에 물을 넣어 보자.", "가루가 점점 물처럼 변하네.", "손으로 휘적휘적 섞어 볼까?"

3. 전분물을 탐색해요. 전분물을 위로 들어 올렸다가 떨어뜨리고 손으로 전분물을 꼭 쥐었다가 손바닥을 펴 봐요. 손가락 사이로 전분물이 주르륵 흘러내리는 것을 느껴요.

   "엄마랑 같이 전분물을 손에 꼭 쥐어 보자!", "점토처럼 뭉쳤네."

   "(전분물을 쥔 손을 펴 보며) 손바닥을 펴니 굳어 있던 반죽이 주르륵 흘러내리네!"

4. 전분물을 떠서 체에 걸러 봐요. 구멍 사이로 전분물이 떨어지는 모습을 살펴봐요.

5. 전분물 위에 손바닥을 찍어 보고 손가락으로 그림을 그려요. 손바닥과 손가락 그림의 흔적이 금세 사라지는 모습을 관찰해요.

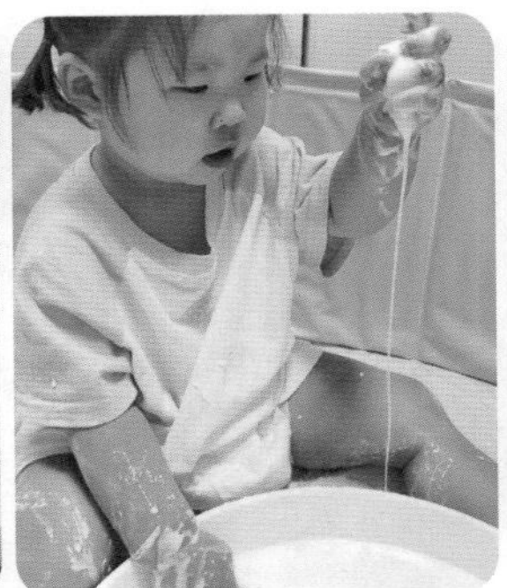

놀이팁

• 놀이가 끝난 전분물을 잠시 가만히 두면 물은 위로 뜨고 나머지 전분은 딱딱하게 굳어 아래로 가라앉아요. 이때 위에 뜬 약간의 물만 하수구로 흘려보내고 딱딱하게 굳은 전분은 주걱으로 긁어 일반 쓰레기로 버려요. 싱크대에 버리면 물로 잘 씻겨 나가는 듯 보여도 배수구 안에서 뭉쳐 막힐 수 있어요.

30

빵가루 놀이

새로운 촉감의 빵가루로 다양한 감각 활동을 해요.

빵가루를 활용한 놀이는 밀가루나 전분에 비해 조금 낯선 놀이일 수 있어요. 빵가루는 까슬까슬한 촉감이 특징인데요. 늘 부드러운 가루만 접한 아이들에게는 새로운 촉감을 경험할 기회가 될 거예요. 까슬까슬한 촉감의 빵가루가 물을 만나 부드러운 반죽으로 변하는 모습을 탐색하고 킁킁 맛있는 냄새를 맡으며 빵 만들기 놀이를 해 봐요.

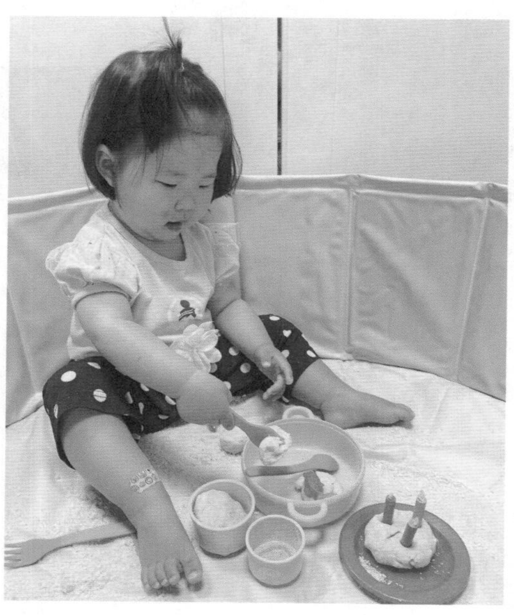

대상

25~36개월

준비물

빵가루, 물, 체, 모양 틀, 쟁반

주요 경험 및 발달 효과

- 오감을 통해 성질의 변화에 따른 감각적 차이를 경험해요.
- 촉감을 표현하는 다양한 어휘를 듣고 말해요.
- 손으로 다양한 촉감을 느끼며 두뇌 발달을 자극해요.

이렇게 놀아요!

1. 빵가루를 눈으로 보고, 손으로 만지고, 냄새도 맡으며 자유롭게 탐색해요.

   "이 가루는 빵가루야. 한번 만져 볼래?", "까슬까슬하지?"

   "그릇에 넣고 흔드니까 쓱쓱 소리가 나네."

2. 쟁반에 빵가루를 평평하게 깔고 손가락으로 그림을 그려요.

   "빵가루로 만든 도화지 위에 그림을 그려 볼까?", "OO이 손가락이 지나간 자리에 그림이 그려지네."

3. 빵가루를 체에 넣고 흔들면 고운 빵가루가 떨어져요. 빵가루가 떨어지는 모습을 살펴보고 고운 빵가루의 촉감도 느껴 봐요.

   "체를 흔들흔들 움직여 보자."

   "빵가루가 구멍 사이로 떨어지네."

4. 빵가루에 물을 섞고 반죽을 만들며 촉감의 변화를 느껴요. 반죽을 주물러 여러 가지 모양도 만들어요.

   "빵가루에 물을 섞어 볼까?"

   "반죽의 느낌이 어때?"

   "꾹 눌렀더니 납작한 모양이 되었네."

5. 빵가루를 모양 틀로 찍으며 빵 만들기 놀이를 해요.

   "모양 틀을 꾹! 꽃 모양이 나왔네."

   "빵가루 반죽에 초를 꽂았구나. 생일 축하 노래를 불러 볼까?"

놀이팁

- 빵가루 반죽에 색을 넣을 수도 있어요. 식용 색소나 천연 가루를 넣어 색깔 물을 만든 뒤 빵가루에 넣어 반죽하면 색깔이 고르게 잘 나온답니다.

모양 자석 놀이

색깔 고무 자석판을 잘라 모양 자석을 만들어 놀이해요.

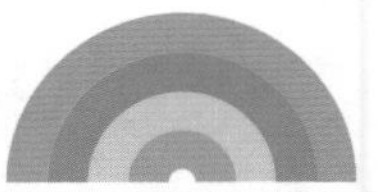

이 시기 아이들은 모양의 개념에 대해 인지하기 시작하는데요. 동그라미, 세모, 네모 등 다양한 모양 자석으로 놀이하며 모양을 인지하고 구별하는 능력을 기를 수 있어요. 여러 가지 모양을 살펴보고 같은 모양, 다른 모양끼리 구분하고 분류하는 경험은 사물 지각 능력과 수학적 사고 발달에 긍정적인 영향을 줘요.

대상

25~36개월

준비물

색깔 고무 자석판, 가위

주요 경험 및 발달 효과

- 여러 가지 모양의 이름을 들어 보고 말해요.
- 색, 모양을 변별하여 같은 것끼리 분류해요.
- 자석의 특성을 경험하며 모양을 자유롭게 구성해요.

이렇게 만들어요!

- 색깔 고무 자석판을 잘라 크고 작은 동그라미, 세모, 네모 등 모양 자석을 만들어요. 모서리는 뾰족하지 않게 둥근 모양으로 잘라요.

이렇게 놀아요!

1. 동그라미, 세모, 네모 등 다양한 모양을 살펴보며 모양의 이름을 듣고 말해요.

   "뾰족뾰족 세모 모양이네.", "또 어떤 모양이 있는지 볼까?"

2. 여러 가지 모양 자석을 자유롭게 붙이고 떼며 자석이 붙고 떨어지는 것을 탐색해요.

   "동그라미 자석을 냉장고에 붙였네.", "동그라미 자석이랑 세모 자석이 붙었네."

3. 같은 색끼리 분류해요.

   "빨간 친구들 모여라~!", "빨간 동그라미, 빨간 세모, 빨간 네모, 모두 모였네!"

4. 같은 모양끼리 분류해요.

   "세모 친구들 모여라~!", "뾰족뾰족 아기 세모가 커다란 아빠 세모랑 만났네.", "우리는 세모 가족이야."

5. 다양한 색깔, 모양, 크기의 자석으로 자유롭게 모양을 만들어요.

   "동글동글 동그라미 두 개가 만나 눈사람이 되었어."

   "기다란 네모가 두 개 만나 칙칙폭폭 기차가 되었네.", "기차가 출발합니다! 칙칙폭폭!"

관찰하기

색 분류하기

모양 만들기

놀이팁

- 모양 자석 놀이를 통해 동그라미, 세모, 네모 등 서로 다른 모양을 충분히 탐색하는 시간을 가졌다면 자석의 모양과 똑같은 모양의 물건을 찾아보는 놀이로 확장해요. 주변에 있는 평범한 사물, 놀잇감 중 같은 모양을 찾아보며 모양과 형태에 대한 인지 능력이 발달하고 같은 모양끼리 짝을 짓고 분류해 보며 수학적 사고를 자극할 수 있어요.

32

뽑기 통 자석

뽑기 통에 자석을 넣어 동글동글 자석 놀잇감을 만들어요.

시중에 자석을 활용한 놀잇감이 많이 있는데요. 뽑기 통을 가지고도 간단한 자석 놀잇감을 만들 수 있어요. 뽑기 통 자석 놀잇감은 동글동글한 모양에 적당한 크기라 아기가 손에 쥐고 놀이하기 좋고 알록달록한 색감은 시각을, 자석이 서로 붙는 소리는 청각을 자극해요. 가성비가 좋은 자석 놀잇감으로 자석의 특성을 자유롭게 탐색하며 놀이해요.

대상

25~36개월

준비물

뽑기 통, 강력 자석, 점토

주요 경험 및 발달 효과

- 자석의 특성을 경험하며 과학적 사고력을 키워요.
- 자석을 반복하여 떼고 붙이며 소근육을 움직여요.

이렇게 만들어요!

1. 뽑기 통의 양 끝이 서로 다른 극이 되도록 자석을 놓고 점토를 채워요.
2. 뽑기 통 뚜껑을 닫으면 자석 놀잇감 완성!

이렇게 놀아요!

1. 자석 놀잇감의 색깔, 모양, 움직임 등을 자유롭게 살펴봐요.

   "알록달록한 달걀 모양이네.", "노란색도 있고 초록색도 있구나.", "데굴데굴 OO이한테 굴러간다~!"

2. 자석 놀잇감을 자유롭게 붙였다 떼며 탐색해요.

   "어? 서로 딱 붙었네!", "떼어 볼까?"

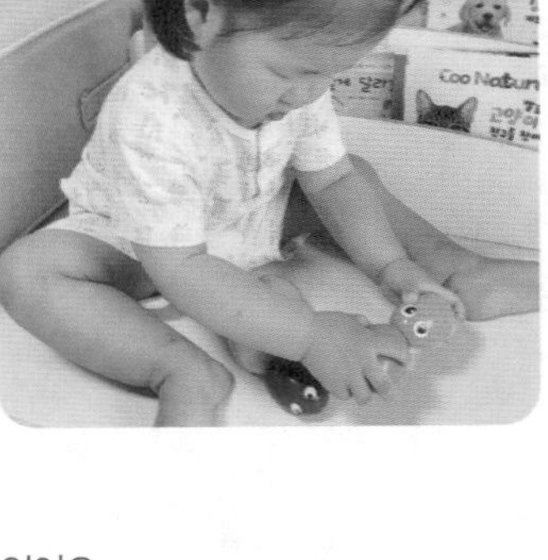

3. 자석의 붙는 성질과 밀어내는 성질을 탐색해요.

   "노란색 달걀이랑 보라색 달걀이 서로 착! 하고 붙었어!"

   "어? 이건 서로 안 붙고 빙글~ 돌아가네."

4. 자석 놀잇감을 연결해요. 길이를 비교하며 길고 짧음을 인지해요.

   "길게 길게 연결해 볼까?", "스으으윽~ 기다란 뱀 같아!"

   "손으로 똑! 떼니 짧아졌네!"

5. 자석 놀잇감에 표정 스티커를 붙이면 자석의 특성을 더욱 재미있게 탐색할 수 있어요.

   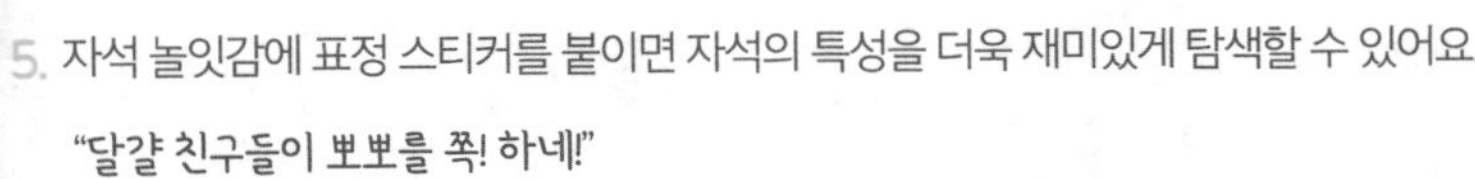

   "달걀 친구들이 뽀뽀를 쪽! 하네!"

놀이팁

- 자석의 과학적 원리를 설명하고 강조하기보다는 자유로운 놀이를 통해 자석의 특성을 반복하여 탐색할 수 있도록 상호작용을 해요.

모루 미용실

모루가 자석에 붙는 성질을 이용한 재미있는 미용실 놀이예요.

모루는 내장된 얇은 철사로 인해 자석에 찰싹 잘 달라붙어 자석 놀이에 활용하기 좋은 재료예요. 알록달록한 색깔, 부들부들한 느낌은 시각과 촉각을 자극하고, 작은 힘으로 쉽게 구부리며 다양한 모양을 만들 수 있어 소근육 발달에도 좋아요. 여러 모양의 모루를 가지고 재미있는 미용실 놀이를 해 봐요.

대상

25~36개월

준비물

모루, 자석 막대, 눈 스티커, 가위

주요 경험 및 발달 효과

- 모루를 자르고 구부리고 돌돌 말며 다양한 소근육 동작을 경험해요.
- 자석에 붙는 다양한 재료로 재미있는 머리 스타일을 만들어요.
- 일상생활을 놀이로 표현하며 상상 놀이를 즐겨요.

이렇게 놀아요!

1. 새로운 재료인 모루를 자유롭게 탐색해요.

   "이건 모루야. 한번 만져 볼래?", "뱀처럼 보이는구나.", "구불구불 재미있는 모양이 되었네."

2. 다양한 색깔의 모루를 가위로 잘라요. 얇은 모루는 내장된 철사도 얇기 때문에 아이들도 쉽게 자를 수 있어요.

   "가위로 모루를 싹둑 잘라 볼까?", "아주 작게 잘랐네."

3. 이번에는 꼬불꼬불 파마머리를 만들어요. 기다란 모루를 색연필에 돌돌 말아 준 뒤 가위로 잘라요.

4. 자석 막대에 눈알과 입을 붙여 얼굴을 꾸며요. 자석 막대가 없다면 크기가 큰 막대 모양의 자석을 사용해요.

   "어떤 표정으로 만들까?", "방긋방긋 기분이 좋은 모습이구나."

5. 자석 막대에 모루를 갖다 대면 재미있는 머리 스타일이 완성돼요.

   "모루에 자석 친구를 갖다 대면 어떻게 될까?", "뾰족뾰족 머리카락이 생겼네."

   "돌돌 말려 있는 모루로는 어떤 머리 모양이 나올까?"

6. 모루 외에 클립, 컬러 칩 등 자석에 붙는 다양한 재료로 머리 스타일을 만들어요.

   "이번엔 어떤 머리 스타일로 해 볼까?"

7. 미용실 놀이를 해요.

   "어서 오세요. 손님!", "꼬불꼬불 멋진 파마머리 완성입니다. 안녕히 가세요."

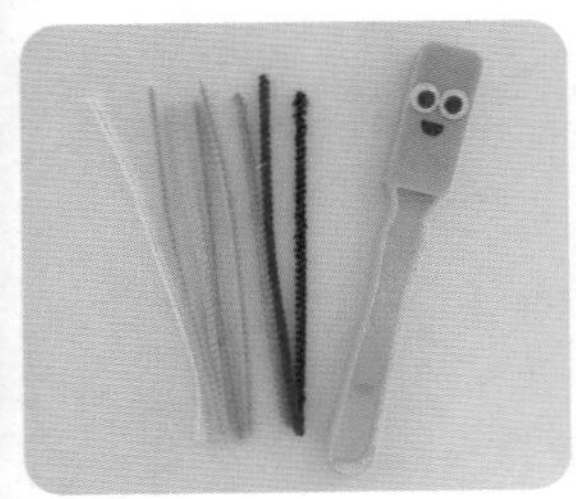
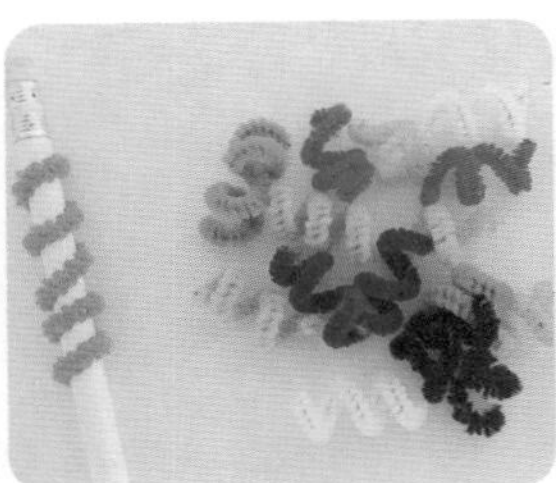

놀이팁

- 가위로 자른 모루의 단면이 철사로 인해 뾰족할 수 있어요. 아이가 모루를 탐색할 때는 끝부분을 한 번 접어 부드럽게 만들어요.

손발 그림 그리기

엄마, 아빠와 함께 종이 위에 손발을 그리며 신체를 탐색해요.

그림을 잘 못 그리는 엄마, 아빠도 아기와 재미있게 즐길 수 있는 그리기 놀이를 소개해요. 아기와 손바닥을 맞대고 짠! 하이 파이브를 하며 흥미를 유도하고, 종이 위에 꼬물꼬물 귀여운 아기 손바닥을 그려 엄마, 아빠 손바닥과 비교해요. 아이가 손바닥, 발바닥을 그려 달라고 종이 위에 손발을 척척 올리면 무척 귀엽답니다.

대상

25~36개월

준비물

도화지, 색연필, 스티커

주요 경험 및 발달 효과

- 신체에 관심을 가지고 명칭을 듣고 말해요.
- 손바닥, 발바닥의 형태를 탐색하며 신체를 긍정적으로 인식해요.
- 엄마, 아빠와 놀이하며 긍정적 애착을 형성해요.

이렇게 놀아요!

1. 엄마, 아빠와 손바닥, 발바닥을 맞대며 짠! 하이 파이브를 해요. 몸을 마주 대고 스킨십을 하며 친밀감을 느껴요.

   "OO이 손바닥이 어디 있지?"

   "엄마랑 손바닥을 부딪치며 짠짠! 하이 파이브!"

   "OO이 발바닥이랑 아빠 발바닥이 만났네."

2. 도화지 위에 손바닥, 발바닥을 대고 그려요. 먼저 엄마, 아빠의 손바닥, 발바닥을 그리는 모습을 보여 주며 아이의 관심을 끌어요.

   "(엄마 손바닥을 대고 그리며) 손바닥 모양대로 쓱쓱~ 엄마 손이 여기 있네!"

   "OO이 손도 그려 볼까? 색연필이 간질간질 지나갑니다~!"

   "손가락을 따라 오르락내리락~ 짠! OO이 손 그림이네!"

3. 도화지에 그려진 손바닥과 발바닥 모양을 살펴봐요. 손바닥, 발바닥 그림 위에 아이의 손바닥, 발바닥을 다시 올려 보기도 해요.

   "OO이 손바닥이야. 손가락이 길쭉길쭉하네.", "발바닥 그림 위에 다시 발을 올려 볼까? 딱 맞네!"

4. 엄마, 아빠, 아이의 손바닥, 발바닥 그림을 보며 크기를 비교해 봐요.

   "아빠 손은 OO이 손보다 엄청 크네.", "작은 발은 OO이 발, 큰 발은 엄마 발~!"

5. 손바닥, 발바닥 그림 위에 끼적이거나 스티커를 붙여 꾸며요.

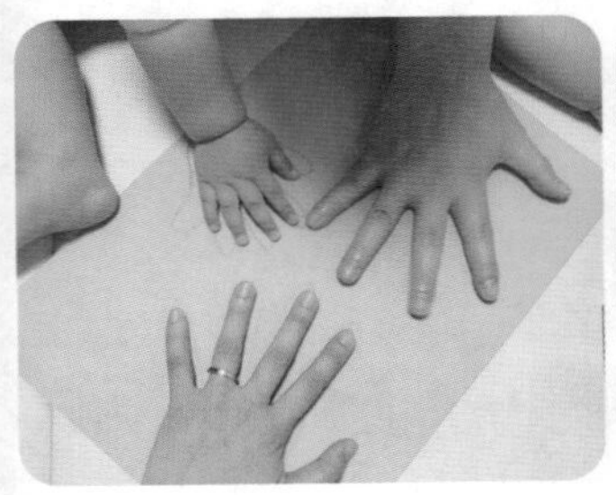
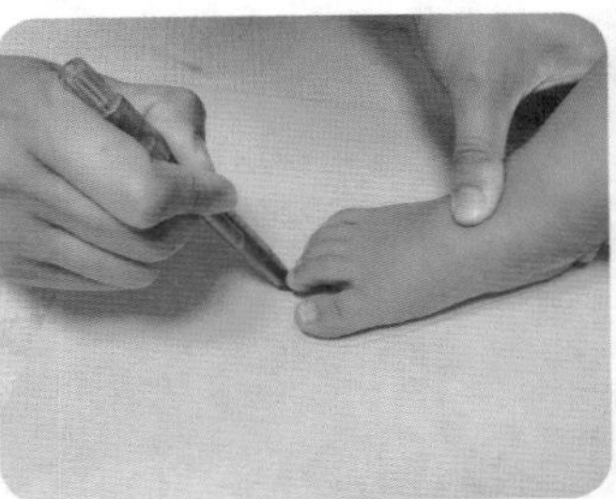
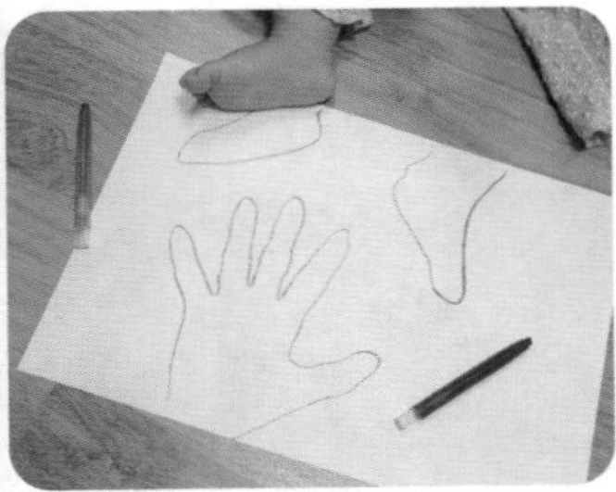

놀이팁

- 물감으로 손 도장, 발 도장 찍기 놀이를 해 봐요. 손발에 닿는 물감의 촉감과 다양한 색으로 아이의 감각을 자극할 수 있어요.
- 전지 위에 누워 몸 전체를 그린 후 몸 그림 위에 머리카락, 눈, 코, 입, 귀 등 다양한 신체 부위를 그려 봐요. 각각의 신체 명칭과 위치를 살펴보면서 자신의 신체에 대해 긍정적으로 인식할 수 있어요.

종이 벽돌 블록

종이 벽돌 블록을 가지고 다양한 구조물을 만들어요.

종이 벽돌 블록은 어린이집 필수 놀잇감이에요. 블록을 직접 접어야 하는 번거로움과 부피가 크다는 단점이 있긴 하지만 활용도가 높아 꼭 추천하고 싶은 놀잇감이에요. 단단하고 견고해서 아이가 올라가 앉아도 끄떡없어요. 집, 다리, 도로 등 그 무엇이든 될 수 있답니다.

대상

25~36개월

준비물

종이 벽돌 블록

주요 경험 및 발달 효과

- 블록을 쌓고 무너뜨리며 대·소근육 발달을 도와요.
- 다양한 구조물을 만들며 상상력, 창의력을 키워요.
- 다양한 벽돌 블록 놀이를 통해 균형 감각, 신체 협응력을 길러요.

이렇게 놀아요!

1. 종이 벽돌 블록의 모양, 색, 크기 등을 자유롭게 탐색해요.

   "빨간색 벽돌 블록이네.", "벽돌 블록이 엄청 크구나."

2. 종이 벽돌 블록을 아이 키만큼 높이 쌓아 보고 무너뜨려 봐요. 벽돌 블록을 무너뜨릴 때 손, 발, 엉덩이 등 여러 신체 부위를 사용하면 더 재미있어요.

   "와! OO이 키만큼 높아졌네.", "와르르르 무너졌다! 또 해 볼까?", "엉덩이를 실룩 움직여서 무너뜨렸네."

3. 블록을 연달아 세워 도미노 놀이를 해요. 바닥에 일정한 간격으로 도미노의 위치를 표시해 두면 아이 스스로 블록을 세울 수 있어요.

4. 종이 벽돌 블록을 듬성듬성 놓아 징검다리를 만들거나 한 줄로 연결하여 평균대를 만들어 건너며 균형 감각을 길러요.

5. 종이 벽돌 블록을 세우고 목표물을 향해 공 굴리기를 시도해요.

   "공을 굴려서 벽돌 블록을 쓰러뜨려 볼까?", "데굴데굴~ 공이 굴러가서 블록을 무너뜨렸네."

6. 집, 기차, 자동차, 다리, 아기 침대, 식탁 등 다양한 구조물을 만들어 놀이해요.

놀이팁

- 종이 벽돌 블록을 만든 후 모서리를 바닥에 가볍게 툭툭 쳐 주면 뾰족한 부분이 뭉툭하게 되어 안전하게 놀이할 수 있어요.
- 종이 벽돌 블록으로 여러 가지 구조물을 만들어 놀이할 때, 필요한 역할 소품을 함께 제공해 주면 더욱 다양한 놀이를 할 수 있어요. (예: 아기 침대, 아기 인형, 이불, 젖병 등)

그림자 놀잇감 놀이

그림자를 보고 어떤 놀잇감인지 유추하는 놀이예요.

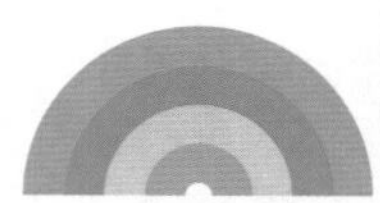

또예의 그림책 중에 동물 그림자를 보고 어떤 동물인지 알아맞히는 플랩북이 있어요. 그 그림책을 반복해서 보다가 그림자만 보고도 동물의 이름을 말하는 또예를 보고 이 놀이가 딱 떠올랐어요. 그림자를 보고 어떤 놀잇감의 그림자인지 유추해 보며 아이의 관찰력을 키우고, 그림자 위에 놀잇감을 올려 두며 눈과 손의 협응력도 발달시켜 봐요.

대상

25~36개월

준비물

검은색·밝은색 도화지, 가위, 투명 시트지, 여러 모양의 놀잇감, 단단한 판

주요 경험 및 발달 효과

- 사물의 모양을 인식하고 구별하는 사물 인지 능력이 발달해요.
- 놀잇감 그림자 위에 실물을 올려 보며 일대일 대응을 경험해요.
- 놀잇감의 이름과 특성에 대해 듣고 말해요.

이렇게 만들어요!

1. 여러 모양의 놀잇감을 준비해요. 복잡하지 않은 단순한 형태의 놀잇감을 선택해요.
2. 검은색 도화지에 놀잇감을 대고 테두리를 그린 뒤 오려요.
3. 밝은색 도화지에 오려 낸 놀잇감 그림자를 붙이고 시트지를 붙여 마감해요.
4. EVA폼이나 박스처럼 단단한 판 위에 그림자 종이를 붙이면 완성!

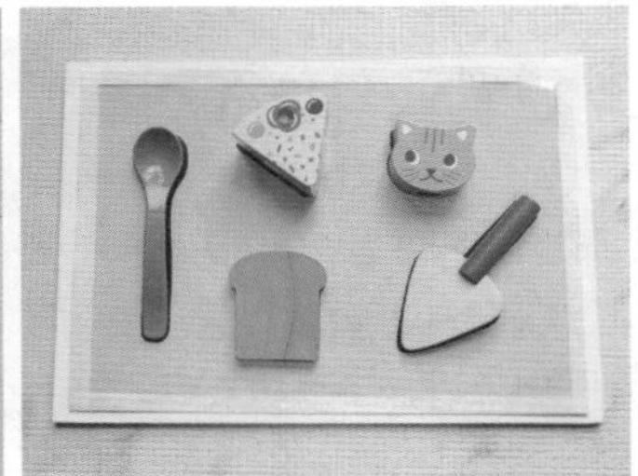

이렇게 놀아요!

1. 여러 모양의 그림자가 있는 판을 아이와 함께 살펴봐요.

   "검은색 그림자가 있네.", "이건 어떤 놀잇감의 그림자일까?"

2. 판에 있는 놀잇감의 실물을 보여 주고 그림자 모양과 비교해요. 그림자의 주인을 찾아 놀잇감을 올려 보고 놀잇감의 이름, 모양과 관련한 특성에 대해 듣고 말해요.

   "숟가락 그림자는 어디에 있지?", "둥그런 모양을 찾아볼까?", "와! 딱 맞네!"

   "이 그림자는 누구 그림자지?", "뾰족한 케이크 그림자였구나."

3. 그림자만 보고 어떤 놀잇감의 그림자인지 맞히고 짝 지어 보며 놀이해요.

놀이팁

- 햇빛이 비치는 창가에 놀잇감을 세우고 그림자 모양을 살펴보며 이야기를 나누어요. 서로 다른 그림자의 모양을 탐색하고 비교하며 탐구하는 태도를 기를 수 있어요.

37

골판지 프로타주

색연필로 쓱쓱 문지르면 재미있는 모양이 그대로 베껴 나와요!

프로타주는 프랑스어의 프로테(문지르다)의 명사형으로, 물체 위에 종이를 대고 연필로 문질러 무늬를 베끼는 기법을 뜻해요. 어릴 적 동전을 종이 아래 두고 연필로 열심히 칠하던 놀이가 바로 이 기법이라는 사실! 두 돌이 지나면 쓰기 도구를 쥐고 의도적인 끼적이기를 즐기는 시기로, 프로타주 놀이를 통해 손가락 힘도 기르고 관찰력도 키울 수 있답니다.

25~36개월

모양 골판지, 색연필, 흰 종이

주요 경험 및 발달 효과

- 골판지 위에 끼적이며 독특한 질감을 느껴요.
- 색연필을 칠해 나타나는 모양에 관심을 가져요.
- 끼적이기를 하며 소근육 힘을 길러요.

이렇게 놀아요!

1. 골판지를 다양한 감각을 사용하여 탐색해요.

"이건 골판지라는 종이야."

"(앞면을 만지며) 여기는 울퉁불퉁하고 (뒷면을 만지며) 여기는 평편하네."

"울퉁불퉁한 면을 만져 볼까?"

"손가락으로 긁었더니 드르륵드르륵 소리가 나."

2. 골판지 위에 자유롭게 끼적여요. 종이에 끼적이기를 할 때와는 다른, 새로운 느낌이 재미있어요.

"골판지 위에 그림을 그려 볼까?"

"OO이가 손을 움직일 때마다 소리가 나네?"

3. 모양 골판지를 종이 뒤에 붙이고 색연필로 색칠해요. 이때 골판지의 올록볼록한 면이 종이와 맞닿도록 붙여요.

"모양 종이가 흰 종이 뒤에 숨었어."

"색연필로 쓱쓱 문지르면 어떻게 될까?"

"(색연필로 종이를 칠하며) 쓱쓱 울퉁불퉁 그림이 나오고 있네."

"와! 흰 종이 위에 자동차 무늬가 생겼어!"

4. 다양한 모양의 골판지로 프로타주 놀이를 하며 서로 다르게 나타나는 모양을 비교해요.

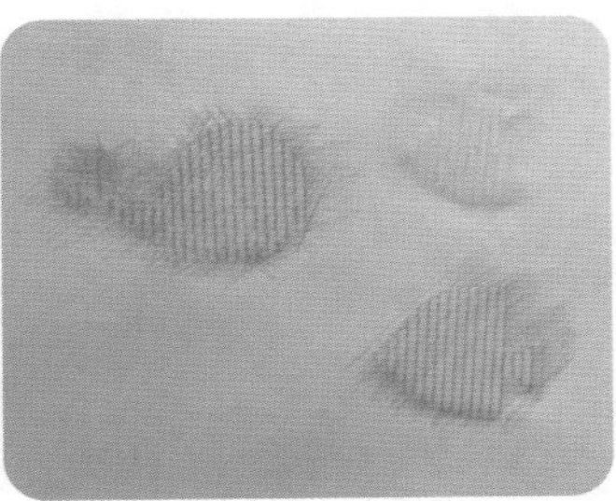

놀이팁

- 모양 골판지의 크기가 너무 크면 전체 모양이 보일 때까지 너무 오래 걸려 아이의 흥미가 떨어질 수 있어요. 그러므로 모양 골판지는 적당한 크기로 준비해요.
- 여러 모양의 나뭇잎을 종이 아래 두고 색연필로 칠해 봐요. 아이가 자연물에 관심을 가지고 찬찬히 살펴보다 보면 관찰력을 기를 수 있어요.

책 놀이

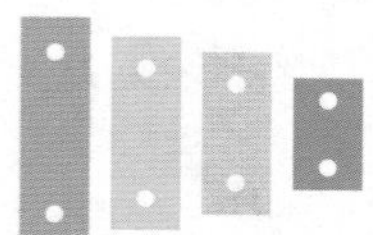

책장에 꽂혀 있는 책들을 꺼내 다양한 놀이를 해 봐요.

책은 가만히 앉아서 읽기만 해야 할까요? 책을 놀잇감 삼아 자유롭게 탐색하고 놀이하는 기회를 통해 책과 친해지는 시간을 가져 봐요. 책을 가지고 다양하게 놀이하며 책에 대한 아이의 호기심과 흥미를 높이고, 생각의 틀을 깨고 놀이하는 과정을 통해 상상력, 창의력을 키울 수 있어요.

대상

25~36개월

준비물

다양한 크기의 책

주요 경험 및 발달 효과

- 책으로 다양하게 놀이하며 책과 친해지는 기회를 가져요.
- 여러 가지 책 놀이를 하며 대·소근육 발달을 도와요.
- 기존에 생각하지 않았던 새로운 방법으로 놀이하며 창의적 사고를 키워요.

이렇게 놀아요!

1. 경사로 만들기

서너 권의 책을 쌓은 후 그 위로 책 한 권을 비스듬히 놓아 경사로를 만들어요. 책으로 만든 경사로 위에 공이나 자동차를 굴리며 놀잇감이 경사로를 통해 내려오는 모습을 반복하여 탐색해요. 책을 높이 쌓을수록 경사로가 가팔라져 놀잇감이 내려오는 속도가 빨라져요.

"미끄럼틀이 생겼네. 어떤 놀잇감 친구를 태워 볼까?", "자동차가 슝~ 공이 데굴데굴 미끄럼틀을 타네."

2. 책 징검다리 건너기

책을 바닥에 길게 연결하거나 띄엄띄엄 놓아 징검다리를 만들고 그 위를 걸어요. 아이의 대근육 발달 정도에 따라 징검다리의 형태, 건너는 방법을 달리하여 난이도를 조절해요.

"길 위를 건너 볼까?", "한 발씩 번갈아 잘 건너는구나.", "토끼처럼 두 발 모아 깡충! 뛰었네."

3. 책 터널 만들기

책을 바닥에 세모 모양으로 펼쳐 책 터널을 만들어요. 책 터널을 사이에 두고 엄마, 아빠와 까꿍 놀이를 하거나 놀잇감을 굴려요.

"OO이가 어디 갔지?", "(책 터널 사이로 마주 보며) 찾았다! 여기 있네!"

"기차가 책 터널로 들어갑니다. 칙칙폭폭 땡~!"

4. 책 도미노 놀이

일정한 간격으로 책을 세운 후 손으로 밀거나 발로 차서 책 도미노를 무너뜨려요. 처음에는 엄마, 아빠가 책 도미노를 세워 주어 아이가 무너뜨리게 해 주고 점차 아이도 책 세우기를 시도할 수 있도록 도와요.

"(책 도미노의 끝부분을 가리키며) 여기를 톡! 하고 치면 어떻게 될까?", "와~ 순서대로 착착 무너지네!"

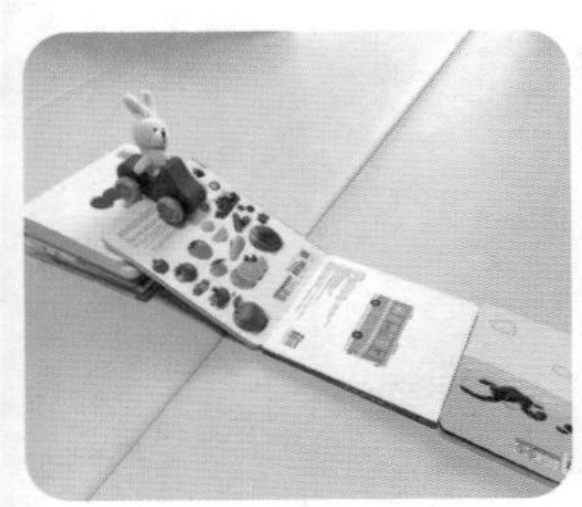
경사로

책 징검다리

책 터널

책 도미노

25~36개월

특별한 순간,
특별한 놀이

목욕·물놀이

볼풀공 놀이

볼풀공을 물에 둥둥 띄워 재미있는 목욕 시간을 만들어요.

볼풀공은 즐거운 목욕을 위해 욕실로 꼭 챙겨 들어가는 놀잇감이에요. 또예는 따로 목욕 놀잇감을 두기보다는 평소 가지고 노는 놀잇감을 활용하는 편인데요. 같은 놀잇감이라도 물속에서 가지고 노는 것은 또 달라서 아기에게 새로운 탐색의 기회를 제공한답니다.

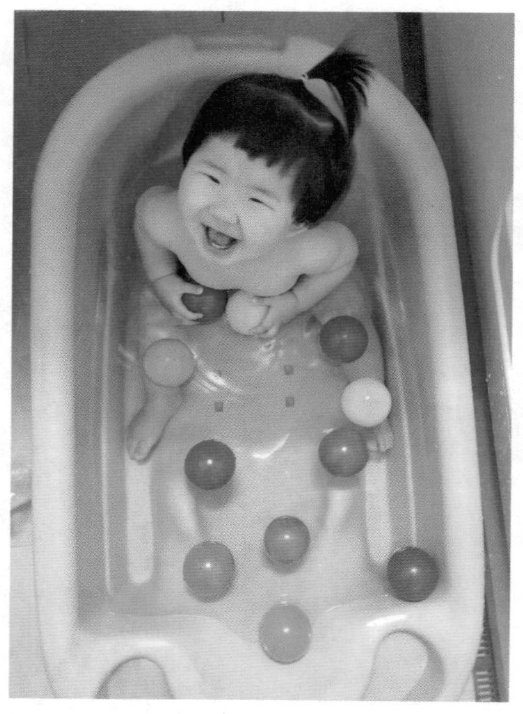

대상

0~12개월

준비물

여러 색깔의 볼풀공, 물

주요 경험 및 발달 효과

- 물놀이를 하며 물을 친근하게 느껴요.
- 물 위를 둥둥 떠다니는 볼풀공의 움직임을 살펴봐요.
- 볼풀공을 손으로 잡으며 대·소근육을 조절해요.

이렇게 놀아요!

1. 아기 욕조에 따뜻한 물을 받아 볼풀공을 넣어요. 볼풀공이 물 위를 둥둥 떠다니는 모습이 아기의 호기심을 자극해요.

   "엄마가 욕조에 동글동글한 공을 넣어 줄게."

   "알록달록한 공들이네."

   "물 위를 둥둥 떠다니는구나."

2. 볼풀공의 움직임을 탐색해요. 아기의 움직임과 물의 흐름에 따라 볼풀공이 움직여요.

   "물을 손으로 철썩철썩 치는 게 재미있구나."

   "OO이가 팔을 움직이니까 공도 같이 움직이네."

3. 아기가 물 위에 떠 있는 볼풀공에 관심을 가지고 손으로 잡을 수 있도록 도와요.

   "엄마처럼 공을 잡아 볼까?"

   "와! 잡았다!"

   "동글동글 노란색 공을 잡았네."

4. 볼풀공을 가볍게 쥐고 물속에 넣은 다음 지그시 눌러요. 공에서 손을 떼면 공기 압력으로 공이 뽕! 하고 솟아올라요. 아기의 손을 가볍게 잡고 함께해 봐요.

   "공을 꾸욱~ 눌렀다가 (손을 놓으며) 짠!"

   "다시 한번 해 볼까?"

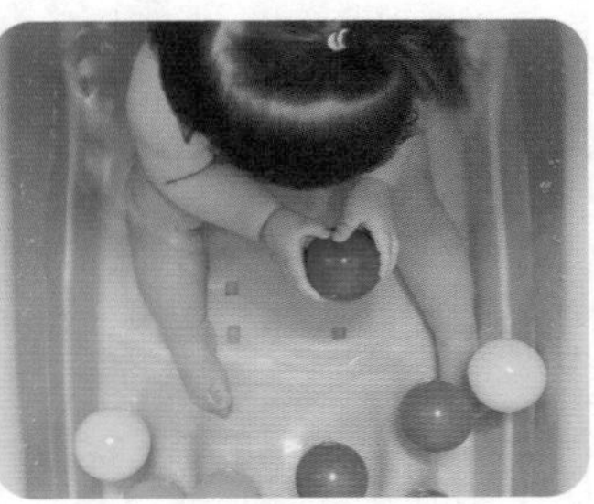

놀이팁

- 평소 아기가 가지고 노는 놀잇감 중 물에 넣어도 되는 것을 활용해요. 특히 물에 뜨는 것, 손으로 쥐기 쉬운 것을 사용해요.
- 아기가 욕조에서 혼자 잘 놀고 있어도 자리를 비우면 절대 안 돼요! 얕은 물이라도 위험할 수 있으니 항상 옆에서 지켜봐요.

목욕·물놀이

놀이 영역

감각, 신체

나뭇잎 놀이

산책하며 수집한 자연물을 물속에 넣어 놀이해요.

아기가 걷기 시작하면 산책을 자주 하게 되고, 밖에서 놀이하는 시간도 부쩍 늘어납니다. 또예도 실외에서 보내는 시간이 많아지면서 나뭇잎, 꽃, 나비, 개미 등 자연에 관심을 갖기 시작했어요. 그래서 집에서 함께 살펴보려고 가져온 나뭇잎을 물에 둥둥 띄워 놀이해 봤지요. 평소 좋아하는 물놀이에 자연물까지 더해지니 더욱 즐겁게 놀 수 있었답니다.

대상

13~24개월

준비물

나뭇잎·꽃잎 등 다양한 자연물, 물

주요 경험 및 발달 효과

- 나뭇잎의 색, 모양과 촉감에 관심을 가지고 탐색해요.
- 팔과 손의 움직임을 조절하여 나뭇잎, 꽃잎을 잡아요.
- 자연물 놀이를 하며 감수성을 키워요.

이렇게 놀아요!

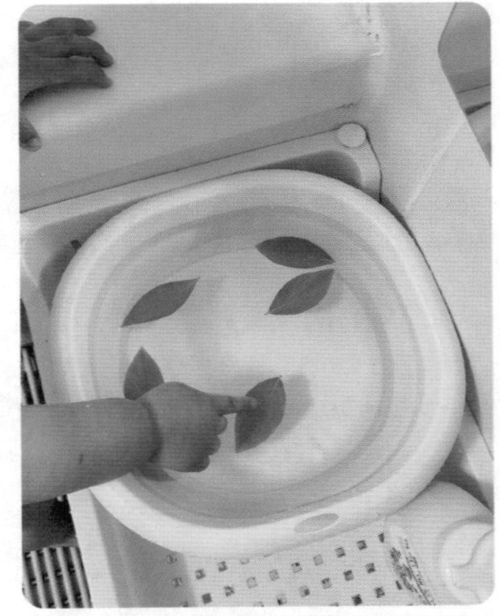

1. 산책하며 주운 여러 가지 나뭇잎, 꽃잎 등의 자연물을 살펴봐요.

   "OO이가 산책하며 주운 나뭇잎이야."

   "나뭇잎이 길쭉한 모양이네."

   "노란색 꽃도 있고 분홍색 꽃도 있구나."

2. 나뭇잎과 꽃잎을 물속에 넣어 봐요.

   "나뭇잎을 물속에 퐁당 넣어 볼까?"

   "둥둥~ 나뭇잎이 물 위를 떠다니네."

3. 물 위를 떠다니는 나뭇잎과 꽃잎의 움직임을 탐색해요.

   "OO이가 물을 탁! 치니까 나뭇잎이 물을 따라 움직이네."

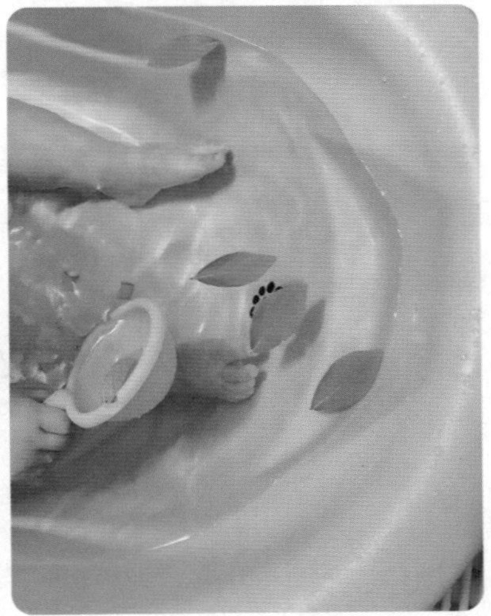

4. 소근육을 조절하여 물 위에 떠 있는 나뭇잎과 꽃잎을 손으로 잡아 꺼내요.

   "꽃잎을 잡아 볼까?"

   "흔들흔들~ 도망가네! 잡았다!"

   "나뭇잎 위에 있는 물방울이 또르르~ 굴러간다!"

5. 국자, 뜰채, 집게 등 도구를 사용하여 나뭇잎과 꽃잎을 잡아요.

놀이팁

- 수집한 자연물에 가시나 까칠까칠한 부분은 없는지 미리 눈으로 살피고 손으로 쓱 훑어 확인해요.

목욕·물놀이

소꿉놀이 도구를 활용한 물놀이

그릇, 컵, 냄비 등을 가지고 물을 자유롭게 탐색해요.

이 시기 아이들은 담고 쏟는 놀이를 참 좋아해요. 아이들은 반복하여 담고 쏟는 행동을 통해 숙달감을 느끼고 공간을 탐색하지요. 평소 쌀, 마카로니, 콩, 작은 놀잇감 등으로 담고 쏟는 놀이를 해 봤다면 이번에는 물을 활용해 봐요. 담는 그릇에 따라 모양이 변하는 물의 특성을 탐색하면서 아이의 사고력이 쑥쑥 자라날 거예요.

대상

13~24개월

준비물

소꿉놀이 도구, 물, 수조

주요 경험 및 발달 효과

- 소꿉놀이 도구를 사용하여 물을 감각적으로 탐색해요.
- 다양한 모양으로 떨어지는 물줄기를 관찰해요.
- 물놀이를 즐기며 스트레스를 해소해요.

이렇게 놀아요!

1. 여러 가지 소꿉놀이 도구를 살펴봐요.

   "바구니에 재미있는 놀잇감들이 있네."

   "주전자도 있고, 컵도 있어."

2. 물이 담긴 수조에 컵, 그릇, 냄비 등 소꿉놀이 도구를 넣은 다음 물을 담고 쏟아 봐요. 주전자에서 냄비로, 냄비에서 컵으로 물을 옮겨 보기도 해요.

   "물속에 컵을 넣었더니 물이 담겼네."

   "쪼르르, 주전자를 기울이니 물이 나온다~!"

   "냄비에 물이 가득 담겼네!"

   "냄비가 무거워졌구나."

3. 구멍이 뚫린 컵 블록이나 작은 물조리개 놀잇감에 물을 부어 보고, 물이 떨어지는 모양을 살펴봐요. 페트병에 구멍을 뚫어 활용할 수도 있어요.

   "구멍에서 물이 졸졸졸~ 나오네."

   "물줄기가 동그란 모양이야."

4. 물이 나오는 곳에 손을 대고 물줄기를 느껴 봐요.

   "물을 잡아 보고 싶구나?"

   "물줄기에 손을 대니 시원하지?"

놀이팁

- 물비누, 수세미를 가지고 설거지하는 놀이로 확장해요.
- 엄마, 아빠의 모습을 흉내 내는 간단한 모방 놀이를 하면 상징적 사고 능력을 키울 수 있어요.

목욕·물놀이

스펀지 놀이

폭신폭신한 스펀지를 가지고 놀이하며 감각을 자극해요.

저는 또예가 아기일 때부터 스펀지를 이용해 목욕을 시켰는데요. 어느 날 또예가 목욕 중에 스펀지에 관심을 보이며 만져 보려고 하기에, 아예 여러 가지 스펀지를 준비해서 마음껏 탐색할 수 있는 시간을 만들어 주었어요. 스펀지는 마른 상태와 물에 젖은 상태의 특성이 서로 다르므로 아이의 호기심을 자극하기 좋은 놀잇감이에요.

대상

13~24개월

준비물

스펀지, 물, 수조

주요 경험 및 발달 효과

- 스펀지를 다양한 방법으로 탐색해요.
- 물에 젖은 스펀지를 손에 쥐고 눌러 보며 손의 힘을 조절해요.
- 스펀지를 물에 넣기 전과 후의 변화를 경험해요.

이렇게 만들어요!

• 미술 놀이에 활용하는 일반 스펀지와 다양한 모양의 스펀지를 함께 준비해요. 일반 스펀지의 경우 아기 손에 비해 너무 크다면 적당한 크기로 잘라 사용해요.

이렇게 놀아요!

1. 물에 젖지 않은 스펀지를 자유롭게 탐색해요. 아기의 탐색 모습을 옆에서 지켜보며 스펀지의 모양, 촉감 등을 언어로 표현해요.

   "이게 뭘까? 깡충깡충 토끼 모양도 있고 뿌뿌~ 배 모양도 있네."

   "꾹꾹~! 손가락으로 눌러 볼까?"

2. 스펀지를 가지고 높이 쌓기, 무너뜨리기, 길게 연결하기 등 다양하게 놀이해요.

   "높이높이 쌓아 볼까?"

   "흔들흔들~ 무너져 버렸네!"

3. 물이 담긴 수조를 준비한 뒤 스펀지를 물속에 넣어요. 물에 젖은 스펀지의 색깔, 무게, 촉감 등 여러 변화를 느껴 봐요.

   "스펀지를 물속에 넣어 볼까?"

   "물 위를 둥둥 떠다니네."

   "(물속에서 스펀지를 꺼내며) 스펀지가 무거워졌어."

4. 물에 젖은 스펀지를 손으로 짜 보며 물이 떨어지는 모습을 탐색해요.

   "(스펀지를 들어 올리며) 물이 주르륵 떨어지네. 비가 내리는 것 같다~!"

   "스펀지를 쭈욱 짜 볼까? 물이 주르륵~!"

   "스펀지가 다시 가벼워졌네."

5. 스펀지를 물에 넣고 빼기를 반복하며 스펀지의 특성을 자유롭게 탐색해요.

목욕·물놀이

아기 세면대

일상에서 자유롭게 물을 탐색할 수 있는 공간을 만들어요.

하루에도 몇 번씩 손을 씻겨야 하는 아기, 어떻게 씻기고 있나요? 또예가 무럭무럭 자라자 어느 순간부터 품에 안고 씻기는 게 버거워졌어요. 세면대 발판, 손잡이가 달린 발 디딤대 등 여러 가지 기구를 고민하다가 아기 세면대를 만들어 보았어요. 아기 세면대에서 가벼운 물놀이도 즐기고, 손 씻기 습관도 만들 수 있어요.

대상

13~24개월

준비물

2단 선반, 대야, 아크릴 거울, 미끄럼 방지 매트, 물비누, 물

주요 경험 및 발달 효과

- 감각적인 탐색 과정에 즐겁게 참여해요.
- 물놀이를 하며 긴장을 완화하고 정서적 안정감을 느껴요.
- 간단한 자조 기술을 연습해요.

이렇게 만들어요!

1. 바닥에 미끄럼 방지 매트를 깔아요. 욕실 사고는 정말 위험하기 때문에 미끄럼 방지 매트는 필수예요.
2. 아기 키에 적당한 선반을 구입하여 대야를 놓고 앞 벽에는 아기의 눈높이에 맞추어 아크릴 거울을 붙여요.
3. 물비누와 아기 스스로 꺼내 놀이할 수 있는 간단한 물놀이 도구를 비치해요.
4. 세수하거나 손을 씻은 뒤 물기를 닦을 수 있도록 작은 수건도 옆에 걸어요.

이렇게 놀아요!

1. 물이 담긴 대야에 손을 넣고 자유롭게 물을 탐색해요. 물의 소리, 손에 닿는 촉감, 물의 부드럽고 따뜻한 느낌 등을 느껴요.

   "물속에 손을 넣어 볼까?"

   "어때? 따뜻하지?"

   "손을 흔들흔들~ 움직이니까 물도 같이 찰랑찰랑 흔들리네."

   "철썩철썩! 물을 손으로 치니까 소리가 난다!"

2. 아기 손바닥에 물비누를 짜 주고 함께 양손을 쓱쓱 비벼요. 손을 비비며 비누 거품의 색깔, 향, 느낌에 대해 이야기를 나눠요.

   "엄마가 OO이 손에 비누 거품을 짜 줄게! 쭈욱~!"

   "하얀 비누 거품이 몽글몽글~ 구름 같네."

3. 거품이 묻은 손을 깨끗한 물로 헹궈요. 거품 묻은 손을 대야에 넣으면 거품이 퍼져 나가는 모습을 볼 수 있어요.

   "이제 손을 물속에 넣어 볼까?"

   "우아~ 거품이 퍼진다."

   "거품이 점점 사라지네."

4. 수건으로 손의 물기를 톡톡 닦은 다음, 깨끗해진 손을 살펴보고 좋은 냄새도 맡아 봐요.

   "OO이 손이 반짝반짝 깨끗해졌네."

   "(아기 손의 냄새를 맡으며) 킁킁! 좋은 향기도 나는걸!"

놀이팁

- 놀이를 하다 옷이 젖으면 아기가 추워할 수 있으니 젖은 상태로 너무 오래 놀지 않도록 해요.

목욕·물놀이

놀이 영역

창의적 표현

병뚜껑 배 놀이

병뚜껑 배를 물에 띄우고 입으로 후후~ 불며 움직여 봐요.

이번에 소개할 놀이는 두 돌 아기도 쉽게 만들어 놀이할 수 있는 병뚜껑 배 놀이예요! 두 돌이 지나면 뚜껑을 돌려 열거나 구멍에 끈을 끼우고 빼는 등 더 세밀하게 손가락의 움직임을 조절할 수 있어요. 아이에게 점토 작게 뜯어 보기, 면봉 꽂기 등 놀잇감 만들기에 직접 참여할 수 있는 기회를 줘 봐요. 스스로 만든 놀잇감으로 놀면 성취감도 느낄 수 있답니다.

대상

25~36개월

준비물

병뚜껑, 점토, 면봉, 스티커, 빨대, 물

주요 경험 및 발달 효과

- 다양한 재료를 활용하여 간단한 만들기를 경험해요.
- 물 위를 둥둥 떠다니는 배의 움직임을 탐색해요.
- 입으로 부는 행동은 입의 근육을 훈련시켜 언어 발달을 자극해요.

이렇게 만들어요!

1. 점토를 병뚜껑 크기에 맞게 작게 뜯어서 병뚜껑 안에 꾹꾹 눌러 넣어요.
2. 면봉에 모양 스티커를 붙여 돛을 만들어요.
3. 돛이 달린 면봉을 점토에 꽂으면 병뚜껑 배 완성!

이렇게 놀아요!

1. 병뚜껑 배를 물에 띄워요. 물 위에 둥둥 떠다니는 배의 움직임을 살펴봐요.

   "배를 물에 넣으면 어떻게 될까?"

   "OO이가 만든 병뚜껑 배가 물 위에 잘 뜨네."

2. 입으로 후~ 불어 병뚜껑 배를 움직여요. 이때 빨대를 사용하면 입바람이 약한 영아들은 좀 더 수월하게 병뚜껑 배를 움직일 수 있어요.

   "후~ 입으로 바람을 일으켜 볼까?"

   "배가 흔들흔들 움직이네!"

   "배가 앞으로 간다~! 저 끝까지 가게 해 볼까?"

3. 손으로 물을 움직여 병뚜껑 배를 움직여요.

   "넘실넘실~ 손으로 파도를 만들어 보자!"

   "철썩철썩! 물이 흔들흔들~ 배도 따라서 흔들흔들 움직이네."

놀이팁

- 우유 팩으로 큰 배를 만들어 놀잇감을 태워 주는 놀이도 해 봐요.
- 식용 색소, 물감 한 방울을 더해 파란 바다를 만들고 물에 뜨는 작은 놀잇감을 함께 넣으면 더 풍성한 놀이가 될 거예요.

목욕·물놀이

아기 인형 목욕 놀이

보글보글 비누 거품으로 아기 인형을 깨끗하게 목욕시켜요.

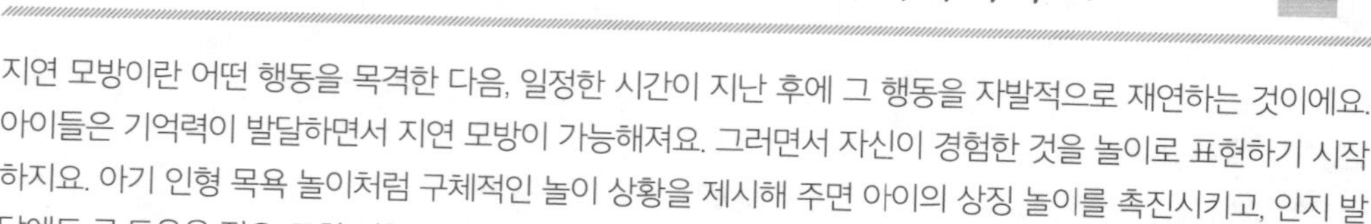

지연 모방이란 어떤 행동을 목격한 다음, 일정한 시간이 지난 후에 그 행동을 자발적으로 재연하는 것이에요. 아이들은 기억력이 발달하면서 지연 모방이 가능해져요. 그러면서 자신이 경험한 것을 놀이로 표현하기 시작하지요. 아기 인형 목욕 놀이처럼 구체적인 놀이 상황을 제시해 주면 아이의 상징 놀이를 촉진시키고, 인지 발달에도 큰 도움을 줘요. 또한 인형 놀이를 통해 다양한 감정을 표현할 수 있는 기회도 줄 수 있답니다.

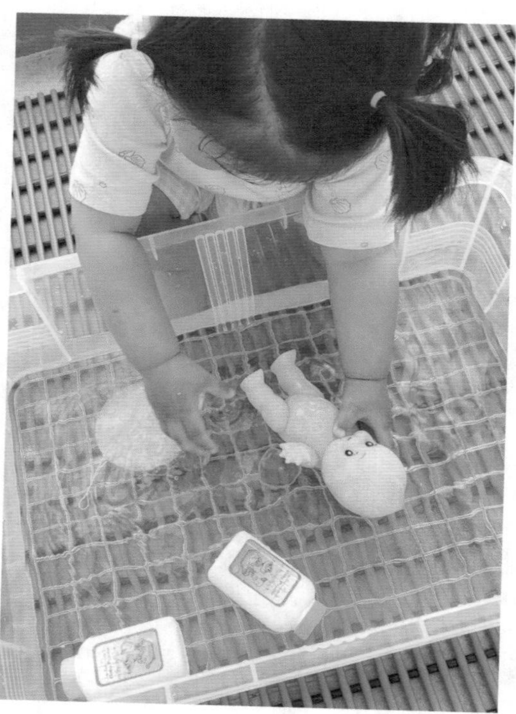

대상

25~36개월

준비물

아기 인형, 아기 바디 워시, 목욕 스펀지, 손수건, 수조, 물

주요 경험 및 발달 효과

- 자신의 경험을 놀이로 표현하며 모방 행동을 즐겨요.
- 목욕 과정을 떠올리며 아기 인형을 씻겨요.
- 목욕 상황과 관련된 단어나 표현을 듣고 말해요.

이렇게 놀아요!

1. 아기 인형, 목욕 스펀지, 손수건 등을 물속에 넣고 자유롭게 탐색해요.

   "물속에 뭐가 있지?"

   "아기 인형도 있고 보들보들 스펀지도 있네."

   "손수건이 물속에서 흐물흐물 재미있게 움직이네."

2. 아기 바디 워시를 물에 풀어요. 비누 거품을 만지며 감각적으로 탐색해요.

   "보글보글 비누 거품을 만져 보니 어때?"

   "거품을 모아 손바닥에 올렸네."

   "후~ 거품이 사라진다."

3. 목욕했던 경험을 떠올리며 인형을 씻겨요. 목욕 스펀지로 인형의 몸을 문질러 보고 머리도 감겨 줘요.

   "아기 인형이 더워서 땀을 많이 흘렸대. 우리가 목욕시켜 줄까?"

   "스펀지로 아기 인형 배를 쓱쓱~!"

   "물을 뿌려 비누 거품을 헹궈 주자."

4. 인형 몸의 물기를 손수건으로 닦으며 마무리해요.

   "아기 인형 감기 걸리겠다. 이제 몸에 있는 물기를 싹싹 닦아 주자."

   "OO이 몸에 물기도 닦자!"

   "휴~ 개운해! 아기 인형도 기분이 좋겠는걸?"

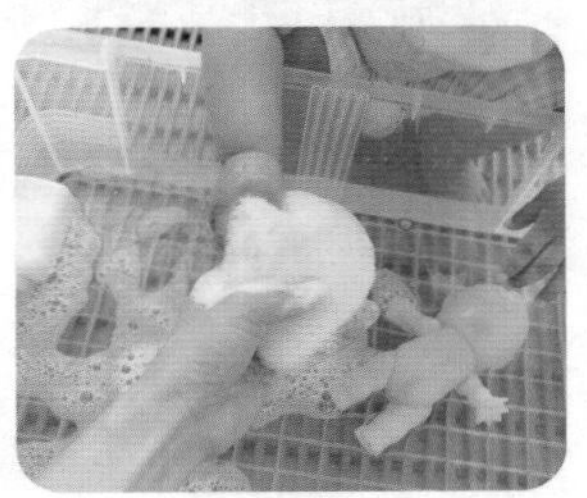

놀이팁

- 아기 인형 옷을 주물러 빨래하고 물기를 짜서 건조대에 널어 보는 빨래 놀이로 확장할 수 있어요. 빨래 놀이를 통해 물과 비누, 천의 감촉을 느끼고 빨래를 주무르고 널어 보며 소근육 조절 능력을 기를 수 있어요.

목욕·물놀이

뜰채 놀이

물 위를 둥둥 떠다니는 놀잇감을 뜰채로 떠 봐요.

이 시기의 영아는 일상생활에서 사용하는 다양한 생활 도구에 관심이 많은데요. 이전에 비해 대·소근육 조절 능력이 발달하여 집게로 솜공 집기, 안전 가위로 종이 자르기 등 놀이를 통해 간단한 도구 사용을 시도할 수 있어요. 뜰채는 구멍이 뽕뽕 뚫려 있어 흥미를 유도하기 좋고, 아이들이 사용하기 적절한 수준의 생활 도구라서 물놀이에 활용하기 좋아요.

대상

25~36개월

준비물

뜰채, 물에 뜨는 아기 놀잇감, 수조, 물

주요 경험 및 발달 효과

- 생활 도구에 관심을 가지고 탐색해요.
- 목표물을 향해 신체를 조절해요.
- 뜰채를 조작하며 집중력을 길러요.

이렇게 놀아요!

1. 물에 뜨는 아기 놀잇감을 물이 담긴 수조에 넣어요.

"놀잇감을 물속에 풍덩~!"

"한꺼번에 다 부어 버렸네!"

2. 손으로 물 위를 둥둥 떠다니는 놀잇감을 잡아요.

"물 위에 놀잇감이 둥둥 떠 있네. 엄마랑 같이 잡아 볼까?"

"잡았다! 그릇에 놀잇감을 쏘옥~! 놀잇감이 가득 담겼네!"

3. 새로운 도구인 뜰채를 살펴봐요.

"이건 뜰채야. 작은 구멍이 뽕뽕 나 있지."

"구멍을 만져 보니 느낌이 어때?"

4. 뜰채로 떠서 놀잇감을 잡아요.

"뜰채로 놀잇감을 잡아 볼까?"

"(아기 손을 함께 잡은 채로) 뜰채를 놀잇감 밑에 놓고 위로 올려 보자!"

"우아! 잡았다! 놀잇감이 뜰채 안으로 쏙 들어갔어."

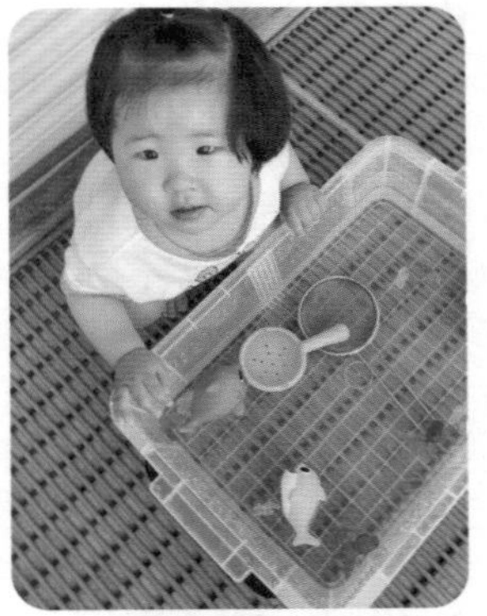

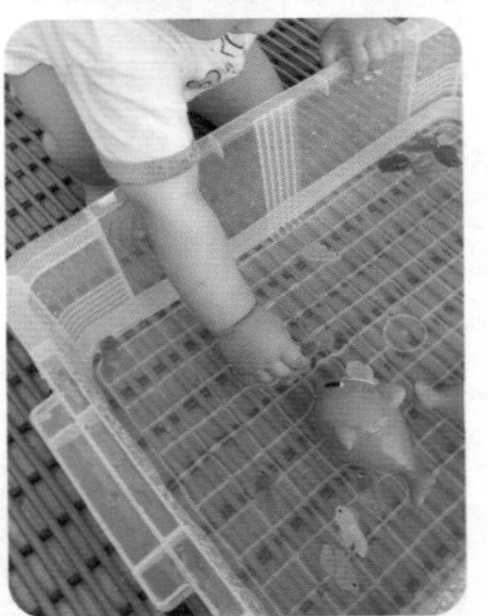

놀이팁

- 물에 뜨는 놀잇감과 뜨지 않는 놀잇감을 물속에 함께 넣어 놀이해 봐요. 아직 과학적 원리를 이해하진 못하지만, 과학적 현상을 관찰하며 놀이하는 것만으로도 아이의 사고력을 키울 수 있어요.

산책

비눗방울 놀이

하늘을 떠다니는 비눗방울의 움직임을 탐색해요.

아이와 산책하러 나갈 때 무엇을 챙기나요? 또예는 4개월쯤 욕실에서 비눗방울을 처음 보았는데요. 요리조리 둥둥 떠다니는 비눗방울을 호기심 어린 눈으로 한참이나 바라보던 그 모습이 정말 귀여웠답니다. 그 뒤로 비눗방울은 산책 필수템이 되었지요. 요즘은 친환경 소재로 만들어 아기들에게 안전한 비눗방울도 있으니, 안심하고 사용해 봐요.

대상

0~12개월

준비물

비눗방울

주요 경험 및 발달 효과

- 새로운 사물인 비눗방울에 호기심을 느끼며 탐색해요.
- 비눗방울의 움직임을 바라보며 시각을 자극하고 집중력을 길러요.
- 비눗방울을 따라 신체를 조절하여 움직여요.

이렇게 놀아요!

1. 아기를 유아차에 태우고 산책하러 나갔을 때 비눗방울 놀이를 해요. 아기를 유아차에 앉혀 두고 비눗방울을 불어 함께 관찰해요.

   "(비눗방울을 불며) 후~ 이게 뭘까?"

   "우아! 동글동글 비눗방울이 나오네."

2. 비눗방울을 함께 바라보면서 비눗방울의 색깔, 모양, 움직임에 대해 이야기를 해요.

   "비눗방울이 하늘을 동동 떠다니네."

   "동글동글 동그란 모양이구나."

   "비눗방울 속에 OO이 얼굴이 보여!"

3. 비눗방울을 손가락으로 가리키거나 팔을 뻗어 잡기를 시도해요.

   "(비눗방울을 손가락으로 가리키며) 비눗방울이 여기 있네!"

   "비눗방울이 저쪽으로 간다~!"

   "비눗방울을 잡아 볼까?"

   "비눗방울이 톡! 하고 터졌네."

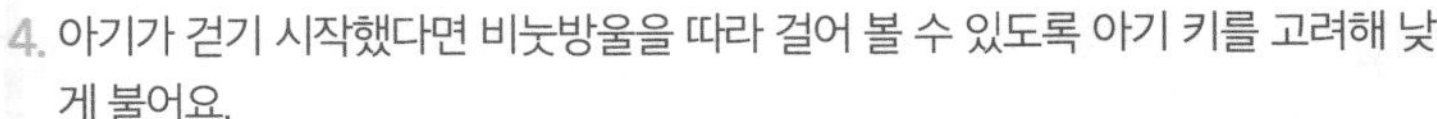

4. 아기가 걷기 시작했다면 비눗방울을 따라 걸어 볼 수 있도록 아기 키를 고려해 낮게 불어요.

   "비눗방울이 날아간다."

   "비눗방울아, 같이 가~!"

놀이팁

- 실외 놀이가 어려운 겨울에는 욕실에서 비눗방울 놀이를 해 봐요. 비눗방울 놀이 뒤에는 미끄럽지 않도록 반드시 깨끗하게 청소를 해요.
- 비눗방울이 아이의 눈이나 입에 들어가지 않도록 조심하며 놀아요. 비눗방울 놀이가 끝난 뒤에는 손을 깨끗하게 씻겨요.

산책

바람개비 놀이

빙글빙글 돌아가는 바람개비로 놀이해요.

'아기 실외 놀잇감' 하면 빼놓을 수 없는 바람개비! 바람개비는 영아기 아이들 모두가 재미있게 즐길 수 있는 놀잇감이에요. 어린 영아들의 경우 바람개비를 유아차에 매달아 빙글빙글 돌아가는 모습을 탐색하며 아이의 감각을 자극할 수 있어요. 큰 영아들은 바람개비를 들고 다양한 움직임을 시도하며 활발한 신체 활동을 할 수 있지요. 우리 아이의 발달 수준에 맞게 놀아 봐요.

대상

13~24개월

준비물

바람개비

주요 경험 및 발달 효과

- 바람에 의해 빙글빙글 돌아가는 바람개비의 움직임을 살펴봐요.
- 눈에 보이지 않는 바람을 감각적으로 느껴요.
- 바람개비를 들고 몸을 다양하게 움직여요.

이렇게 놀아요!

1. 바람개비를 유아차에 달아요. 바람이 불거나 유아차가 움직일 때 바람개비도 함께 돌아가요. 빙글빙글 돌아가는 바람개비의 움직임에 관심을 가지고 탐색해요.

   "유아차가 움직이니 바람개비도 같이 움직이네."

2. 바람개비를 들고 산책을 나가요. 아이와 함께 바람개비를 바라보며 바람개비의 움직임을 언어로 표현해요.

   "바람이 불고 있네. 바람개비가 빙그르르 돌아간다~!"

   "바람개비가 엄청 빨리 움직이네!"

3. 바람개비를 입으로 불어 돌아가게 할 수도 있어요. 아직 입으로 부는 바람이 약하니 엄마, 아빠가 함께 불어요.

   "바람개비를 입으로 후~ 불어 볼까?"

   "바람개비가 살살 돌아가네!"

   "더 세게 불어 볼까?"

4. 바람개비를 들고 천천히 걷기, 빨리 걷기, 뛰기 등 다양한 움직임을 시도해요.

   "바람개비를 들고 엄마랑 같이 걸어 볼까?"

   "바람개비가 더 빨리 돌아가네."

   "바람개비를 들고 팔을 위로 아래로, 위로 아래로~!"

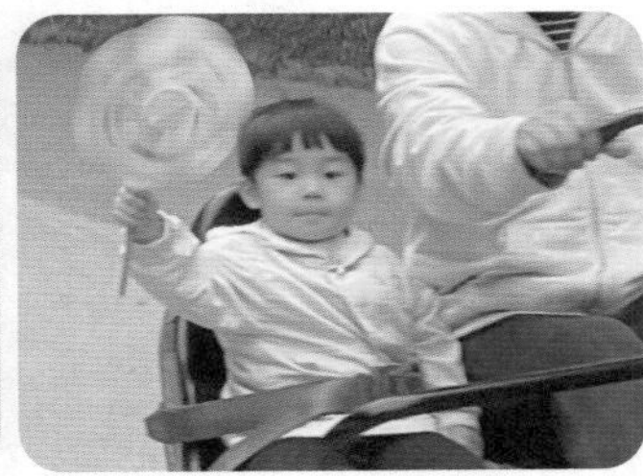

13~24개월

놀이팁

- 종이컵으로 바람개비 만드는 방법
  ① 종이컵을 대여섯 등분으로 자른 뒤 사선으로 접으며 날개를 펴요.
  ② 바람개비 날개 위에 끼적이거나 스티커를 붙여 자유롭게 꾸며요.
  ③ 종이컵 중앙에 할핀을 꽂아 종이컵과 수수깡을 연결해요. 수수깡에 꽂힌 할핀이 빠지거나 튀어나와 다치지 않도록 할핀 위에 셀로판테이프를 붙여요.

산책

실외에서 물로 그림 그리기

놀이터, 공원 등 밖으로 나가 특별한 그림을 그려 봐요.

햇살 가득 내리쬐는 맑은 날, 붓과 물통만 있으면 신나게 즐길 수 있는 특별한 그림 그리기 놀이예요. 한 손에는 붓, 한 손에는 물통을 들고 돌바닥에도 쓱~! 벽돌 위에도 쓱~! 어디든 그림을 그릴 수 있어요. 물을 칠했을 때 색이 변하는 모습과 물이 마르며 사라지는 그림을 관찰하면 아이의 호기심도 쑥쑥 자라요.

대상

13~24개월

준비물

물, 물통, 붓, 물약 병, 롤러

주요 경험 및 발달 효과

- 간단한 도구를 사용하여 물로 그림을 그려요.
- 물을 칠했을 때와 물이 말랐을 때의 변화를 탐색하며 호기심을 느껴요.
- 물이 말라 사라지는 그림을 보며 과학적 사고를 자극해요.

이렇게 놀아요!

1. 물통에 물을 담고 붓을 준비해 밖으로 나가요.

   "밖에 나가 그림을 그려 볼까?"

   "물통에 물을 담아 보자!"

2. 붓에 물을 묻혀 바닥, 벽 등 실외 공간에 자유롭게 물로 그림을 그려요.

   "바닥에 붓으로 그림을 그려 볼까?"

   "쓱쓱~ 붓이 지나간 자리에 자국이 생겼네."

   "또 어디에 그림을 그릴까?"

   "OO이가 돌을 칠하고 있구나."

3. 붓 외에 물약 병, 스펀지 롤러 등 다양한 도구를 사용해요. 도구에 따라 그림의 형태가 다르게 나타나요.

4. 물을 칠했을 때의 변화와 물이 말랐을 때의 변화를 탐색해요.

   "롤러를 쓱 굴리니까 바닥 색깔이 변했구나."

   "아까 우리가 그린 그림이 어디로 사라졌지?"

   "물이 말라서 사라졌나 봐!"

놀이팁

- 붓은 얇고 긴 것보다는 두껍고 짧으면서 솔 부분이 큰 것이 좋아요.
- 수성 분필(워셔블 초크)로 바닥을 도화지 삼아 마음껏 그림을 그리는 것도 재미있어요. 물을 뿌리면 쉽게 지울 수 있어요.

12 산책

눈 스티커 놀이

자연과 대화 나누며 아이의 상상력을 자극해요.

자연은 놀잇감이 따로 필요 없는 그 자체로 거대한 놀이터예요. 아이들은 다양한 자연물로 놀이하며 자연에 대해 호기심을 가지고 탐구하는 태도를 기를 수 있답니다. 자연물 탐색 놀이를 즐기기 위한 간단한 준비물로 눈 스티커를 추천해요. 꽃, 돌멩이, 나무와 대화를 나누며 자연의 아름다움을 느끼고 풍부한 정서를 경험해요.

대상

25~36개월

준비물

눈 스티커

주요 경험 및 발달 효과

- 자연환경에 호기심을 가지고 인사를 나눠요.
- 자연물의 모양, 색깔, 질감 등의 특징을 탐색하며 이야기를 나눠요.
- 자연물 위에 스티커를 붙이고 눈과 손의 협응력을 길러요.

이렇게 놀아요!

1. 눈 스티커, 작은 바구니를 들고 아이와 함께 산책길로 나가요.

2. 자연물에 눈 스티커를 붙이며 인사를 나눠요. 엄마 아빠가 꽃, 나무, 돌멩이 등 자연물의 목소리를 대신 내 줘요.

   "꽃에 눈이 생겼네. 꽃이 OO이한테 하고 싶은 말이 있나 봐."

   "OO아, 안녕? 나는 꽃이야."

   "OO이가 '안녕' 하고 인사해 주니 꽃이 기분이 좋은가 봐. 흔들흔들 움직이네."

3. 돌멩이, 솔방울, 나뭇가지 등 다양한 자연물을 찾아 바구니에 담아요. 자연물의 서로 다른 모양, 색깔, 촉감 등에 대해 이야기를 나누어요.

   "나무 밑에 솔방울 친구들이 많이 있네."

   "큰 솔방울도 있고 작은 솔방울도 있구나."

   "동글동글 작은 돌멩이를 찾았구나!"

   "돌멩이가 아주 단단하네."

4. 수집한 자연물에 눈 스티커를 붙이고 대화를 나누어요.

   "OO이가 '돌멩이야, 안녕!' 하고 인사했네."

   "커다란 아빠 솔방울이네. 아기 솔방울은 어디에 있을까?"

놀이팁

- 자연물에 붙였던 스티커는 집으로 가기 전에 모두 떼고 돌아와요. 아이도 자연을 아끼고 사랑하는 마음을 배울 수 있어요.

산책

종이 접시 스텐실 놀이

스텐실 틀에 분무기로 물을 뿌려 그림을 표현해요.

여러 도구를 활용한 미술 놀이를 경험하는 것은 아이의 창의력, 상상력 자극에 도움이 돼요. 글자나 모양을 오린 뒤, 그 안에 물감을 칠해 그림을 찍는 미술 기법인 스텐실 놀이도 이 시기 아이들이 하기 좋은 미술 놀이예요. 구멍 안에 분무기를 칙칙 뿌리기만 하면 다양한 모양이 짠! 물감 대신 물을 사용하기 때문에 부담 없이 시도해 볼 수 있어요.

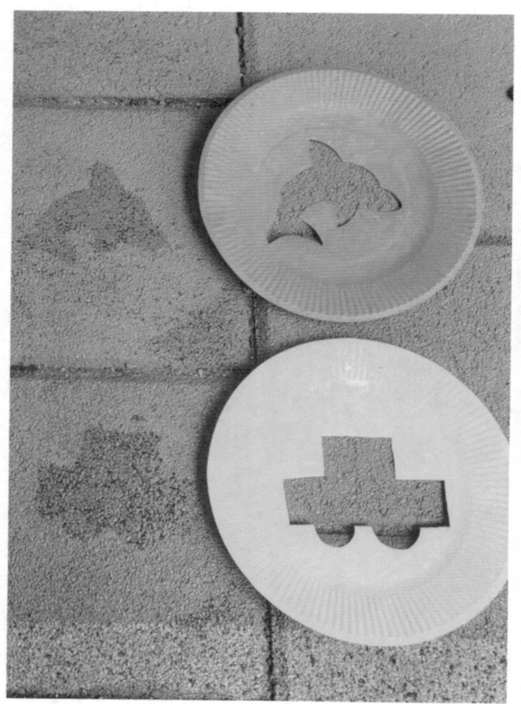

대상

25~36개월

준비물

종이 접시로 만든 스텐실 틀, 분무기, 물

주요 경험 및 발달 효과

- 분무기를 조작하며 손가락 힘을 길러요.
- 스텐실 틀을 통해 나타나는 모양을 살펴봐요.
- 물을 활용한 새로운 미술 활동에 흥미를 느껴요.

이렇게 만들어요!

• 종이 접시에 아기가 좋아하는 다양한 모양의 그림을 그린 뒤 오려 내면 스텐실 틀 완성! 너무 복잡한 그림보다는 단순한 그림이 또렷하게 잘 보여요.

이렇게 놀아요!

1. 물을 담은 분무기, 스텐실 틀을 가지고 바깥으로 나가요.

"밖으로 나가서 칙칙! 분무기 놀이를 해 볼까?"

2. 아기와 함께 여러 모양의 스텐실 틀을 살펴봐요.

"짹짹! 새가 있네."

"부릉부릉~! 자동차 모양도 보이네."

3. 스텐실 틀을 바닥에 두고 분무기를 뿌려요.

"엄마가 종이를 바닥에 두고 분무기를 뿌려 볼게~!"

"이번에는 OO이가 뿌려 볼까?"

"칙칙! 분무기를 뿌리면 어떤 모양이 나올까?"

4. 스텐실 틀을 들어 바닥에 나타난 모양을 확인해요.

"우아! 바닥에 새 모양이 생겼네."

"다음엔 어떤 모양으로 해 볼까?"

놀이팁

• 틀 재료는 꼭 종이 접시가 아니어도 돼요. 종이 접시처럼 적당히 단단하면서 자르기 쉽고, 물에 쉽게 흐물흐물해지지 않는 재료를 사용해요.

• 분무기 대신 스펀지나 붓, 롤러 등을 사용하여 스텐실 그림을 그려 볼 수도 있어요. 다양한 도구를 사용해 봐요.

잠자기 전

손전등 불빛 잡기 놀이

손전등 불빛을 따라 움직이며 신체 발달을 자극해요.

또예는 조심스러운 성격 때문인지 소근육 발달에 비해 대근육 발달이 조금 더딘 편이었어요. 그래서 평소에 스스로 잡고 일어서기, 잡고 걷기 등을 유도할 수 있는 대근육 놀이를 많이 해 주었는데요. 자기 전에 했던 손전등 놀이도 그중 하나였어요. 손전등 놀이를 통해 우리 아기의 대근육 발달을 도와요.

대상

0~12개월

준비물

손전등, 셀로판지, 고무줄

주요 경험 및 발달 효과

- 손전등 불빛에 관심을 가지고 탐색해요.
- 불빛을 따라 움직이며 대근육 운동을 해요.
- 불빛을 손으로 잡아 보며 눈과 손의 협응력을 길러요.

이렇게 놀아요!

1. 방 안을 어둡게 하고 바닥에 손전등 불빛을 비추어 아기의 흥미를 유도해요.

   "이게 뭘까? 불빛이네."

   "반짝반짝 불빛이 어디에 있지?", "(바닥의 불빛을 가리키며) 불빛이 여기 있네!"

2. 아기의 손발에 손전등 불빛을 비추며 불빛을 탐색해요. 손전등을 아기 손에 가까이 댔다가 멀리 움직이면 불빛의 크기도 커졌다 작아졌다 변화해요.

   "OO이 손에 불빛이 있네."

   "불빛이 어디로 움직일까?"

   "이번에는 OO이 발에 불빛이 있네."

3. 손전등 불빛을 바닥이나 벽, 천장에 비춰요. 손전등 불빛을 천천히 움직여 아기의 시선이 따라오도록 해요. 아기의 발달 수준에 따라 배밀이, 기어가기, 걷기 등의 방법으로 불빛을 따라 움직이며 불빛 잡기 놀이를 해요.

   "불빛이 움직이네. 한번 잡아 볼까?"

   "우아! 잡았다!"

4. 셀로판지를 활용하여 알록달록한 색깔 빛을 만들어요. 손전등 앞에 셀로판지를 갖다 대며 놀이해도 좋아요. 한 가지 색으로 오래 놀이할 거라면 손전등 앞부분을 셀로판지로 감싸 고무줄로 묶어도 좋아요.

   "불빛이 어떤 색으로 바뀔까?", "(셀로판지를 갖다 대며) 짜잔! 빨간색 빛이 되었네!"

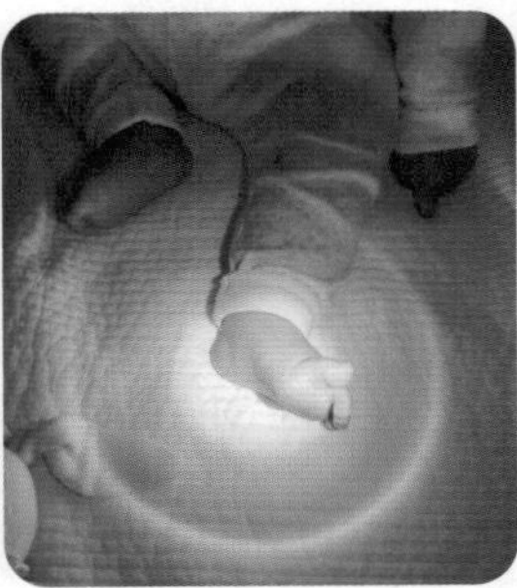

놀이팁

- 갑자기 불을 끄고 어둡게 하면 아기가 무서워할 수 있으니 조명을 천천히 낮춰요.
- 아기가 손전등 불빛을 정면으로 보지 않도록 주의해요.

잠자기 전

그림자 신체 놀이

나와 똑 닮은 그림자에 관심을 가지고 다양하게 움직여요.

잘 시간인데 우리 아이가 오늘은 어쩐지 쌩쌩해 보인다고요? 더 놀고 싶어 하는 아이와 자기 전에 간단히 즐길 수 있는 그림자놀이를 소개할게요. 필요한 준비물은 빛을 차단한 어두운 공간과 빛뿐! 깜깜한 것을 무서워하는 아이들도 그림자놀이를 즐기다 보면 어두운 공간에 잘 적응할 수 있을 거예요. 자기 전에 엄마, 아빠와 즐겁게 놀이하고 나면 좋은 꿈을 꿀 수도 있답니다.

대상

13~24개월

준비물

손전등 또는 스마트폰 불빛

주요 경험 및 발달 효과

- 빛과 그림자를 경험하며 호기심을 느껴요.
- 그림자의 모습과 움직임에 관심을 가지고 탐색해요.
- 나를 따라 움직이는 그림자를 보며 자유롭게 몸을 움직여요.

이렇게 놀아요!

1. 자기 전 깜깜해진 방 안에서 손전등을 켜요. 벽에 나타난 그림자에 관심을 보이면 함께 그림자를 살펴봐요.

   "어? 저게 뭘까? 그림자가 나타났네."

   "토끼 인형도 그림자가 생겼네."

2. 신체 부위에 빛을 비춰 나타난 그림자를 살펴봐요.

   "OO이 손그림자네."

   "OO이 발 그림자도 짠!"

3. 몸을 자유롭게 움직이며 그림자를 탐색해요.

   "OO이가 걸어가니 그림자도 따라가네."

   "그림자가 OO이를 따라 움직이고 있어."

   "엄마가 '안녕!' 하고 손을 흔드니 그림자도 손을 흔들지?"

4. 다양한 몸짓을 해 보며 그림자의 움직임을 탐색해요.

   "만세! 그림자도 같이 만세!"

   "짝짝짝! 박수 쳐 볼까? 그림자도 따라서 박수를 치네."

   "머리 위로 토끼 귀를 만드니 토끼가 깡충깡충!"

5. 엄마 손으로 여러 가지 그림자를 만들어 보여 주고 어떤 동물인지 맞혀 보는 것도 재미있어요.

놀이팁

- 그림자의 원리를 설명하기보다는 벽에 나타난 그림자와 움직임을 자유롭게 탐색할 수 있도록 상호작용을 해요.

잠자기 전

휴지 심 그림자 극장

휴지 심을 활용하여 엄마표 그림자 극장을 열어요.

그림자놀이는 맨몸으로도 얼마든지 재미있게 즐길 수 있지만 간단한 준비물을 더하면 더욱 풍성한 놀이를 할 수 있어요. 휴지 심 구멍을 랩이나 테이프로 막아 그 위에 쓱쓱 그림을 그려 주면 휴지 심 그림자 극장 준비 완료! 그림자 친구들이 등장하는 이야기를 통해 아이의 언어 발달과 상상력을 자극해요. 오늘 밤, 그림자놀이로 하루를 마무리해 보는 건 어떨까요?

대상

25~36개월

준비물

휴지 심, 랩 또는 투명 테이프, 네임펜

주요 경험 및 발달 효과

- 동물 그림자를 살펴보며 동물의 특징을 표현해요.
- 엄마, 아빠가 들려주는 짧은 이야기를 듣고 이해해요.
- 그림자놀이를 통해 과학적 탐구 능력을 길러요.

이렇게 만들어요!

1. 휴지 심 한쪽 구멍을 랩으로 감싸거나 투명 테이프를 붙여 막아요.
2. 막은 부분에 다양한 색의 네임펜으로 여러 가지 동물을 그려요.

이렇게 놀아요!

1. 방 안을 어둡게 하고 휴지 심 안에 손전등을 넣어 동물 그림자가 나타나도록 해요. 벽과 바닥에 나타난 동물 그림자를 호기심 가득한 눈으로 바라보며 흥미로워할 거예요.

2. 동물 그림자를 보며 동물의 이름을 말해 보고 울음소리, 특징 등을 표현해요.

   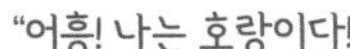

   "어흥! 나는 호랑이다!"

   "이번에는 토끼가 나왔네. 깡충깡충 토끼가 폴짝폴짝 뛰어가네."

3. 손전등을 앞뒤로 움직여 그림자의 크기를 변화시켜요.

   "우아~ 새가 점점 커진다. OO이가 탈 수도 있겠는걸!"

   "호랑이가 개미만큼 작아졌네. OO이 손바닥 위에 쏙!"

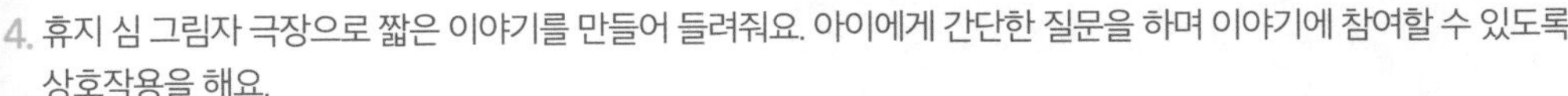

4. 휴지 심 그림자 극장으로 짧은 이야기를 만들어 들려줘요. 아이에게 간단한 질문을 하며 이야기에 참여할 수 있도록 상호작용을 해요.

   "새가 훨훨~ 날아가서 누구를 만났을까?"

   "새가 토끼를 만났구나!"

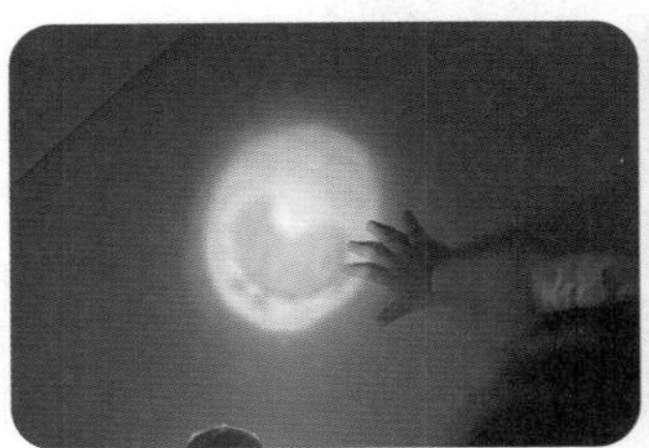

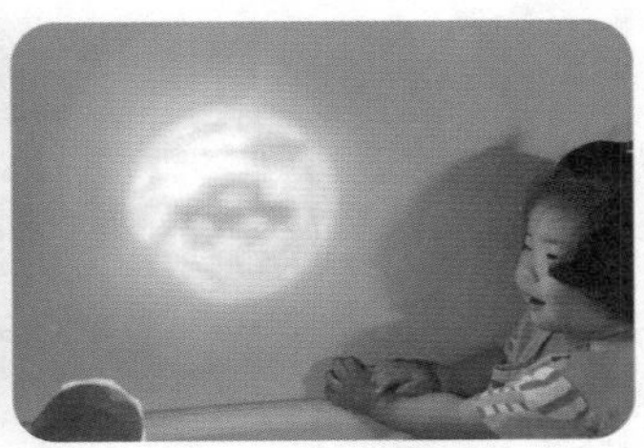

놀이팁

- 그림이 그려진 부분에 손전등을 바짝 붙이는 것보다는 살짝 멀리해야 그림이 더 또렷하게 나타나요.
- 직접 그림을 그리는 대신 스티커를 붙여 만드는 방법도 있어요. 스티커를 붙이면 형태만 나타나므로, 한눈에 구분이 되는 것들로 붙여요.

봄

종이 접시 봄 썬캐처

여러 가지 자연물로 썬캐처를 만들며 봄을 느껴요.

알록달록한 자연의 색감과 부드러운 꽃잎의 촉감, 향기로운 꽃향기까지 아이의 오감을 자극하는 봄놀이를 소개해요. 자연물을 수집하고 썬캐처를 만드는 과정마다 봄을 듬뿍 느낄 수 있답니다. 완성한 썬캐처는 햇빛이 잘 드는 창문가에 걸어 봐요. 햇빛을 받으며 바람에 흔들리는 썬캐처를 보면 자연의 아름다움은 물론 성취감도 느낄 수 있을 거예요.

대상

25~36개월

준비물

종이 접시, 시트지, 막대, 습자지, 투명 테이프

주요 경험 및 발달 효과

- 주변 자연환경에 관심을 가지고 살펴봐요.
- 자연물의 색, 질감, 모양 등의 특성을 감각적으로 탐색해요.
- 자연물을 이용한 만들기를 경험해요.

이렇게 만들어요!

1. 종이 접시의 가장자리만 남기고 가운데를 동그란 모양으로 오려 내요.
2. 종이 접시의 앞면에 끈적이는 부분이 오도록 시트지를 붙여 썬캐처 틀을 준비해요.

이렇게 놀아요!

1. 아이와 함께 집 근처 공원을 산책하며 봄을 느낄 수 있는 다양한 자연물을 수집해요.

   "바닥에 예쁜 꽃잎이 떨어져 있네."

   "초록색 나뭇잎도 바구니에 담아 볼까?"

2. 바구니에 모은 여러 가지 자연물을 살펴보며 색, 모양, 촉감 등을 탐색하고 이야기를 나누어요.

   "우아! 어느새 바구니가 가득 찼네."

   "어떤 것들을 모았는지 살펴볼까?"

   "작은 꽃잎도 있네. 부들부들 부드러워~!"

3. 종이 접시 썬캐처 틀에 나뭇잎, 꽃잎, 나뭇가지 등 자연물을 자유롭게 붙여요.

   "꽃잎을 붙여 볼까?"

   "OO이가 작은 나뭇잎을 붙였네."

   "알록달록한 예쁜 색이 많이 있구나."

4. 창가에 썬캐처를 걸어 두고 감상하며 자연의 아름다움을 느껴요. 썬캐처에 막대를 붙여 손잡이를 만들면 실외 놀이에 활용할 수 있는 놀잇감이 돼요. 썬캐처 아랫부분에 리본 끈, 습자지, 한지 등을 붙이면 바람에 살랑살랑 움직이는 모습도 관찰할 수 있어요.

새싹 채소 키우기

새싹 채소를 키우며 씨앗이 자라나는 모습을 관찰해요.

새싹 채소는 발아한 지 일주일 정도 된 새싹을 의미해요. 잊지 않고 물만 주면 하루 이틀 안에 싹이 자라나는 모습을 관찰할 수 있어 초보자도 도전하기 쉽답니다. 아이와 함께 새싹 채소 씨앗을 심고 매일 물을 주며 씨앗이 자라나는 모습을 관찰해요. 식물과 인사를 나누고 물을 주며 돌보는 경험은 아이가 자연을 사랑하는 마음을 갖도록 도울 거예요.

대상

25~36개월

준비물

씨앗 키트(씨앗, 솜, 화분), 물, 분무기 또는 물약 병

주요 경험 및 발달 효과

- 시간의 흐름에 따른 씨앗의 변화를 살펴봐요.
- 식물 키우기를 경험하며 정서적인 안정감을 느껴요.
- 손으로 누르는 힘을 조절하며 식물에 물을 주어요.

이렇게 놀아요!

1. 아이와 함께 씨앗을 살펴봐요.

   "씨앗이 정말 작다."

   "이 씨앗은 무슨 씨앗이야."

2. 솜 위에 작은 씨앗을 올려요.

   "작은 씨앗을 화분 속에 넣어 보자."

3. 새싹이 잘 자랄 수 있게 물을 줘요. 아기의 소근육 발달 정도에 따라 물약 병 또는 분무기를 사용해요.

   "씨앗이 쑥쑥 자라나려면 물이 필요하대."

   "칙칙! 분무기로 물을 뿌리자."

   "OO이 덕분에 새싹이 쑥쑥 자랄 수 있겠다."

4. 씨앗 화분에 이름을 붙여 주며 친근감을 느껴요.

   "씨앗 화분에 이름을 붙여 줄까? 어떤 이름으로 하면 좋을까?"

   "멋진 이름이구나!"

5. 하루에 한두 번 물을 주고, 대화를 나누어요. 씨앗이 자라는 모습을 관찰하며 식물의 변화에 관심을 가져요.

   "오늘도 씨앗에 물을 주러 가 볼까?"

   "씨앗도 OO이 이야기를 다 들을 수 있대."

   "뭐라고 말해 주면 좋을까?"

   "씨앗에 작은 싹이 났어. 아주 작고 귀여운 싹이네."

   "씨앗 키가 쑥쑥 자랐네. OO이가 사랑으로 잘 키워서 그런가 봐."

19 봄

자연물 붓 만들기

자연물 붓으로 물감 놀이를 하며 다양한 질감을 느껴요.

자연은 아이들에게 준비된 놀이 공간이에요. 정해진 방법이 없는 자연이라는 놀이 공간에서 아이들의 상상력과 창의력이 쑥쑥 자라나지요. 흙, 물, 나뭇잎, 돌멩이 등의 자연물은 아이에게 흥미로운 놀잇감이 될 수 있어요. 모든 걸 내어 주는 넉넉한 자연의 품 안에서 미술 놀이를 즐기다 보면 마음이 편안해질 거예요.

대상

25~36개월

준비물

나뭇가지, 여러 가지 자연물, 마스킹 테이프, 물감, 흰색 도화지

주요 경험 및 발달 효과

- 자연물 붓의 다양한 질감과 형태를 탐색해요.
- 자연물 붓으로 그림을 그리는 새로운 경험을 통해 유연한 사고를 해요.
- 붓으로 색칠하며 창의적 표현 능력을 길러요.

이렇게 놀아요!

1. 아이와 함께 밖으로 나가 봄을 느낄 수 있는 여러 가지 자연물을 모아요. 자연을 보호하는 마음을 가질 수 있도록 땅에 떨어져 있는 자연물만 수집하도록 이야기해 줘요.

   "바구니에 어떤 걸 담아 볼까?"

   "바닥에 나뭇잎이 떨어져 있네."

2. 붓의 손잡이로 사용할 만한 적당한 두께와 길이의 나뭇가지도 주워요. 자연스럽게 굵고 얇음, 길고 짧음에 대한 개념을 인지할 수 있어요.

3. 다양한 자연물을 나뭇가지에 테이프로 연결하여 자연물 붓을 만들어요. 완성된 자연물 붓을 탐색해요.

   "나뭇가지에 나뭇잎을 붙이니 붓처럼 생겼네?"

   "나뭇잎 붓의 느낌이 어때?"

   "간질간질~ 간지럽구나."

4. 자연물 붓에 물감을 찍어 톡톡 쳐 보기, 문지르기, 두드리기, 주욱 긋기, 데굴데굴 굴리기 등 아이가 생각해 낸 여러 방법으로 그림을 그려요. 이때 아이의 자유로운 표현을 격려해 줘요.

   "나뭇잎 붓으로 흰색 도화지에 그림을 그리면 어떤 모양이 나올까?"

   "주욱~ OO이처럼 그릴 수도 있겠다."

   "쓱쓱 문질러도 볼까?"

놀이팁

- 나무집게에 호일, 비닐, 수세미, 행주 등 집에 있는 다양한 재료를 끼워 주면 재미있는 붓이 완성돼요. 각각의 붓에 물감을 묻혔을 때 어떤 형태로 나타날지 예측하고 확인해 보며 인지 발달을 자극해요.

놀이 영역

창의적 표현

봄꽃 물감 놀이

여러 가지 재료를 물감에 찍어 봄꽃을 표현해요.

길가에 개나리, 진달래, 목련, 벚꽃 등 알록달록한 꽃들이 피어나기 시작하면 봄이 왔음을 실감하게 돼요. 아이와 산책길에 봄꽃을 살펴보고 돌아온 후 할 수 있는 물감 놀이를 소개할게요. 페트병, 일회용 포크, 솜공, 빨대 등 집에 흔히 있는 재료를 가지고 봄꽃을 표현하다 보면 계절의 변화를 느낄 수 있어요. 재료마다 서로 다른 꽃 모양이 나타나서 더욱 재미있답니다.

대상

25~36개월

준비물

페트병, 포크, 솜공, 나무집게, 빨대, 흰색 도화지, 물감, 색연필

주요 경험 및 발달 효과

- 여러 가지 재료를 찍어 나온 모양을 살펴봐요.
- 물감 놀이를 통해 다양한 색과 모양을 경험해요.
- 새로운 도구를 활용한 물감 놀이를 경험해요.

이렇게 놀아요!

- 다양한 재료에 물감을 묻혀 도화지에 찍어 보며 봄꽃을 표현해요. 재료에 따라 서로 다르게 찍힌 모양을 살펴보고 색연필을 이용해 자유롭게 봄꽃을 표현하며 창의적인 표현을 해요. 물감은 넓은 팔레트에 짜야 페트병처럼 큰 재료도 쉽게 찍을 수 있어요.

1. 페트병 꽃 물감 놀이

바닥이 올록볼록 튀어나온 페트병이 필요해요. 튀어나온 부분의 면적이 넓어야 꽃 모양이 잘 표현돼요.

2. 포크 튤립 물감 놀이

밑면이 평편한 포크에 물감을 묻혀 찍으면 튤립이 나타나요.

3. 솜공 꽃 물감 놀이

솜공을 나무집게에 끼우면 솜공 붓 완성! 동그라미 모양을 콕콕 찍어 꽃 모양을 만들어요.

4. 빨대 꽃 물감 놀이

빨대를 네 등분으로 잘라 바깥쪽으로 펼쳐요. 빨대는 물감의 양이 충분해야 잘 찍혀요.

"페트병에 물감을 묻혀 볼까?"

"무슨 색을 찍어 볼까?", "노란색으로 찍어 보고 싶구나."

"어떤 모양이 나올까?", "우아~ 예쁜 꽃 모양이 나왔네."

"빨대를 콕콕! 무슨 모양인 것 같아?", "꽃 모양이 서로 다르네."

"꽃들이 가득 찬 아름다운 꽃밭이네."

놀이팁

- 집에서 물감 놀이를 하다 보면 옷에 묻을까, 바닥에 튈까 노심초사하게 돼요. 아이가 제약받지 않고 자유롭게 물감 놀이를 즐길 수 있도록 적절한 환경을 만들어 주는 것도 중요해요.

자연물 얼굴

여러 가지 자연물로 얼굴을 만들며 상상력을 키워요.

"코코코~ 입!" 하고 신체를 가리키는 코코코 놀이는 두 돌 아이와 하기에 딱 좋은 놀이예요. 이 시기 아이들은 얼굴과 몸의 각 부분을 인식하여 가리킬 수 있고 신체 명칭을 듣고 말할 수 있어요. 내 얼굴, 내 몸 등 신체와 관련된 다양한 놀이는 아이가 자신의 신체에 관심을 가지고 긍정적으로 생각하는 기회를 갖도록 도와줘요.

대상

25~36개월

준비물

여러 종류의 자연물, 얼굴 그림, 손거울

주요 경험 및 발달 효과

- 얼굴의 각 부분을 인식하고 신체 명칭을 듣고 말해요.
- 다양한 모양과 크기의 자연물로 놀이하며 소근육 발달을 도와요.
- 여러 가지 자연물을 활용하여 얼굴을 꾸며요.

이렇게 놀아요!

1. 산책길에 떨어진 꽃잎, 나뭇잎, 나뭇가지, 돌멩이 등의 자연물에 관심을 가지고 마음에 드는 자연물을 주워요.

2. 수집한 자연물의 종류, 모양, 색깔, 질감 등을 탐색해요. 다양한 자연물을 눈으로 보고 만지고 냄새도 맡으며 감각 발달을 자극해요.

3. 손거울을 보며 내 얼굴을 살펴봐요. 눈, 코, 입, 귀, 머리카락 등 여러 신체 부위를 살펴보며 명칭을 듣고 말해요.

   "거울 속에 OO이 얼굴이 있네."

   "OO이 반짝반짝 눈은 여기 있구나."

   "킁킁 냄새를 잘 맡는 코는 어디 있지?"

4. 얼굴 그림 위에 자연물을 올려 내 얼굴을 만들어요.

   "(얼굴 그림을 가리키며) 여기에 OO이 얼굴을 만들어 볼까?"

   "돌멩이가 동글동글한 OO이 눈 같네."

   "코는 어떤 걸로 하면 좋을까?"

   "멋진 얼굴이 완성됐다!"

놀이팁

- 월령이 높은 영아들은 웃는 얼굴, 우는 얼굴, 화난 얼굴 등 자연물로 다양한 표정을 표현하는 놀이로 확장해요.

여름

얼음 탐색

얼음을 탐색하는 다양한 방법을 소개해요.

뜨거운 햇살이 쨍쨍 내리쬐는 무더운 여름! 아이와 즐겁고 시원한 여름을 즐길 수 있는 얼음 놀이를 소개해요. 얼음은 차가운 느낌, 미끌미끌한 촉감, 녹으며 점점 작아지는 형태의 변화 등 아이들의 호기심을 자극하는 요소가 가득한 놀이 재료랍니다. 더위를 싹 잊게 할 얼음 놀이를 통해 아이의 오감을 자극해 봐요.

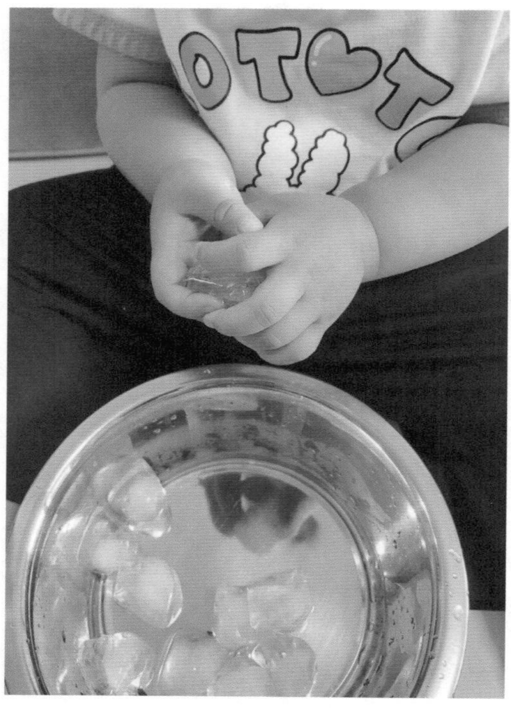

대상

13~24개월

준비물

얼음, 그릇·국자·집게 등의 도구

주요 경험 및 발달 효과

- 얼음의 특징을 감각적으로 탐색하며 감각 능력을 키워요.
- 차갑다, 미끄럽다, 단단하다 등 얼음의 촉감과 관련된 다양한 어휘를 들어요.
- 얼음의 변화를 살펴보며 이야기를 나누어요.
- 오감 놀이를 통해 긴장을 이완하고 스트레스를 해소해요.

이렇게 놀아요!

1. 얼음 하나를 아이에게 줘요. 얼음의 모양이나 색깔 등을 살펴보고 손바닥 위에 올린 뒤 얼음의 차가움, 단단함, 미끌거리는 느낌 등 다양한 촉감을 느껴요.

   "이건 얼음이야. 한번 만져 볼래?"

   "느낌이 어때?", "아이, 차가워!"

   "OO이가 얼음을 잡으려는데 자꾸 도망가네."

2. 얼음이 녹는 모습을 탐색해요. 손바닥 위에 얼음을 올리고 손을 비벼 보기도 하고 얼음이 녹으며 물이 생기는 것, 얼음이 점점 작아지는 모습 등 변화를 관찰해요.

   "얼음을 손에 쥐고 있으니 물이 뚝뚝 떨어지네."

   "손바닥으로 얼음을 비벼 볼까?"

   "얼음이 점점 작아지고 있어."

3. 더 많은 얼음으로 놀이해요. 그릇, 국자, 집게 등 도구를 더해 얼음을 그릇에 담고 쏟기, 국자나 집게로 옮기기, 그릇에 얼음을 담고 흔들거나 휘저으며 소리 듣기 등 자유롭게 탐색해요.

   "얼음을 그릇에 넣고 흔들어 볼까?"

   "달그락달그락 소리가 나네."

4. 얼음을 물속에 넣어요. 얼음이 물 위에 떠 있는 모습을 살펴보고 손으로 얼음을 잡아 보기도 해요.

놀이팁

- 다양한 얼음 틀에 물을 얼려 여러 가지 형태의 얼음을 탐색할 수 있는 기회를 제공해요.

여름

색깔 얼음 놀이

알록달록 색깔 얼음으로 자유롭게 표현해요.

색깔 얼음으로 그림을 그리는 놀이는 얼음이 녹으면 물이 나오는 특성을 활용한 놀이예요. 놀이를 통해 얼음을 접하는 것이 이번이 처음이라면 얼음 탐색(282쪽)을 먼저 한 후 이 놀이를 하는 것을 추천해요. 얼음 탐색을 통해 얼음의 특성을 충분히 경험하고 나면 아이는 더 몰입해서 주도적으로 놀이를 즐길 수 있을 거예요.

대상

25~36개월

준비물

얼음 틀, 색깔 물(식용 색소, 물감, 과일주스 등), 나무 막대, 전지

주요 경험 및 발달 효과

- 새로운 방법으로 그림을 그리며 자유롭게 표현해요.
- 얼음이 녹는 모습을 살펴보며 얼음의 특성을 경험해요.
- 얼음 막대를 쥐고 그리며 신체 조절력을 길러요.

이렇게 만들어요!

1. 얼음 틀에 색깔 물을 넣고 나무 막대를 꽂아 얼려요.
2. 얼음 틀에서 얼음 막대를 꺼내면 놀이 준비 끝!

이렇게 놀아요!

1. 색깔 얼음을 눈으로 보고 손으로 만지며 탐색해요.

   "이게 뭘까? 아이 차가워!", "얼음이 딱딱하네."

   "얼음에 알록달록한 색깔이 있구나."

   "얼음이 녹으면서 물이 나오네."

2. 막대를 잡고 색깔 얼음으로 종이 위에 그림을 그린 뒤 종이에 나타난 색과 모양에 대해 이야기를 나누어요.

   "얼음이 있던 자리에 파란색이 묻었네."

   "도장처럼 쿵 찍어 볼 수도 있구나.", "네모 모양이 나왔네."

   "이번에는 쭈욱 선을 그었네.", "종이가 점점 축축해지고 있어."

3. 그림을 그리며 얼음의 변화를 살펴봐요.

   "미끌미끌~ 얼음이 녹으니 미끌미끌해졌네."

   "얼음이 작아졌네."

   "모양이 둥글둥글해졌구나."

   "얼음이 사라지고 막대만 남았어."

놀이팁

- 색깔 얼음은 물감, 식용 색소 등을 사용해요. 아이가 입에 넣을 것이 걱정되면 과일주스를 활용해 봐요.
- 사인펜으로 그림을 그리고 그 위를 얼음으로 문질러요. 사인펜이 번지며 색다른 그림이 완성돼요.
- 얼음이 녹으면 바닥에 물이 생겨 미끄러울 수 있어요. 사고가 생기지 않도록 물기를 자주 닦아요.

여름

국수 비 놀이

우산을 쓰고 톡톡톡 국수 비를 맞아요.

여름에는 장마철도 있고 비 오는 날도 많다 보니 집에서 시간을 보내는 경우가 많아요. 우비를 입고 장화를 신고 첨벙첨벙 물웅덩이를 밟으며 비 놀이를 즐기면 좋겠지만, 매번 그렇게 나가서 놀 수는 없겠지요. 하지만 걱정하지 말아요. 국수와 우산만 있으면 집 안에서도 비 내리는 날의 느낌을 재미있게 경험할 수 있답니다.

대상

25~36개월

준비물

국수, 소꿉놀이 도구, 우산

주요 경험 및 발달 효과

- 손가락 근육을 조절하며 가늘고 긴 국수를 탐색해요.
- 국수 조각이 위에서 아래로 떨어질 때 나는 톡톡 소리를 들어요.
- 재미있는 의성어, 의태어를 들으며 언어 능력을 발달시켜요.

이렇게 놀아요!

1. 가늘고 기다란 국수의 모양을 살펴보며 국수를 탐색해요.

2. 국수를 작게 부러뜨려 봐요. 얇은 국수를 손에 쥐고 부러뜨려 보며 눈과 손의 협응력을 키워요.

   "어? 국수가 부러졌네.", "톡! 톡! 소리가 나네."

   "국수를 작게 부러뜨리고 있구나."

3. 작게 자른 국수를 그릇에 담고 쏟아요. 국수 조각 속에 작은 놀잇감을 숨기고 찾는 놀이도 해 봐요.

   "(그릇 속 국수를 바닥에 쏟으며) 쏴아아~ 이게 무슨 소리지?"

   "국수가 쏟아지는 소리가 꼭 비 오는 소리 같아!"

4. 우산을 쓰고 국수 빗방울 소리를 들어요. 국수를 떨어뜨리는 속도나 국수의 양을 조절하면 토독토독 떨어지는 이슬비, 주룩주룩 쏟아지는 소나기 등 다양한 비를 표현할 수 있어요. 비가 내리는 모습과 소리를 다양한 의성어와 의태어로 표현하면 언어의 즐거움도 느낄 수 있어요.

5. 톡톡, 토도독, 후드득, 쏴아아아, 주룩주룩, 보슬보슬, 부슬부슬, 푸슬푸슬, 퐁당퐁당, 풍덩풍덩, 첨벙첨벙, 참방참방 등 비 오는 날과 관련된 재미있는 소리를 듣고 따라 말해 보며 표현력을 키워요.

놀이팁

- 국수 외에도 수수깡, 습자지, 빨대 등을 사용해서 비 오는 날 놀이를 해 봐요. 우산 위로 재료를 뿌리고 우산과 부딪히며 떨어지는 소리를 들어요. 어떤 소리가 나는지 이야기를 나누며 감각을 자극해요.
- 우산을 스케치북 삼아 매직펜으로 그림도 그리고 스티커도 붙여 나만의 우산을 만들어요. 아이가 비 오는 날만 기다리게 될지도 몰라요!

여름

색종이 비닐 물고기

비닐 물고기를 만들며 다양한 재료를 탐색해 보는 시간을 가져요.

색종이 비닐 물고기는 교사로 일할 때 여름만 되면 항상 아이들과 함께 만들었던 놀잇감이에요. 물고기를 만드는 과정에서 다양한 재료를 탐색할 수 있고 소근육을 많이 사용해서 영아 놀이에 알맞아요. 또 완성된 물고기는 낚시 놀이에 활용할 수 있어 일석이조랍니다.

대상

25~36개월

준비물

색종이 비닐, 호일·습자지·색종이, 눈알 스티커, 빵끈, 가위 등

주요 경험 및 발달 효과

- 호일, 습자지, 색종이 등 여러 가지 재료를 탐색해요.
- 다양한 재료를 찢고 구기며 손가락 힘을 길러요.
- 낚싯대를 조작하며 협응 능력과 집중력을 키워요.

이렇게 만들어요!

1. 색종이 비닐을 준비해요. 색종이 비닐이 없다면 지퍼 백을 사용해요.
2. 쓰고 남은 종이, 주방에서 사용하는 호일 등 자투리 종이를 모아요. 자투리 종이를 손으로 작게 찢고, 가위로도 자르고, 작게 구기기도 하며 충분히 탐색하는 시간을 가져요. 다양한 종이를 자유롭게 찢고 구기며 손의 세밀한 근육을 조절하는 경험을 해요.
3. 색종이 비닐 안에 종이를 넣어요. 집에 다양한 꾸미기 재료(스팽글, 솜공, 빨대 등)가 있다면 함께 넣어도 좋아요. 재료를 얼마큼 넣느냐에 따라 물고기의 크기가 결정되니 크고 작은 물고기들을 다양하게 만들어요.
4. 색종이 비닐을 빵 끈으로 묶고 꼬리를 잘라요. 눈알 스티커까지 붙이면 알록달록한 비닐 물고기 완성!
5. 직접 만든 물고기로 낚시 놀이를 하면 더 재미있어요. 낚싯대는 고리, 자석, 찍찍이 등 다양한 재료로 만들 수 있어요. 낚싯대 형태에 따라 놀이의 난이도가 결정되니 아이의 발달 수준을 고려해 만들어요.

이렇게 놀아요!

1. 낚싯대를 가지고 비닐 물고기를 잡아요.

   "물고기들이 헤엄치고 있네.", "낚싯대로 물고기를 잡아 볼까?"

   "낚싯대를 요리조리 움직여서~ 잡았다!", "물고기를 담을 그릇이 필요하겠다."

2. 잡은 물고기의 크기를 비교해 보거나 물고기의 개수를 셀 수도 있어요.

   "큰 물고기를 잡았네.", "이번에는 작은 물고기네. 새끼 물고기인가 봐."

   "하나, 둘, 셋! 벌써 세 마리나 잡았어!"

3. 잡은 물고기로 요리하는 흉내를 내요.

   "물고기로 어떤 요리를 만들 거야?", "냠냠! 잘 먹겠습니다.", "음~! 맛있다!"

놀이팁

- 비닐 물고기에 끈을 달아 모빌을 만들 수도 있어요. 직접 만든 물고기 모빌을 보며 여름 분위기를 느끼고 성취감도 느낄 수 있을 거예요.

얼음 풍선 놀이

물과 작은 놀잇감을 넣어 얼린 풍선 얼음으로 놀이해요.

평소에는 바람, 물을 넣어 즐기는 풍선 놀이! 물을 넣어 냉동실에 얼린다면 어떨까요? 여름에 할 수 있는 재미있는 얼음 놀이가 참 많은데요. 영아들에게 얼음 풍선은 아마 처음 사용해 보는 새로운 재료일 거예요. 익숙한 재료를 새롭게 활용하는 놀이 방법은 아이의 사고를 유연하게 해 줘요.

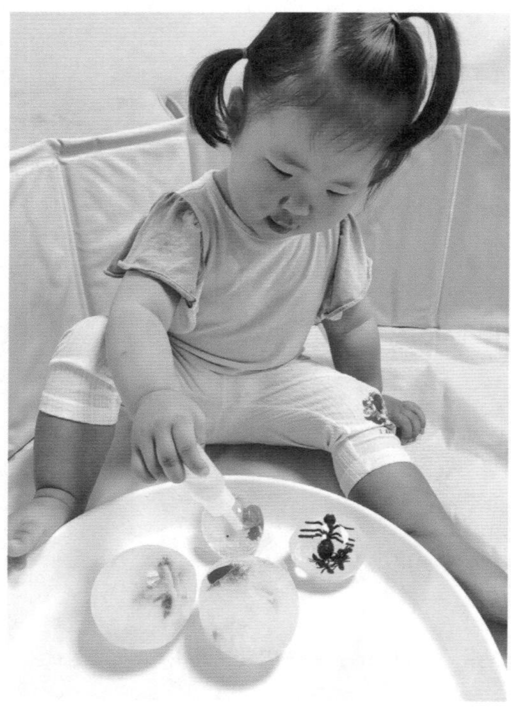

대상

25~36개월

준비물

풍선, 작은 놀잇감, 물약 병, 따뜻한 물

주요 경험 및 발달 효과

- 얼음의 특성을 오감으로 탐색해요.
- 얼음의 변화를 관찰하며 과학적 탐구력을 길러요.
- 주변 사물과 현상에 호기심을 가져요.

이렇게 만들어요!

1. 풍선 속에 물과 함께 넣어 얼릴 재료를 준비해요. 작은 놀잇감, 피규어 등 자유롭게 선택해요.
2. 풍선에 놀잇감을 넣을 때 풍선을 돌돌 말아 양손으로 쭉 당기면 생각보다 꽤 크게 벌어져요. 놀잇감을 넣고 물을 채운 후 냉동실에 넣어 풍선을 얼리면 놀이 준비 끝! 아이의 손 크기를 고려하여 너무 크지 않게 만들어요.

이렇게 놀아요!

1. 냉동실에서 꽁꽁 얼린 풍선을 꺼내 아이와 함께 탐색해요. 딱딱하고 차가운 얼음 풍선! 첫 만남부터 아주 새롭겠지요? 얼음 풍선을 살펴보며 아이의 호기심을 자극하는 대화를 나눠요.

   "풍선의 느낌이 어때?", "풍선이 딱딱하네. 왜 딱딱해졌을까?"

   "풍선 안에 무엇이 들어 있을까?"

2. 풍선을 잘라 제거하면 작은 놀잇감이 들어 있는 동그란 얼음이 뿅! 어떻게 하면 얼음 속 놀잇감을 꺼낼 수 있을지 아이 스스로 궁금증을 가지고 능동적으로 놀이에 참여하도록 도와줘요.

   "풍선 속에 동글동글한 얼음이 들어 있네."

   "어? 얼음 속에 뭐가 있지?", "꽁꽁꽁 얼음 속에 놀잇감이 갇혔어! 어떻게 꺼내 주지?"

3. 다양한 방법으로 얼음을 녹여요. 얼음을 손에 꼭 쥐며 차가운 촉감을 느껴 보고, 얼음이 녹으며 물이 생기는 모습을 관찰하고, 크기와 모양이 달라지는 모습 등을 탐색해요.

   "얼음을 만져 보니 느낌이 어때?"

   "얼음에서 물이 나오네.", "얼음이 점점 작아지고 있어."

4. 물약 병에 따뜻한 물을 넣어 얼음 위에 쪼르르 부으면 금세 동그란 구멍이 생겨요. '타닥타닥' 얼음이 녹을 때 나는 소리도 들어 봐요.

   "차가운 얼음 위에 따뜻한 물을 똑똑 떨어뜨려 볼까?"

   "물을 똑똑 떨어뜨린 자리에 구멍이 생겼네."

5. 얼음을 물속에 풍덩 넣어요. 얼음이 녹으면 놀잇감을 구출해요.

   "얼음이 점점 작아지고 있네."

   "놀잇감이 드디어 얼음 밖으로 나오려고 해!"

   "얼음 탈출 성공!"

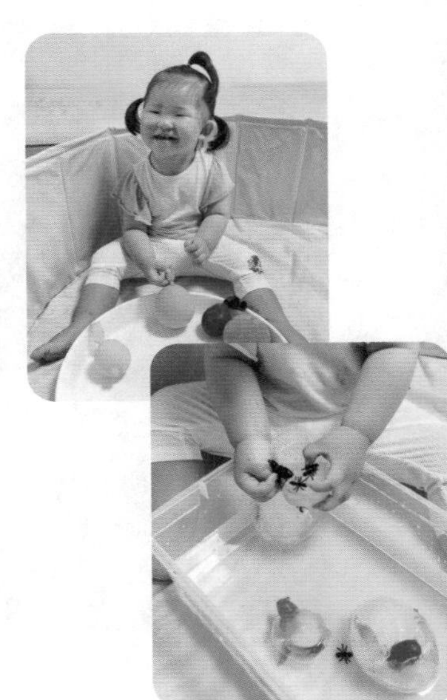

놀이팁

- 나뭇잎, 작은 나뭇가지, 꽃잎 등 자연물을 얼려 놀이해 봐요.

가을

가을 나무 꾸미기

집 안에서 가을 풍경을 느껴 봐요!

가을이 주는 멋진 풍경을 집에서도 느낄 수 있도록 우리 집 창가에 가을을 살포시 옮겨 볼 거예요. 자연물을 가지고 산책길에 본 가을의 모습을 넓은 공간에 자유롭게 표현해 봐요. 이 놀이를 통해 자연물의 색, 모양, 크기, 질감 등을 충분히 탐색하고, 아이의 표현력과 상상력을 자극해 봐요.

대상

13~24개월

준비물

시트지, 마스킹 테이프, 매직펜, 여러 색깔의 낙엽

주요 경험 및 발달 효과

- 자연물을 수집하며 계절의 변화를 느껴요.
- 색깔, 모양, 촉감 등 여러 가지 낙엽의 특성을 탐색해요.
- 낙엽을 잡고 창문에 붙이는 다양한 동작을 통해 신체 조절 능력을 키워요.

이렇게 만들어요!

1. 시트지의 끈적한 면이 위로 오도록 하여 창문에 붙여요. 이때 마스킹 테이프로 시트지의 둘레를 고정하면 떼어 낼 때 자국이 남지 않아요.
2. 매직펜으로 커다란 나무를 그리면 준비 끝!

이렇게 놀아요!

1. 낙엽이 많은 산책길을 걸으며 다양한 색깔과 모양의 낙엽을 주워요.

   "바닥에 나뭇잎이 많이 떨어져 있네.", "빨간 나뭇잎을 주워 볼까?"

   "OO이가 노란 나뭇잎을 찾았네."

2. 집으로 돌아와 수집한 자연물을 함께 살펴보며 이야기를 나눠요.

   "우리가 산책길에 무얼 찾았는지 살펴볼까?"

   "뾰족뾰족 재미있는 모양의 나뭇잎도 있네."

3. 창가에 붙은 커다란 나무를 살펴보고 시트지의 끈적한 면을 탐색해요.

   "OO이 키만큼 큰 나무가 있어."

   "OO이 손바닥이 찰싹! 붙어 버렸네."

4. 나무에 주워 온 낙엽을 붙여요. 낙엽을 자유롭게 붙이며 가을 나무를 표현해요.

   "이 나무도 멋진 나뭇잎을 가지고 싶대."

   "우리가 가져온 낙엽을 붙여 줄까?"

   "이 낙엽은 뾰족뾰족한 모양이다."

   "빨간 단풍잎을 노란 은행잎 옆에 붙였네."

5. 완성된 가을 나무 밑에서 가을 소풍 놀이, 가을 열매 놀이, 캠핑 놀이 등 다양한 놀이를 해요.

놀이팁

- 수집한 낙엽은 깨끗이 씻어 말린 후 놀이에 활용해요.

가을

낙엽 주머니 놀이

지퍼 백 속에 낙엽을 넣어 낙엽 주머니를 만들어요.

가을에는 여러 가지 색깔의 낙엽으로 할 수 있는 놀이가 참 많은데요. 놀이가 '영문도 모르고 엄마가 하자고 하니까 하는!' 혹은 '그 순간만 우아! 멋지다! 하고 끝나는' 놀이가 되지 않으려면 아이 스스로 호기심을 가지고 주도적으로 탐색하는 시간을 충분히 갖는 것이 꼭 필요해요. 낙엽 주머니 놀이는 아이들의 탐색 욕구를 충족시켜 주고 이후의 놀이에 관심과 흥미를 가지고 참여할 수 있게 도와줄 거예요.

대상

13~24개월

준비물

지퍼 백, 낙엽, 매직펜

주요 경험 및 발달 효과

- 낙엽의 색깔, 모양, 소리, 촉감 등에 흥미를 느껴요.
- 가을의 색을 살펴보며 자연의 아름다움을 경험해요.
- 재미있는 의성어, 의태어를 들으며 언어 발달을 자극해요.

이렇게 놀아요!

1. 아이와 함께 산책하며 낙엽을 탐색해요. 낙엽을 손으로 만지며 촉감을 느껴 보고, 발로 밟으며 소리도 들어 봐요.

   "우아! 여기는 노란색 길이 되었네."

   "낙엽을 만지니 느낌이 어때?", "낙엽이 부서지네."

   "낙엽 위를 밟으니 바스락바스락 소리가 나지?"

2. 지퍼 백에 낙엽을 넣으며 다양한 색깔, 모양, 크기, 질감에 대해 이야기를 나눠요. 크고 작은 나뭇잎을 넣으며 소근육 발달도 자극해요.

   "지퍼 백에 낙엽을 넣어 보자! OO이는 어떤 나뭇잎을 넣고 싶어?"

   "빨간색 단풍잎을 쏙 넣었네."

   "나뭇잎 끝이 뾰족뾰족해."

3. 낙엽을 넣은 지퍼 백을 흔들며 소리를 들어요. 낙엽의 움직임이나 소리를 의성어, 의태어로 표현하며 말의 재미를 느낄 수 있도록 해 줘요.

   "지퍼 백 속에 낙엽이 많아졌네.", "(지퍼 백을 흔들며) 흔들흔들 낙엽들이 움직인다."

   "어떤 소리가 들리지?"

4. 낙엽 주머니에 매직펜으로 그림을 그리거나 도화지를 오려 붙여 동물을 표현해요. 가을의 색으로 알록달록한 동물의 모습을 살펴보며 색이름을 말해 보고 낙엽 동물로 역할놀이도 해요.

   "낙엽 주머니가 다람쥐로 변신했어."

   "다람쥐가 알록달록 예쁜 색이네."

   "다람쥐야, 어디 가니?", "솔방울 친구를 만나러 가는구나."

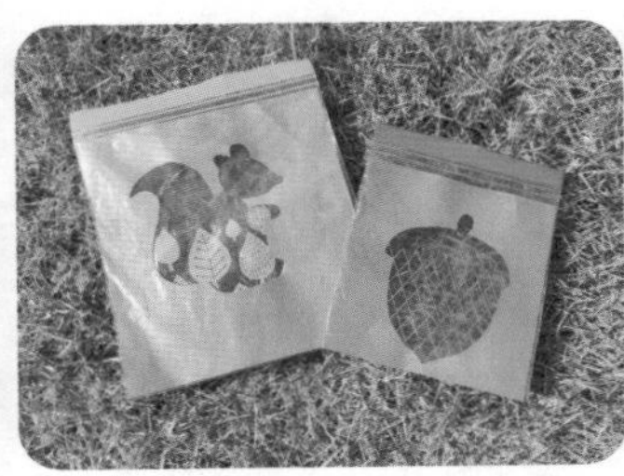

놀이팁

- 다람쥐 외에도 고슴도치, 도토리, 솔방울 등 '가을' 하면 떠오르는 동물, 자연물 등으로 그림을 그려 봐요. 간단한 그림 하나를 더한 것뿐이지만 아이의 흥미를 유도하고 상상력을 키울 수 있답니다.

가을

가을 자연물 팔레트

빨간 단풍잎, 노란 은행잎, 초록 나뭇잎!
알록달록한 자연의 색을 찾아봐요.

가을은 빨강, 주황, 노랑, 초록, 갈색 등 여러 색깔의 나뭇잎, 파랗고 청명한 하늘 등 다양한 자연의 색을 느낄 수 있는 계절이에요. 산책길에 달걀판으로 만든 가을 팔레트를 들고 나가 자연 속에 꼭꼭 숨어 있는 다양한 색을 함께 찾아봐요. 자연의 아름다움도 느껴 보고 나만의 가을 팔레트를 채우며 뿌듯함도 느낄 수 있을 거예요.

대상

25~36개월

준비물

달걀판, 매직펜, 여러 가지 색의 자연물

주요 경험 및 발달 효과

- 다양한 자연물에 호기심을 가지고 탐색해요.
- 자연에서 다양한 색을 찾아보며 관찰력을 길러요.
- 가을 팔레트에 자연물을 넣으며 일대일 대응, 색 분류를 경험해요.

이렇게 만들어요!

- 산책하러 나가기 전 창밖을 보며 가을 풍경에 대해 이야기를 나누어 보고 달걀판 한 칸에 한 가지씩 색을 칠해요.

"(창밖을 가리키며) 알록달록 예쁜 색깔의 나뭇잎이 참 많네."

"어떤 색이 있는지 볼까?", "○○이가 노란색을 찾았네! 달걀판을 노란색으로 칠해 보자!"

이렇게 놀아요!

1. 집 근처 공원, 아파트 단지 등 자연물을 수집할 수 있는 공간을 산책하며 가을의 색에 대해 이야기를 나눠요.

   "빨간색 단풍잎이네."

   "가을이 되면 나뭇잎들이 옷을 갈아입는대."

   "노란색 길이 생겼네. 가까이 가 볼까?"

2. 가을 팔레트에 어떤 색이 있는지 살펴봐요.

   "○○이가 색칠한 달걀판에 어떤 색이 있는지 볼까?"

   "노란색도 있고 초록색도 있구나."

3. 가을 팔레트의 색깔과 비슷한 색의 자연물을 주워 달걀판 속에 넣어요.

   "(초록색을 가리키며) 이 색과 비슷한 나뭇잎이 있을까?"

   "오! 찾았네! 달걀판 안에 쏙 넣어 보자."

   "또 어떤 색을 찾아볼까?"

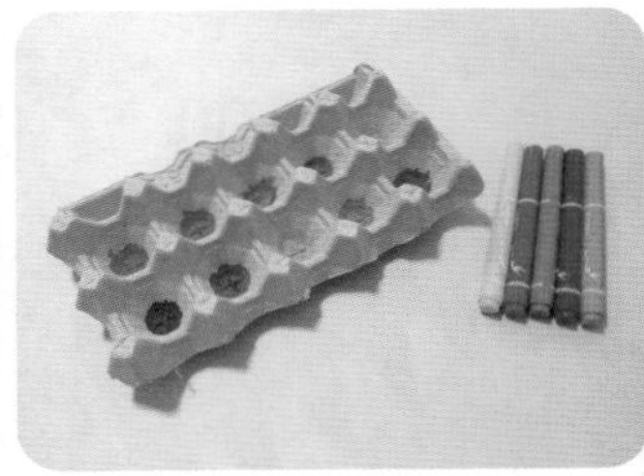

놀이팁

- 달걀판에 모든 색을 채우지 않아도 괜찮아요. 이 놀이의 목적은 달걀판을 전부 채우는 것이 아니라 아이가 가을 풍경에 관심을 가지고 자연물을 활용한 놀이를 즐기는 것이니까요.

가을

가을 자연물 점토 놀이

점토와 자연물이 만나 아이의 상상력에 꽃을 피워요.

점토와 자연물의 공통점은 무엇일까요? 두 재료 모두 정해진 방법 없이 놀이에 활용할 수 있어 아이가 주도적으로 놀이를 만들어 나갈 수 있다는 점을 꼽을 수 있지요. 점토와 자연물이 함께 주어졌을 때 우리 아이는 어떻게 놀이를 펼칠지 궁금하지 않나요? 아이의 놀이 속으로 함께 들어가 봐요.

25~36개월

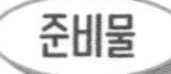

점토, 솔방울·도토리·나뭇가지·나뭇잎 등 자연물

주요 경험 및 발달 효과

- 손가락, 손바닥의 힘을 조절하며 점토를 탐색해요.
- 점토 위에 찍힌 자연물의 서로 다른 모양을 살펴봐요.
- 새로운 재료를 활용한 자유로운 표현을 경험해요.

이렇게 놀아요!

1. 점토를 손으로 만지고 주무르고 두드려 보며 자유롭게 탐색해요. 손의 움직임에 따라 점토의 모양이 변하는 것을 살펴보며 다양한 모양을 만들어요.

   "점토를 손안에 꼭 쥐니 울퉁불퉁한 모양이 되었네."

   "손바닥을 쓱쓱 비비니 점토가 길~어졌네."

2. 점토 위에 솔방울, 나뭇가지, 도토리, 나뭇잎 등 여러 가지 자연물을 꽂거나 찍어 본 뒤 나타난 모양을 탐색해요.

   "솔방울 도장을 꾹! 찍어 볼까?", "재미있는 자국이 남았네."

   "나뭇가지는 어떤 모양이 생길까?", "꼭 새 발자국 같다."

3. 점토와 자연물을 활용하여 자유롭게 표현해요. 점토와 자연물은 생일 케이크, 얼굴, 고슴도치 혹은 우리가 생각하지 못하는 그 어떤 것이든 될 수 있지요. 꼭 완성된 형태의 '무엇'을 만들어 놀이할 필요는 없어요. 아이의 놀이를 따라가다 보면 자연스럽게 아이의 상상 속에 푹 빠지게 될 거예요.

   "점토에 나뭇가지를 꽂았네."

   "(아이가 후~ 하고 부는 모습을 보며) 생일 케이크구나! 누구 생일이라고 할까?"

   "점토 위에 솔방울이 나란히 놓여 있네."

   "크기가 큰 솔방울이 아빠 솔방울이구나.", "솔방울 가족이네."

25~36개월

놀이팁

- 아이의 흥미에 따라 밀대, 찍기 틀, 안전 가위 등의 도구를 추가로 제공해도 좋아요.

가을

솔방울 물감 놀이

솔방울을 요리조리 굴려서 그림을 그려요.

'물감 놀이' 하면 아직도 붓이 가장 먼저 떠오르나요? 이 책에서 소개한 것만 해도 에어 캡, 솜공, 풍선 등 물감 놀이에 활용한 재료가 정말 다양하지요. 이번에 소개할 놀이는 솔방울을 가지고 '손을 대지 않고 그리는' 새로운 방법의 물감 놀이예요. 두 돌이 지나면 신체 조절력이 크게 향상되어 사물을 다양한 방법으로 조작할 수 있지요. 집게로 작은 사물을 집기 시작한 이 시기 아이들에게 알맞은 놀이예요.

대상

25~36개월

준비물

솔방울, 상자, 상자 크기에 맞는 도화지, 물감, 집게

주요 경험 및 발달 효과

- 집게로 솔방울을 집으며 눈과 손의 협응력을 길러요.
- 팔을 움직여 만든 솔방울의 흔적을 탐색해요.
- 새로운 재료 및 방법에 흥미를 가지고 표현 활동에 참여해요.

이렇게 놀아요!

1. 다양한 크기의 솔방울을 수집하며 가을을 느껴요.

   "저기 나무 밑에 떨어져 있는 게 뭘까?"

   "작은 아기 솔방울이 있네.", "OO이가 커다란 아빠 솔방울을 찾았구나!"

2. 솔방울을 자유롭게 탐색해요.

   "솔방울을 만져 보니 어때?", "딱딱하고 뾰족뾰족하네."

3. 상자에 솔방울을 넣고 데굴데굴 굴리며 솔방울의 움직임을 살펴봐요.

   "솔방울이 이쪽으로 데굴데굴~!"

   "이번에는 반대쪽으로 데굴데굴~!", "상자를 움직이니 솔방울도 같이 움직이네."

4. 상자 안에 도화지를 깔고, 솔방울에 물감을 묻혀 상자 안에 넣어요. 양손으로 상자를 잡고 팔을 움직여 솔방울을 요리조리 굴려요. 솔방울을 굴려서 만든 물감의 흔적을 탐색해요.

   "물감 속에 퐁당!", "집게로 집어 상자에 넣어 보자!"

   "양팔로 상자를 잡고 기우뚱기우뚱~!"

   "데굴데굴 솔방울이 지나간 자리에 물감 길이 생겼네."

   "통통통! 튕겨서 그림을 그릴 수도 있네."

겨울

털실 조각 놀이

보들보들한 털실로 놀이하며 겨울의 포근함을 느껴요.

여러 가지 색깔, 질감, 굵기의 털실은 아이의 오감을 자극하는 좋은 놀이 재료예요. 알록달록한 털실의 색감은 시각을, 부드러운 느낌은 촉감을 자극하지요. 아이들은 얇은 털실을 잡아 보고 붙여 보며 손끝의 미세한 근육을 조절하는 연습을 해요. 공이 되었다가 끈이 되었다가 꼬불꼬불 멋진 그림이 되기도 하면서 다양한 형태로 변화해 아이들의 호기심을 자극한답니다.

대상

13~24개월

준비물

털실, 가위, 도화지, 매직펜, 양면테이프

주요 경험 및 발달 효과

- 다양한 색깔, 굵기, 느낌의 털실을 경험해요.
- 털실 공을 굴려 보고 실을 풀어 보며 대·소근육 발달을 도와요.
- 털실 조각을 붙이고 떼며 자유롭게 표현해요.

이렇게 놀아요!

1. 털실 공을 만져 보며 어떤 느낌인지 이야기를 나눠요. 얼굴, 손, 발 등 다양한 신체 부위에 갖다 대며 부드러운 촉감을 느껴요.

   "털실 공을 만져 보니 느낌이 어때?"

   "얼굴에 털실 공을 쓱쓱~ 정말 부드럽지!"

2. 털실 공이 굴러가는 모습을 탐색해요. 엄마와 마주 보고 앉아 털실 공 굴리기, 경사로에서 굴리기 등 다양한 방법으로 굴려요.

   "(경사로에서 털실 공을 굴리며) 공이 데굴데굴 굴러가네."

   "OO이가 굴리면 엄마가 잡아 볼게!"

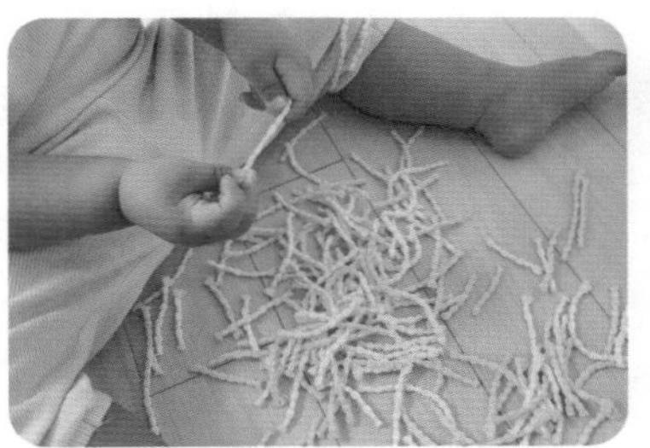

3. 털실 공을 풀어요. 얇은 털실을 잡아 보고 풀어 보며 눈과 손의 협응력을 키워요.

   "우아! 털실이 계속 풀리네."

   "털실을 풀었더니 공이 작아졌구나."

4. 털실 조각을 탐색해요. 털실 조각을 자를 때 길이를 다양하게 자르면 길고 짧음을 경험할 수 있어요.

   "이건 기다란 뱀 같네. 스르르~ OO이한테 간다~!"

   "긴 털실 조각을 흔들흔들~!"

   "OO이가 짧은 털실 조각을 잡았네."

5. 겨울 관련 그림(옷, 모자, 장갑 등)을 그려 양면테이프를 붙인 도화지 위에 털실 조각을 자유롭게 붙여요. 선으로 표현된 다양한 모양을 살펴보며 창의력을 키워요.

   "털실을 붙여서 따뜻한 장갑을 만들까?"

   "여기 붙은 털실은 꼭 지렁이 같네."

   "털실이 꼬불꼬불 할머니 머리카락 같아."

   "폭신폭신 따뜻한 겨울 모자가 되었어."

놀이팁

- 털실 가발 놀이, 털실 꿰기, 털실 국수 놀이 등 다양한 놀이를 즐겨 봐요.

겨울

눈사람 완성하기

병 안에 솜공을 넣으며 소근육 조절 능력을 키워요.

'자조 기술'이란 연령에 맞게 스스로 해야 하는 일을 할 수 있는 능력을 의미해요. 손 씻기, 숟가락질하기, 옷 입기, 양말 신기 등을 예로 들 수 있지요. 자조 기술 획득은 소근육 발달이 바탕이 되어야 가능하기 때문에 적절한 시기에 적절한 소근육 발달 자극을 제공해야 해요. 우리 아이의 소근육 운동 능력의 향상을 돕는 눈사람 놀이를 해 봐요.

대상

25~36개월

준비물

병, 병뚜껑, 흰색 솜공, 집게, 네임펜

주요 경험 및 발달 효과

- 집게를 사용해 솜공을 옮겨 담으며 조절 능력을 키우고, 성취감을 느껴요.
- 손과 손목의 움직임을 조절하여 뚜껑을 여닫아요.
- 병 안에 솜공을 넣고 빼며 안과 밖의 개념을 경험해요.

이렇게 놀아요!

1. 빈 병에 네임펜으로 눈, 코, 입을 그려 눈사람을 꾸며요.

   "녹지 않는 눈사람 친구를 만들어 볼까?"

2. 눈사람 병 안에 흰색 솜공을 채워요. 손으로 넣거나 집게를 사용할 수 있어요.

   "눈사람 병 안에 눈을 채워 볼까?"

   "집게로 솜공을 잡았네! 병 안으로 쏘옥~!"

   "병이 가득 차고 있어. 눈사람이 하얗게 변하네."

3. 눈사람 병 안에 솜공이 가득 차면 병뚜껑을 돌려 닫아 모자를 씌워요. 병뚜껑을 여닫으며 모자를 반복하여 씌우고 벗겨요.

   "눈사람이 춥겠다. 모자를 씌워 줄까?"

   "잘 안 닫히네. 엄마랑 같이 돌려서 닫아 보자."

   "이번엔 반대로 돌려서 열어 보자."

4. 솜공을 넣고 빼기, 모자를 씌우고 벗기기를 반복하며 놀이해요.

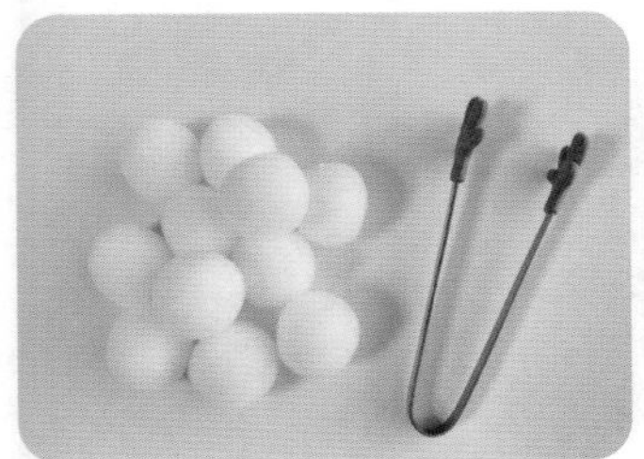

놀이팁

- 크기, 모양, 여닫는 방법이 서로 다른 병을 모아 놀이해요. 짝이 맞는 뚜껑을 찾아보며 형태 변별력을 기르고 일대일 대응을 경험할 수 있어요. 또 여러 가지 종류의 뚜껑을 여닫다 보면 문제 해결 능력과 소근육 발달을 자극할 수 있답니다.

겨울

집에서 즐기는 눈놀이

눈놀이를 하고 싶지만 밖이 너무 추워 고민이라면 집으로 눈을 가져와 놀아 봐요.

어릴 적 잠결에 "눈 온다!" 하는 소리를 듣고 눈을 번쩍 떠 밖으로 나가 눈놀이를 즐겼던 경험, 다들 있을 거예요. 눈놀이는 겨울에만 즐길 수 있는 특별한 놀이예요. 눈썰매도 타고 눈사람도 만들고 눈 오는 날 밖에서 노는 것은 정말 재미있지만 너무 추운 날에는 오래 놀이할 수 없어 아쉽지요. 그럴 땐 눈을 가득 담아 와 집에서 눈놀이를 즐겨 보면 어떨까요? 따뜻한 집 안에서 마음껏 눈놀이를 해요.

대상

25~36개월

준비물

눈을 담을 큰 통, 눈, 소꿉놀이 도구, 컵 블록, 찍기 틀, 물약 병, 물감, 작은 놀잇감

주요 경험 및 발달 효과

- 여러 감각을 활용하여 눈을 탐색해요.
- 눈을 활용한 다양한 놀이를 경험해요.
- 눈에 대한 느낌, 눈의 변화를 언어로 표현해요.

이렇게 놀아요!

1. 눈을 큰 통에 가득 퍼서 집 안으로 가져와요. 하얗고 차가운 눈을 감각적으로 탐색하며 눈의 색깔, 촉감 등에 대해 이야기를 나누어요.

   "우아~ 눈이네! 정말 하얗지?"

   "앗! 차가워! OO이 손도 차가워졌네."

   "손가락으로 콕콕 찍었더니 구멍이 생겼어."

2. 소꿉놀이 도구, 컵 블록, 찍기 틀 등을 가지고 눈을 담아 본 다음, 모양을 찍어 내며 놀아요.

   "컵 블록 안에 눈을 넣고 있네."

   "뒤집으면 어떤 모양이 나올까?"

   "눈이 동그란 모양으로 변했어."

3. 물약 병에 물감을 넣어 눈 위에 뿌려 보고 알록달록한 색으로 변하는 눈의 모습을 관찰해요.

   "어떤 색 물감을 뿌려 볼까?"

   "물감 방울이 사르르 스며들었네."

   "분홍색 눈이 되었구나."

4. 작은 놀잇감을 가져와 다양한 상상 놀이도 즐겨요. 눈을 뭉쳐 눈사람도 만들어 봐요.

   "동물 친구들이 사는 곳에도 눈이 많이 내렸네~!"

   "엄마가 눈을 손바닥 안에 꾹 쥐었더니 이렇게 뭉쳐졌어."

25~36개월

놀이팁

- 집 안이 따뜻하기 때문에 생각보다 눈이 금방 녹아요. 눈이 빨리 녹는 게 아쉽다면 가짜 눈을 만들어 놀이할 수도 있어요. 베이킹 소다에 린스를 3:1 정도의 비율로 섞으면 가짜 눈을 만들 수 있어요.

겨울

겨울 퍼즐 블록

퍼즐과 블록을 한 번에! 퍼즐 블록으로 놀이해요.

여러분은 우리 아이들의 놀잇감을 언제 새로 구입하나요? 기존의 놀잇감을 오래 가지고 놀아 새로운 자극이 필요하다고 느낄 때일 거예요. 그럴 때 집에 있는 놀잇감에 조금의 수고를 더하면 새로운 놀잇감으로 변신시킬 수 있답니다. 퍼즐 놀이와 블록 놀이의 발달 효과를 전부 누릴 수 있는 퍼즐 블록을 만들어 봐요.

대상

25~36개월

준비물

블록, 도화지, 그리기 도구, 칼, 투명 시트지

주요 경험 및 발달 효과

- 퍼즐 조각을 살펴보며 시각적 변별력을 길러요.
- 모양을 인지·구분하여 알맞은 순서로 블록을 끼워요.
- 블록을 끼우고 빼며 소근육 발달을 도와요.

이렇게 만들어요!

1. 블록 서너 개를 꽂았을 때의 크기로 도화지를 잘라 겨울 관련 그림을 그려요.
2. 각각의 블록 크기에 맞게 도화지를 자르고, 투명 시트지를 사용하여 블록에 붙여요.

이렇게 놀아요!

1. 겨울 퍼즐 블록의 그림을 함께 살펴보며 어떤 그림인지 이야기를 나누어요.

   "눈사람 친구가 놀러 왔네."

   "호호~ 손이 시릴 때 끼는 장갑이야."

2. 블록을 떼어 내어 각각의 블록에 붙은 그림을 살펴봐요.

   "눈사람 그림이 흩어졌어. 이 블록에는 눈사람 모자가 있어."

   "거기에는 눈사람 단추가 있구나."

3. 블록을 맞추어 그림을 완성해요. 그림의 위치를 알맞게 배치하며 위아래 공간 지각 능력을 길러요.

   "눈사람 친구를 다시 만들어 볼까?"

   "어떻게 꽂아야 할까?"

   "눈사람 모자가 눈사람 손보다 더 위에 있겠네."

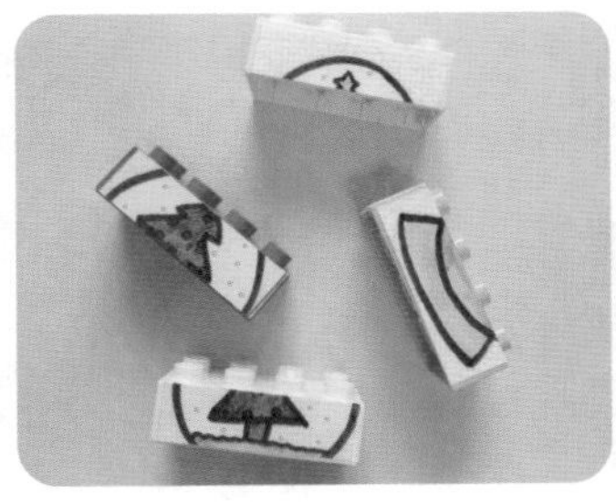

놀이팁

- 배경색을 서로 다르게 넣어 주면 그림 간의 구분이 더 쉬워져요. 아이의 발달 수준에 따라 배경색을 넣거나 빼서 놀이의 난이도를 조절해요.
- 큰 벽돌 블록 퍼즐은 대근육을, 작은 듀플로 블록 퍼즐은 소근육을 조절하여 맞춰야 해요. 다양한 크기의 블록으로 퍼즐을 만들어 놀이하면 신체 발달에 도움이 돼요.

겨울

귤 놀이

귤을 오감으로 탐색하고 다양하게 놀이해요.

뇌는 감각 기관을 통한 다양한 자극과 경험을 통해 발달하고, 아이들은 오감을 통한 경험으로 주변 환경과 사물에 대한 이해를 넓혀 나가요. 그러므로 이 시기에는 아기 오감 놀이를 자주 하는 게 좋아요. 식재료는 아이의 모든 감각을 자극할 수 있는 아주 훌륭한 오감 놀이 재료예요. 겨울철 대표 과일인 귤을 가지고 재미있는 감각 놀이를 즐겨 봐요.

대상

25~36개월

준비물

귤, 지퍼 백, 네임펜

주요 경험 및 발달 효과

- 여러 가지 감각 기관으로 귤을 탐색해요.
- 눈과 손을 협응하여 귤껍질을 벗겨요.
- 귤을 활용한 오감 놀이를 통해 긴장을 해소하고 정서적 안정감을 느껴요.

이렇게 놀아요!

1. 귤 탐색하기

동그란 귤의 모양, 주황색 빛깔, 반질반질한 귤의 촉감, 상큼한 향기 등을 오감으로 탐색해요.

"OO이가 좋아하는 동글동글한 귤이네."

"킁킁! 어떤 냄새가 나?"

2. 귤껍질 벗기기와 맛보기

귤껍질을 벗겨요. 아이가 스스로 시도할 수 있도록 귤껍질을 군데군데 살짝 벗겨서 건네줘요. 귤 알맹이를 하나씩 뜯어 보고 먹으며 새콤달콤한 맛을 느껴요.

"귤껍질을 까 볼까?", "껍질을 벗기는 느낌이 어때?"

"하나씩 잘 쪼개는구나."

"귤 하나를 입에 쏙 넣었네. 어떤 맛이야?"

3. 귤 주스 만들기

지퍼 백 안에 귤 알맹이를 넣어 주스를 만들어요. 조물조물 주무르고 꾹꾹 눌러 보고 손바닥으로 팡팡 쳐 보기도 하며 스트레스를 해소해요. 지퍼 백 끝을 살짝 잘라 귤 즙을 컵에 옮겨 담아요.

"귤을 꾹꾹 눌렀더니 주황색 물이 나오네."

"물컹물컹 재미있는 느낌이네."

4. 이 밖에 귤 쌓고 무너뜨리기, 귤에 다양한 표정 그리기, 귤 눈사람 만들기, 귤껍질 콜라주 등 다양한 귤 놀이를 시도해요.

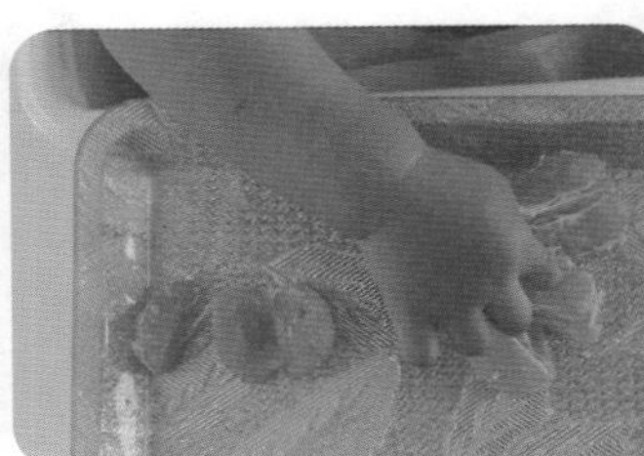

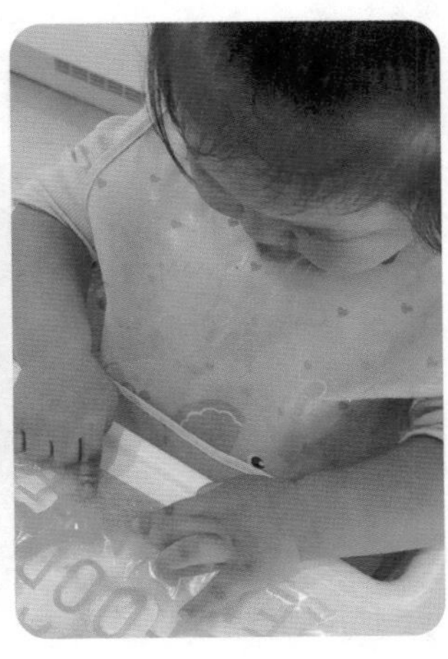

놀이팁

- 아기에게 귤을 주기 전에 귤껍질에 남아 있을지도 모르는 잔류 농약을 깨끗하게 세척해요. 베이킹 소다로 귤껍질을 문지르며 씻고, 식초에 10~15분 담갔다가 헹궈요.

생일

띠 골판지 케이크 놀이

여러 가지 재료를 붙여 케이크를 꾸며 봐요.

반복을 좋아하는 아이들은 생일 축하 노래를 부르고 촛불을 끄고 박수를 치는 것을 계속 반복하며 즐거워해요. 아이들이 좋아하는 주제를 활용하여 다양한 영역의 발달을 자극해 볼까요? 여러 가지 재료를 붙여 케이크를 꾸미고 생일 축하 놀이를 하며 눈과 손의 협응력과 소근육 조절 능력을 키우고, 자유로운 표현의 기회를 통해 창의적 표현 능력을 길러요.

대상

13~24개월

준비물

시트지, 띠 골판지, 솜공, 음식 모형 등 다양한 재료

주요 경험 및 발달 효과

- 손과 손가락의 힘을 조절하는 능력을 키워요.
- 일상의 경험을 놀이로 표현하고 표현력을 길러요.
- 다양한 재료를 자유롭게 붙이며 간단한 미술 활동을 경험해요.

이렇게 만들어요!

- 시트지와 띠 골판지로 케이크 모양 틀을 만들어요. 낮은 책상 혹은 벽면에 아기 눈높이를 고려하여 붙여요.

이렇게 놀아요!

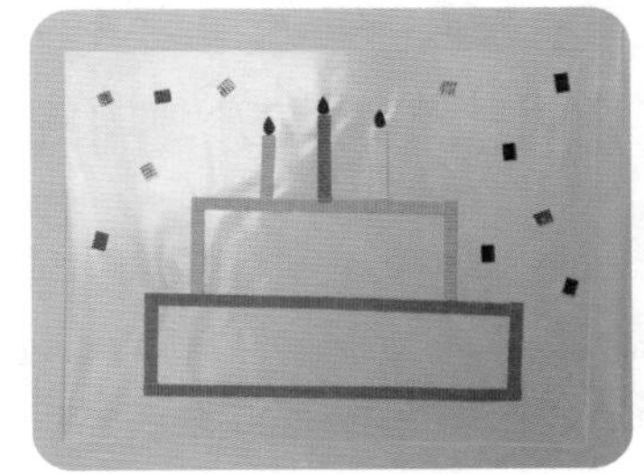

1. 케이크 모양 틀을 살펴보며 시트지의 느낌을 감각적으로 탐색해요.

   "이게 뭘까? 여기 생일 케이크가 있네.", "끈적끈적 OO이 손가락이 붙었네."

2. 케이크를 꾸밀 다양한 재료를 살펴보며 이야기를 나누어요.

   "알록달록한 솜공이 있네. 보들보들 부드럽지?"

   "냠냠! 맛있는 음식 모형을 먹어 볼까?"

3. 케이크 모양 틀에 여러 가지 재료를 붙여 케이크를 꾸며요. 솜공, 음식 모형 등 시트지 위에 붙일 수 있는 가벼운 재료라면 어떤 것이든 좋아요! 미리 준비한 재료 외에도 케이크를 꾸밀 재료를 아이와 함께 생각해 봐요.

   "솜공을 많이 붙였네. 알록달록 예쁘다."

   "어? 딸기도 케이크에 딱 붙어 버렸네."

   "또 어떤 재료로 케이크를 꾸며 보면 좋을까?"

4. 케이크 재료를 붙이고 떼며 반복하여 놀이해요. 시트지 케이크는 재료를 계속해서 붙였다 뗄 수 있고 전부 뗀 뒤 새롭게 만들 수도 있어요.

5. 생일 축하 노래를 부르고 후~ 하고 촛불을 꺼요.

   "우아! 케이크가 정말 맛있겠다!"

   "생일 축하합니다~ 사랑하는 OO이, 생일 축하합니다!"

   "촛불도 후~ 불어 보자! 생일 축하해!"

놀이팁

- "우리 아이는 자동차만 좋아해요." 하며 한 가지 주제에만 흥미를 보이는 아이를 걱정하는 부모님이 종종 있어요. 그럴 때는 아이가 좋아하는 것을 활용해 다양한 놀이를 경험할 수 있게 도와줘요. 예를 들면 자동차 친구들이 모여 생일 파티를 한다든가(역할), 자동차 그림 위에 끼적이며 대화를 한다든가(언어), 자동차가 되어 길 위를 움직여 본다든가(신체) 하는 식으로요.

생일

종이컵 폭죽놀이

종이컵 폭죽을 팡팡 터뜨리며 스트레스를 해소해요.

영아기 아이들도 스트레스를 받는다는 사실, 알고 있나요? 과도한 스트레스는 건강한 성장 발달에 부정적인 영향을 끼치기 때문에 아이들도 일상생활에서 쌓인 스트레스를 해소하는 시간이 꼭 필요해요. 스트레스 해소에는 엄마, 아빠와 함께하는 즐거운 놀이가 최고지요. 종이컵 폭죽놀이를 통해 아이의 스트레스를 날려 봐요.

대상

25~36개월

준비물

종이컵, 풍선, 색종이, 솜공, 접착테이프, 가위

주요 경험 및 발달 효과

- 신체를 활발하게 움직이며 신체 활동의 즐거움을 느껴요.
- 에너지를 발산하며 스트레스를 해소해요.
- 종이컵 폭죽을 반복적으로 조작하며 풍선의 특성(탄성)에 관심을 가져요.

이렇게 만들어요!

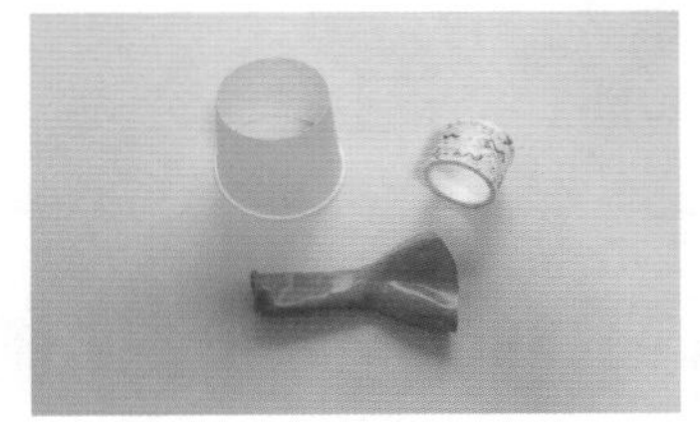

1. 풍선을 반 정도 잘라 내고 매듭을 묶어요.
2. 종이컵 아랫부분을 잘라 내고 풍선을 끼운 뒤 접착테이프를 붙여 고정해요.

이렇게 놀아요!

1. 폭죽놀이를 하려면 작은 색종이 조각이 필요해요. 색종이 조각은 가위로 잘라도 좋고 손으로 작게 찢어도 좋아요.

   "알록달록 여러 가지 색깔의 색종이가 있네."

   "작게 작게 찢어 볼까?", "정말 작은 색종이 조각이네."

2. 색종이 조각을 종이컵 안에 넣어요. 작고 얇은 색종이 조각을 손으로 집어 컵 속에 넣으며 손가락 근육을 조절하는 능력을 키워요.

   "색종이 조각을 꿀꺽! 종이컵이 색종이 조각을 냠냠 맛있게 먹고 있네."

   "OO이가 종이컵에 색종이 조각을 가득 담았구나."

3. 종이컵 아랫부분의 풍선을 당겼다 놓으며 폭죽을 발사해요. 처음에는 엄마 손을 잡고 함께 시도해요. 색종이 조각이 펴져 나가는 모습을 통해 아이의 심미적 감수성을 키워요.

   "손을 당겼다 놓아 볼까? 우아~ 알록달록 정말 멋지다!"

   "색종이 조각이 팔랑팔랑 떨어지네.", "펄펄~ 색종이 눈이 내려요~!"

4. 색종이 조각 대신 솜공을 활용할 수도 있어요. 아기가 직접 줍고 담기 좋아서 정리하기 쉬워요.

   "동글동글한 솜공을 넣어 볼까?", "하나, 둘, 셋! 펑!"

놀이팁

- 흩어진 색종이 조각과 솜공은 빗자루로 쓱싹쓱싹 청소 놀이를 하며 정리해요. 엄마, 아빠에게는 일이지만 아이들에게는 즐거운 놀이가 될 수 있답니다. 3장에서 소개한 솜공 빗자루 놀이(192쪽)를 참고해요.

생일

놀이 영역
신체, 인지

케이크 집게 놀이

케이크 그림에 집게를 꽂아 맛있는 케이크를 꾸며요.

이 시기는 일상생활에서 자연스럽게 접하는 수와 수 세기에 관심이 생기는 때예요. 많고 적음의 양의 개념과 '하나, 둘, 셋'의 수의 개념을 이해하기 시작하지요. 이때 수 세기를 강요하거나 학습의 개념으로 접근하지 말고, 일상생활과 놀이 속에서 수를 경험할 수 있도록 도와줘요. 예를 들면 간식 그릇에 남은 블루베리의 개수를 세어 보는 것처럼 말이에요.

대상

25~36개월

준비물

나무집게, 케이크와 초 그림, 과일 스티커, 글루건

주요 경험 및 발달 효과

- 나무집게를 벌리고 닫으며 손가락 힘을 길러요.
- 나이만큼 초를 꽂아 보며 수에 관심을 가져요.
- 생일 축하 노래를 부르며 상상 놀이를 즐겨요.

이렇게 만들어요!

1. 케이크, 초, 과일 그림이 필요해요. 저는 케이크와 초는 간단하게 그림으로 그리고, 과일은 시중에 파는 스티커를 코팅하여 준비했어요.
2. 코팅한 초와 과일 스티커를 글루건을 사용하여 나무집게에 붙여요.

이렇게 놀아요!

1. 생일 케이크와 케이크 꾸미기 재료가 들어 있는 바구니를 잘 보이는 곳에 두고 아이가 관심을 보이면 함께 놀이를 시작해요.

   "생일 케이크가 있네?", "여기 맛있는 재료도 많이 있어!"

   "OO이가 좋아하는 귤도 있네."

2. 나무집게를 꽂아 케이크를 자유롭게 꾸며요.

   "케이크를 맛있는 재료들로 꾸며 볼까?"

   "OO이가 좋아하는 딸기를 꽂았구나.", "딸기가 하나, 둘! 두 개 있네."

   "우아! 케이크가 맛있는 음식으로 가득 찼어."

3. 나이만큼 초를 꽂아요.

   "OO이 나이만큼 초를 꽂아 볼까?"

   "하나, 둘!", "멋진 케이크가 완성되었네!"

4. 생일 축하 노래를 부르며 생일 파티 놀이를 해요.

   "생일 축하합니다~ 사랑하는 OO이의 생일 축하합니다."

   "우리 아기 생일 축하해. 사랑해!"

생일

비밀 그림 놀이

흰색 도화지 속에 숨어 있는 깜짝 생일 선물을 찾아봐요!

붓을 사용한 물감 놀이에 재미를 더할 수 있는 방법을 소개해요. 흰색 도화지 위에 흰색 크레파스나 색연필 혹은 양초로 그림을 그리고 물감을 쓱쓱 칠하면 꼭꼭 숨어 있던 비밀 그림이 짠! 하고 나타나요. 붓칠을 조금만 해도 그림이 금방 나타날 수 있게 적당한 크기로 그려 봐요. 아이가 정말 신기해한답니다.

대상

25~36개월

준비물

흰색 크레파스 또는 색연필, 흰색 도화지, 물감, 큰 붓

주요 경험 및 발달 효과

- 빈 종이에 그림이 나타나는 모습을 통해 아이의 호기심을 자극해요.
- 붓의 움직임에 따른 그림의 변화를 탐색해요.
- 새로운 방법의 물감 놀이를 경험하며 즐거움을 느껴요.

이렇게 놀아요!

1. 흰색 도화지에 흰색 크레파스나 색연필로 미리 그림을 그려요. 빛을 비추면 살짝살짝 그림을 볼 수 있어서 그림이 그려지는 모습을 확인하며 그릴 수 있어요.

2. 깜짝 선물이 숨겨진 흰색 도화지를 보며 아이와 이야기를 나누어요.

   "OO아, 여기 도화지 속에 깜짝 선물이 숨어 있대."

   "어떤 그림이 숨어 있는지 찾아볼까?"

3. 큰 붓에 물감을 묻혀 도화지 위를 쓱쓱 칠하면 비밀 그림이 나타나요. 물감의 농도가 너무 묽으면 그림이 잘 보이지 않으니 잘 조절해요.

   "이게 뭘까?", "어! 보인다, 보인다!"

   "귀여운 곰돌이가 숨어 있었네."

4. 아이와 함께 비밀 그림을 그리고 물감을 칠해 찾아봐요.

   "이번엔 OO이가 그림을 그려 볼래?"

   "OO이가 그린 그림이 도화지 속에 꼭꼭 숨었어. 이제 찾아볼까?"

   "우아! 찾았다. 동그라미!"

놀이팁

- 페인트 붓처럼 큰 붓을 사용하면 그림을 빨리 확인할 수 있어요.
- 너무 작은 붓을 사용하면 그림이 나타나기까지 시간이 너무 오래 걸려 아이의 흥미가 떨어질 수 있어요.

크리스마스

크리스마스 숏티 놀이

구멍에 숏티를 쏙쏙 꽂아 크리스마스트리를 꾸며요.

아기 놀이와는 전혀 상관없을 것 같은 물건들이 의외로 놀이에 유용하게 사용될 때가 많아요. 골프 숏티도 그중 하나예요. 숏티를 구멍에 꽂아 보는 놀이 외에도 숏티 위에 작은 공을 올려 보거나 월령이 높은 영아들의 경우 숏티와 숏티 사이에 고무줄을 끼우며 놀이해 볼 수도 있으니 다양하게 활용해 봐요.

대상

13~24개월

준비물

종이 상자, 숏티, 색지(초록색, 갈색), 투명 시트지, 가위, 송곳, 꾸미기 재료(솜공, 스팽글, 리본 등)

주요 경험 및 발달 효과

- 눈과 손을 협응하여 구멍에 숏티를 꽂아요.
- 숏티를 반복하여 넣고 빼며 소근육 운동 기능을 자극해요.
- 원하는 위치에 숏티를 꽂아 자유롭게 크리스마스트리를 꾸며요.

이렇게 만들어요!

1. 색지로 크리스마스트리 모양을 만들어 종이 상자에 붙여요. 투명 시트지로 감싸면 더 견고하게 만들 수 있어요.
2. 숏티 두께를 고려하여 크리스마스트리 모양 위에 송곳으로 구멍을 뚫어요.
3. 숏티에 솜공, 스팽글, 리본 등 다양한 꾸미기 재료를 붙여요.

이렇게 놀아요!

1. 크리스마스트리 상자와 꾸미기 재료가 붙어 있는 숏티를 아이와 함께 살펴봐요.

   "크리스마스트리에 구멍이 뽕뽕 뚫려 있네."

   "이건 뭘까? 뾰족한 막대에 동글동글 솜공이 붙어 있구나."

2. 처음부터 바로 놀이 방법을 보여 주기보다는 아이가 자유롭게 탐색할 수 있는 시간을 충분히 제공해요.

   "상자를 뒤집어 보고 싶었구나. 상자를 뒤집어도 구멍이 뽕뽕 뚫려 있네."

   "OO이가 리본을 찾았네. 또 어떤 것들이 있나 볼까?"

3. 크리스마스트리 상자에 숏티를 꽂아 예쁘게 꾸며요.

   "막대가 구멍에 쏙 들어가네."

   "모든 구멍에 막대를 다 꽂았네."

   "하트 모양도 있고 리본 모양도 있구나."

   "OO이가 꾸민 크리스마스트리가 알록달록 멋지네!"

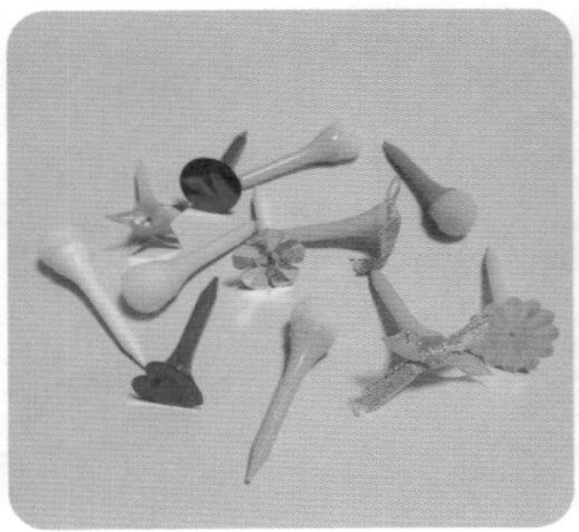
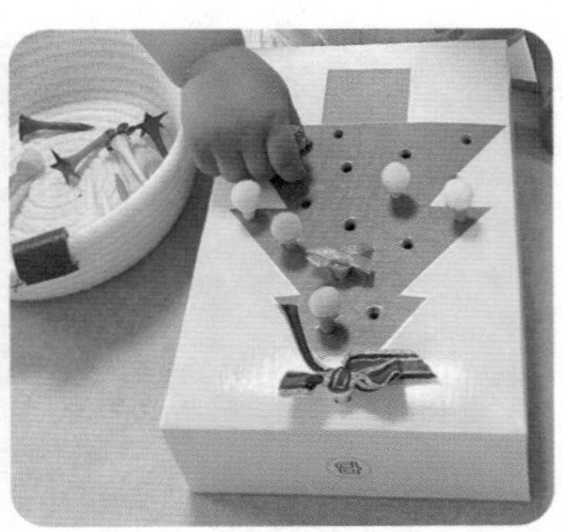

놀이팁

- 숏티의 끝부분이 뾰족하기 때문에 찔릴 수 있어요. 안전하게 놀이할 수 있도록 도와주고 놀이가 끝나면 아이와 함께 바구니에 정리해요.

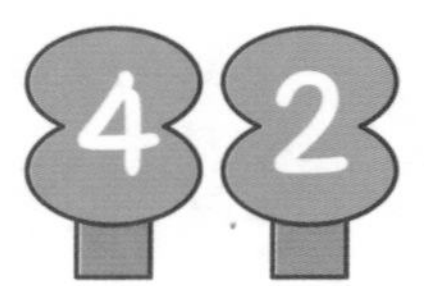

크리스마스

크리스마스 센서리 백

지퍼 백 속 작은 크리스마스!
손끝을 움직여 크리스마스트리를 자유롭게 꾸며요.

이번에 소개할 놀이는 손끝 놀이예요. 손끝 놀이는 손가락을 움직이며 하는 놀이로 미세한 손가락 근육을 움직이도록 하여 소근육 발달과 집중력 향상을 도와요. 또한 손을 많이 사용하도록 하여 두뇌 발달에도 도움이 되지요. 센서리 백 속 작은 재료들을 손가락으로 움직여 보며 눈과 손의 협응력과 손끝의 힘을 길러 봐요.

대상

13~24개월

준비물

색지(초록색, 갈색), 가위, 지퍼 백, 알로에 젤, 모루, 솜공, 스팽글

주요 경험 및 발달 효과

- 여러 가지 재료를 촉감을 통해 탐색해요.
- 작은 꾸미기 재료들을 옮기며 미세 소근육 조절 능력을 길러요.
- 크리스마스트리를 꾸미며 크리스마스 분위기를 느껴요.

이렇게 만들어요!

1. 초록색 도화지, 갈색 도화지를 오려 크리스마스트리 모양을 만들어 지퍼 백 뒷면에 붙여요.
2. 재료들이 부드럽게 움직일 수 있도록 지퍼 백 속에 충분한 양의 알로에 젤을 넣어요. 알로에 젤 대신 헤어 젤, 물풀 같은 물컹물컹한 액체를 사용할 수 있어요.
3. 솜공, 스팽글, 모양 모루 등 꾸미기 재료를 지퍼 백 안에 넣고 내용물이 새지 않도록 꾹꾹 눌러 닫아요.

이렇게 놀아요!

1. 크리스마스 센서리 백을 아기와 함께 살펴봐요.

   "이게 뭘까?"

   "지퍼 백 속에 크리스마스트리가 들어 있네."

   "또 어떤 것들이 있지?", "여기 별도 있네."

2. 센서리 백을 손바닥으로 쳐 보고 손가락으로 눌러 보기도 하며 자유롭게 탐색해요.

   "손바닥으로 꾸욱 눌러 보고 있구나."

   "느낌이 어때?", "지퍼 백 속 젤이 물컹물컹하지?"

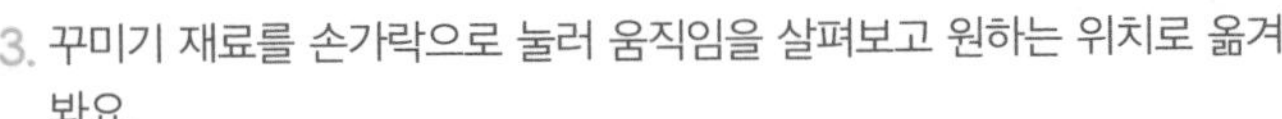

3. 꾸미기 재료를 손가락으로 눌러 움직임을 살펴보고 원하는 위치로 옮겨 봐요.

   "솜공을 꾹 누르니 옆으로 도망갔네."

   "손가락으로 요리조리~ 어떤 걸 옮겨 볼까?"

   "빨간색 솜공은 어디로 옮겨 볼까?", "별이 나무 꼭대기로 올라갔네."

4. 모루, 솜공, 스팽글 등을 요리조리 움직여 자유롭게 크리스마스트리를 꾸며요.

크리스마스

크리스마스 클레이 놀이

점토 위에 여러 가지 재료를 꽂아 크리스마스트리를 꾸며요.

이번 놀이는 크리스마스 모양 틀과 점토를 이용한 놀이예요. 점토는 만지는 대로 모양이 변하기 때문에 아이들이 좋아하는 놀이 재료이지요. 이 시기의 아이들은 점토를 만져 보고 주무르는 등 감각적인 탐색을 즐기는데요. 점토를 모양 틀로 찍거나 안전 가위, 플라스틱 칼로 잘라 볼 수도 있어 더 다양한 점토 놀이가 가능하답니다.

대상

25~36개월

준비물

여러 색깔의 점토, 크리스마스 모양 틀, 꾸미기 재료, 밀대

주요 경험 및 발달 효과

- 다양한 모양의 모양 틀로 모양을 만들어요.
- 손과 팔의 힘을 적절히 조절하며 놀이해요.
- 여러 가지 재료로 자유롭게 크리스마스트리를 꾸미며 창의력을 길러요.

이렇게 놀아요!

1. 점토를 자유롭게 만지며 탐색해요. 점토의 모양, 형태, 질감에 대한 다양한 어휘를 듣고 말해 봐요.

   "점토를 만져 볼까?", "말랑말랑 부드러운 느낌이네."

   "손가락으로 찍었더니 동그란 모양이 생겼어."

2. 밀대로 반죽을 납작하게 밀거나 손바닥으로 꾹꾹 눌러 점토를 넓게 펴요.

   "손바닥으로 눌렀더니 점토가 납작해졌네."

   "팡팡! 손바닥으로 쳐서 더 납작하게 만들자."

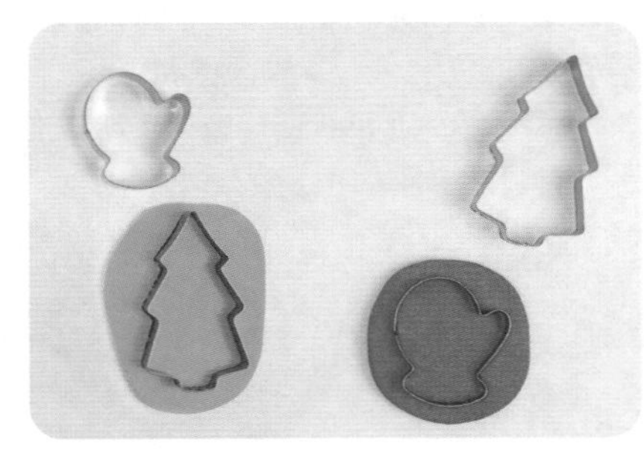

3. 크리스마스 모양 틀을 점토 위에 놓고 꾹 눌러 찍어요. 모양 틀 주변의 점토를 손으로 뜯어내요. 틀에 따라 다르게 나타나는 점토의 모양에 대해 이야기를 나누어요.

   "크리스마스트리 모양을 점토에 꾹 찍어 볼까?"

   "어떤 모양이 나올까?", "꾸우욱! 세게 눌러 보자!"

   "와! 크리스마스트리 모양이 나왔네."

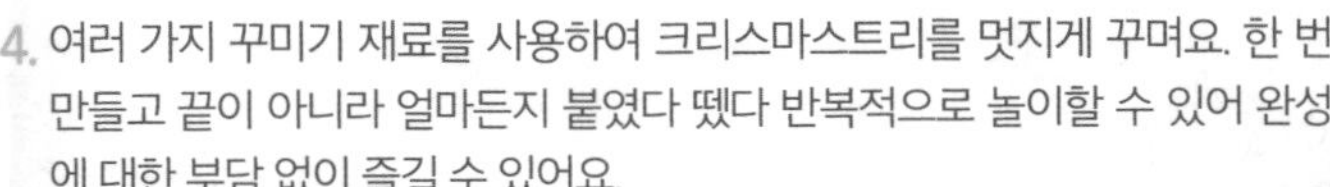

4. 여러 가지 꾸미기 재료를 사용하여 크리스마스트리를 멋지게 꾸며요. 한 번 만들고 끝이 아니라 얼마든지 붙였다 뗐다 반복적으로 놀이할 수 있어 완성에 대한 부담 없이 즐길 수 있어요.

   "어떤 재료가 있나 살펴볼까?"

   "반짝반짝 스팽글을 올려 주었네."

   "이번에는 또 무엇을 붙여 볼까?"

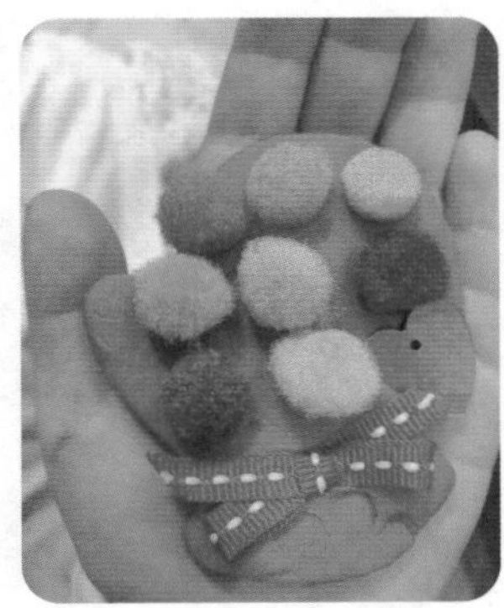

놀이팁

- 점토 놀이의 가장 큰 장점은 붙였다 뗐다를 반복해서 놀 수 있다는 점이에요. 점토를 다시 뭉쳐 새로운 모양의 트리를 만들 수도 있지요. 완성에 대한 부담 없이 점토 놀이를 즐겨 봐요.

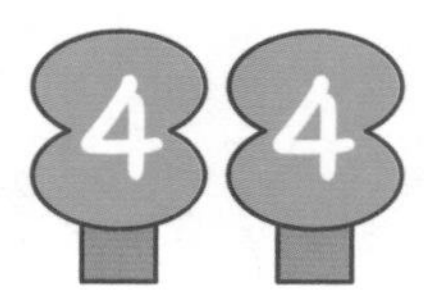

크리스마스

크리스마스 리스 꾸미기

우리 집을 크리스마스 분위기로 만들어 줄 멋진 리스를 만들어요.

이전에는 크리스마스에 큰 의미를 두지 않던 사람도, 아이를 낳고 나면 어느새 크리스마스 장식으로 집 안을 열심히 꾸미고 있는 자신을 발견한다고 해요. 저도 기념일에 큰 관심이 없는 편이었는데 아이에게 행복한 추억을 많이 남겨 주고 싶다 보니 크리스마스를 그냥 넘어갈 수 없더라고요. 이번 크리스마스는 아이와 함께 리스를 만들어 집 안 곳곳을 꾸며 보는 게 어떨까요?

대상

25~36개월

준비물

흰색 도화지, 초록색 물감, 가위, 빨간색 동그라미 스티커, 빨간 리본, 철 수세미·칫솔·면봉 등의 생활 도구, 고무줄

주요 경험 및 발달 효과

- 여러 가지 생활 도구에 관심을 가져요.
- 도구의 형태에 따른 다양한 물감의 흔적을 탐색해요.
- 생활 도구를 새로운 방식으로 사용하는 경험을 통해 창의력을 길러요.

이렇게 만들어요!

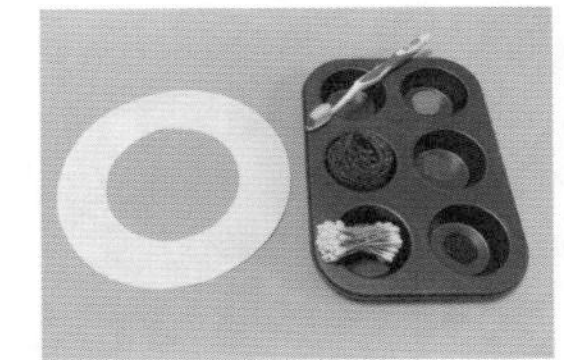

- 흰색 도화지를 동그란 고리 모양으로 잘라 내어 크리스마스 리스 틀을 만들어요.

이렇게 놀아요!

1. 크리스마스 리스 틀을 함께 살펴봐요.

   "동그란 구멍이 뻥 뚫려 있네?", "동글동글 고리로 무얼 만들까?"

2. 집에 있는 여러 생활 도구를 모아요. 물감을 묻혀 모양이 나올 수 있는 물건이라면 어떤 것이든 좋아요.

3. 여러 생활 도구를 탐색해요.

   "이건 그릇을 닦을 때 쓰는 철 수세미야. 까칠까칠하지?"

   "쓱쓱! 칫솔도 있네."

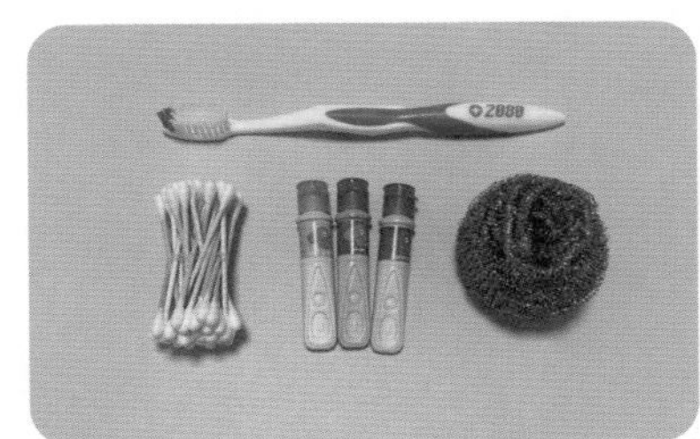

4. 수세미에 물감을 묻혀 리스 틀 위에 콕콕 찍어요. 어떤 모양이 찍혔는지 살펴봐요.

   "삐죽삐죽 거칠거칠한 느낌의 자국이 생겼네."

   "탁탁탁! 세게 찍어 보고 있구나."

5. 면봉 여러 개를 고무줄로 묶어 새로운 미술 도구를 만들어요. 물감을 묻혀 리스 틀 위에 찍어 보고, 나타난 작은 동그라미들을 탐색해요.

   "어떤 모양이 나올까?", "작은 동그라미들이 많이 생겼네."

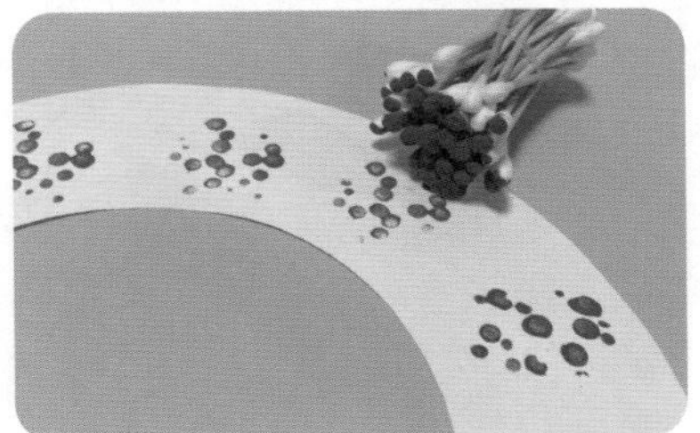

6. 칫솔에 물감을 묻혀 쓱쓱 움직여요.

   "칫솔을 잡고 주욱 그었구나.", "쓱싹쓱싹 이를 닦는 것 같네."

7. 빨간색 동그라미 스티커, 리본을 붙여 크리스마스 리스를 완성해요. 집 안에 전시하여 아이가 성취감을 느낄 수 있게 해요.

놀이팁

- 물감 놀이를 할 때 크리스마스 음악을 틀어 두면 크리스마스 분위기를 더 느낄 수 있어요.

크리스마스

징글벨 방울 악기 만들기

방울을 끼운 모루를 막대에 감아 크리스마스 악기를 만들어요.

크리스마스가 다가오기 시작하면 길가에 캐럴이 울려 퍼지기 시작해요. 캐럴을 가만히 들어 보면 딸랑딸랑 루돌프 썰매에 매달린 방울이 흔들리는 소리가 자주 등장하는데요. 이번 놀이에서는 초간단 방울 악기 만드는 법을 소개할 거예요. 모루를 돌돌 말아 만든 음률 악기로 크리스마스 분위기를 느껴 봐요.

대상

25~36개월

준비물

모루, 방울, 아이스크림 막대, 리본

주요 경험 및 발달 효과

- 모루를 자유롭게 구부리며 소근육 조절 능력을 길러요.
- 방울 악기로 간단한 리듬과 소리를 만들어요.
- 악기로 자유롭게 소리를 내며 긴장감을 해소하고 즐거움을 느껴요.

이렇게 만들어요!

1. 모루의 촉감을 느껴 보고 다양한 색깔을 살펴봐요. 모루를 자유롭게 구부리며 작은 힘에도 쉽게 변형되는 모루의 특성을 탐색해요.
2. 모루에 일정한 간격을 두고 방울을 끼워요. 방울 구멍이 작아 스스로 끼우는 것이 어려울 수 있어요. 엄마가 모루에 먼저 방울을 끼워 주고 아이가 방울을 움직여 볼 수 있도록 해요.
3. 방울을 끼운 모루를 아이스크림 막대에 빙글빙글 돌려 감으면 완성! 리본을 붙여 크리스마스 분위기를 더해요.

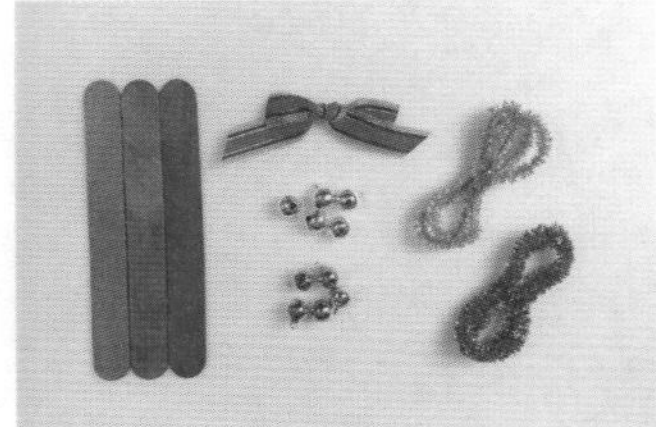

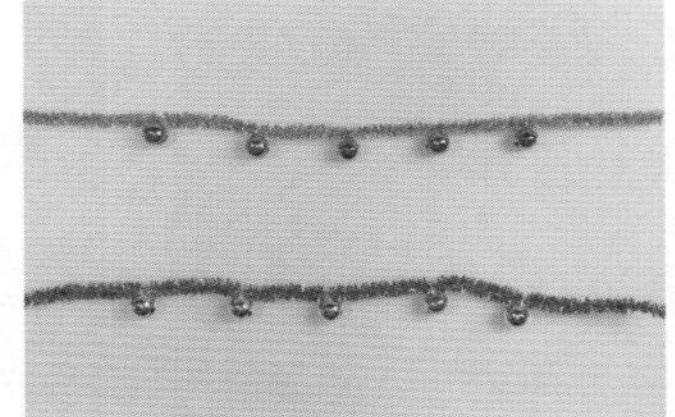

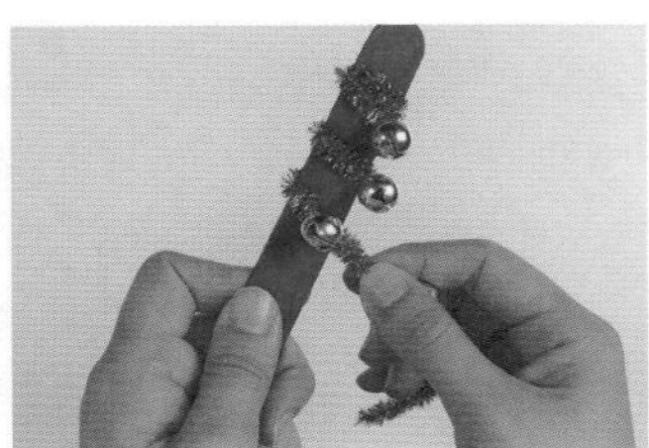

이렇게 놀아요!

1. 방울 악기를 살펴봐요.

   "엄마랑 OO이가 만든 악기구나."

   "동글동글 방울이 달려 있네."

2. 방울 악기를 흔들며 소리를 내요. 흔들기, 손바닥에 두드려서 소리 내기, 악기를 서로 부딪쳐 소리 내기 등 소리를 낼 수 있는 방법을 다양하게 찾아봐요.

   "어떤 소리가 나는지 들어 볼까?"

   "딸랑딸랑 방울 소리가 나네."

   "엄마도 OO이처럼 빠르게 흔들어 봐야겠다."

3. 크리스마스 캐럴을 들으며 방울 악기를 연주해요.

   "산타 할아버지 노래를 들으면서 흔들어 볼까?"

   "노래에서도 딸랑딸랑 방울 소리가 들리네."

놀이팁

- 방울을 끼운 모루로 팔찌를 만들 수도 있어요. 방울 팔찌를 손목과 발목에 끼고 마음껏 흔들어 소리를 내요.

재료별 놀이 찾기

곡류(쌀, 콩 등)

물감

방울

비닐봉지

빨대

상자

색종이

셀로판지

솜공

습자지

자연물

종이 접시